国家社会科学基金青年项目
"基于制度均衡视角的中国公众环境利益表达机制创新研究"
（15CZZ008）研究成果

制度均衡

中国环保公众参与机制的演变与创新

INSTITUTIONAL EQUILIBRIUM

Institutional Evolution and Innovation of
Environmental Public Participation in China

张晓杰———著

北京大学出版社
PEKING UNIVERSITY PRESS

图书在版编目(CIP)数据

制度均衡:中国环保公众参与机制的演变与创新/张晓杰著. —北京:北京大学出版社,2022.7
ISBN 978-7-301-33152-1

Ⅰ.①制… Ⅱ.①张… Ⅲ.①环境保护—公民—参与管理—研究—中国 Ⅳ.①X-12

中国版本图书馆 CIP 数据核字(2022)第 112955 号

书 名	制度均衡：中国环保公众参与机制的演变与创新
	ZHIDU JUNHENG：ZHONGGUO HUANBAO GONGZHONG
	CANYU JIZHI DE YANBIAN YU CHUANGXIN
著作责任者	张晓杰 著
责 任 编 辑	姚文海 姚沁钰
标 准 书 号	ISBN 978-7-301-33152-1
出 版 发 行	北京大学出版社
地 址	北京市海淀区成府路 205 号 100871
网 址	http://www.pup.cn 新浪微博:@北京大学出版社
电 子 信 箱	sdyy_2005@126.com
电 话	邮购部 010-62752015 发行部 010-62750672 编辑部 021-62071998
印 刷 者	河北滦县鑫华书刊印刷厂
经 销 者	新华书店
	787 毫米×1092 毫米 16 开本 17 印张 382 千字
	2022 年 7 月第 1 版 2022 年 7 月第 1 次印刷
定 价	68.00 元

目录
CONTENTS

第一章

绪　　论

1.1　选题背景

改革开放以来,中国社会经济发展取得了举世瞩目的巨大成就,中国的经济实力、科技实力、国防实力和综合国力均步入世界前列。然而,伴随着经济的高速增长和社会的快速发展,环境污染、生态破坏、资源短缺等一系列环境问题集中爆发,发达国家在一两百年间逐渐出现的环境问题,在中国改革开放四十余年的时间里已经出现。正如原环境保护部部长周生贤所说,当前中国的环保问题呈现结构性、叠加性、压缩性、复合性的特点。[①] 环境污染和生态破坏严重威胁着中国居民的民生福祉,社会公众的环境权益也受到严重损害,相当一部分环境权益得不到保障,连最基本的清洁水权、清洁空气权、食品安全权等权利都不能实现,直接危及人类健康和生存。一些地区因为环境污染和资源破坏而发生一系列的民事纠纷和群体性冲突,环境已成为社会利益冲突的重要触发点。

为有效遏制环境污染和生态破坏、切实保护社会公众的环境权益、有力维护社会稳定,中国共产党和中国政府不断完善环保公众参与机制,拓宽环保公众参与的主体和客体范围,丰富并畅通环保公众参与的程序,最终形成了人大和政协机制、行政机制和司法机制"三足鼎立"并"协同驱动"的环保公众参与的组合机制模式,为中国社会公众的环保参与行为创造了一定的制度空间。公众在党和政府提供的制度空间范围内,以空前的广度和深度进行环保参与行为,主要包括:申请环境信息公开,环境信访,环境行政复议,环境行政诉讼,环境公益诉讼,参与环保决策座谈会、论证会和听证会,等等。但是,一方面,中国当前的环保公众参与机制总体上处于人大和政协机制"闲置"、行政机制过度"拥挤"、司法机制过于"狭窄"、非政府组织等社会化机制"短缺"并存的局面;另一方面,公众参与环保的需求与日俱增,由此衍生出大量非制度化环保公众参与行为,导致群体性事件频发。1996—2012 年间,环境群体性事件一直保持年均 29% 的增速,[②]

①　参见周生贤:《中国环保局部有所好转,形势依然严峻》,http://cpc.people.com.cn/18/n/2012/1112/c350840-19555354.html,2021 年 10 月 26 日访问。

②　参见《近年来我国环境群体性事件高发,年均递增 29%》,http://www.china.com.cn/news/2012-10/27/content_26920089_3.htm,2020 年 10 月 12 日访问。

不仅给人民群众和企业造成了巨大的经济损失，更严重扰乱了社会秩序，破坏了安定团结的局面。由此，改革和创新中国环保公众参与机制成为当务之急。鉴于此，本书尝试从制度均衡的视角对中国环保公众参与机制进行深入探究。

1.2 研究价值

1.2.1 学术价值

第一，关于环保公众参与机制的既有研究都是从制度供给的视角研究现存环境利益表达制度存在的问题，并提出理想的制度改革方案，制度供给视角是一种"自上而下"的研究进路，其中蕴含了部分理想主义色彩。本书运用新制度经济学中的制度均衡理论，从制度均衡视角研究环保公众参与机制，主要关注制度供给（实然制度）与制度需求之间存在的差距，是一种现实主义取向，由此提出的政策建议更具现实性。因此，本书将有效弥补单一制度供给研究路径的天然不足，为环保公众参与机制研究提供"另一条思路"。

第二，基于制度供给视角研究环保公众参与机制的既有文献往往注重分析现行制度的内在缺陷，且多是研究环保公众参与的某个单项制度，如公众参与环境影响评价制度、环境信访制度、环境公益诉讼制度、环境行政复议制度等。本书的研究突破了单一制度的分析模式，将环保公众参与的所有相关制度纳入统一的分析框架，既对各单项制度的内在逻辑进行深入分析，也对各项制度形成与发展的演变过程进行纵向历史考察，研究成果将是对中国环保公众参与的制度供给情况及其发展脉络的全景式扫描与深度化呈现。

第三，制度需求和政策需求是制度经济学与公共政策学的重要研究论题，并各自成为新制度经济学中的制度均衡理论与公共政策学中政策过程的系统模型的核心要义。然而，时至今日，如何对制度需求或政策需求进行有效的测量仍是学界难题。本书的研究采取"学术探究法"和"媒介内容分析法"来测量社会公众（包括普通公众和社会精英）对环保公众参与机制的需求内容及需求强度的历史变迁，同时采取制度需求优先序调查法来测量社会公众对环保公众参与机制的需求强度现状。这在一定程度上解决了制度需求或政策需求的测量与预测的方法论难题，丰富了既有文献的研究方法论体系。

第四，制度均衡理论是新制度经济学家借鉴新古典经济学的供求均衡价格理论解释制度变迁时所提出的一个供求分析框架，但制度均衡理论并未提供制度均衡的测量技术与方法。本书从制度供需均衡类型、制度供需均衡度等级、制度供需均衡度等级划分方法与划分标准三个角度切入，构建了环保公众参与机制供需均衡分析的"三维四级"方法论框架。该方法论框架提供了制度均衡的测量技术与方法，弥补了制度均衡理论的方法论空白，有利于制度均衡理论从概念化走向操作化。

1.2.2 应用价值

第一，当前，中国改革进入攻坚期和深水区，社会矛盾多发，因环境污染导致的群体性事件频繁发生,环境问题已经成为诱发群体性事件的主要导火索,给经济发展和社会稳定造成了重大影响。环境群体性事件的发生究其根源在于环保公众参与机制不畅,制度供给难以满足制度需求。本书从环保公众参与的制度供求均衡视角出发,以制度需求为核心,提出创新环保公众参与机制的建议,对畅通环保公众参与程序、促进公众在制度化空间内实施环保参与行为、缓解环境群体性事件频发的态势具有积极意义。

第二,在环境治理领域,完善的环保公众参与机制是公民表达权和参与权的保障,是实现和扩大公民有序参与环境治理的前提,也是实现生态文明和环境治理体系现代化的重要制度支撑。本书基于制度均衡理论,运用公共政策内容分析方法、文献研究方法、问卷调查方法等多种研究资料搜集方法,细致梳理了中国环保公众参与机制的内在逻辑及其历史发展脉络,涉及社会公众对环保公众参与机制需求的历史变迁及其对现行参与机制改革措施的需求情况,在秉承"以公众需求为中心"的原则基础上,提出了改革和创新环保公众参与机制的政策建议。本书研究成果对于促进社会公众环保参与权的实现、保护公众环境权益、改善中国的环境污染和生态破坏状况、构建生态文明体系都具有现实指导意义。

1.3 基本思路与研究框架

1.3.1 基本思路

本书研究的基本思路,即技术路线图,如图 1.1 所示。

1.3.2 研究框架

本书从制度需求—制度供给的均衡视角来研究中国环保公众参与机制,研究的总体框架内容如下:

第一,基于制度均衡理论构建环保公众参与机制供需均衡的分析框架。本书阐述了制度的含义与功能、制度需求与制度供给的含义及其影响因素、制度均衡与制度非均衡的含义与成因,分析了制度均衡与制度变迁的关系;基于制度均衡理论和公众参与机制的内涵与外延,构建了环保公众参与机制供给与需求的分析框架,包括环保公众参与的人大和政协机制、行政机制、司法机制的供给内容与需求内容(需求指向和需求落点),以及环保公众参与机制供需均衡的总体框架。

第二,描述中国环保公众参与机制供给的历史演变与现状。本书基于环保公众参与机制供需均衡的分析框架,运用公共政策内容分析法具体分析了中国环保公众参与机制的供给时间和供给数量、供给主体构成和供给结构特征,深入考察了中国环保公众参与的人大和政协机制、行政机制(包括环境信息公开制度、公众参与环境影响评价制度、环境行政听证制度、环境信访制度和环境行政复议制度)、司法机制(包括环境行政诉讼制度、环境民事诉讼制度、环境刑事诉讼制度和环境公益诉讼制度)供给的历史变迁脉络,并从环保公众参与主体、客体、程序三个方面详细阐述了各具体机制相关制度

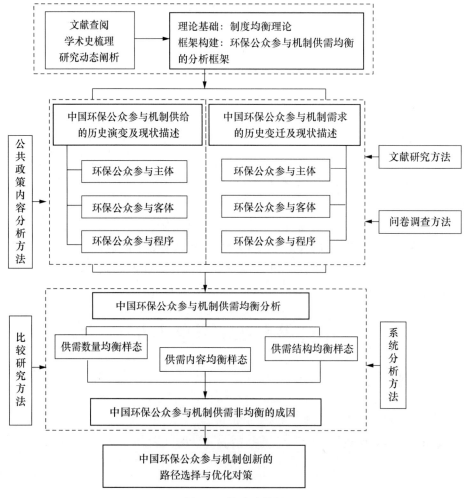

图 1.1　技术路线图

的供给现状。

第三,研究中国环保公众参与机制需求的历史变迁与现状。基于环保公众参与机制供需均衡的分析框架,运用"学术探究法"和"媒介内容分析法",从环保公众参与主体、客体、程序三个方面研究社会公众(包括普通公众和社会精英)对环保公众参与的人大和政协机制、行政机制、司法机制的需求内容及需求强度的历史变迁,同时采取制度需求优先序调查法测量社会公众对环保公众参与具体机制需求内容的需求强度现状。

第四,中国环保公众参与机制供需均衡样态分析及供需非均衡成因探讨。从制度供需均衡类型、制度供需均衡度等级、制度供需均衡度等级划分方法与划分标准三个方面切入,构建环保公众参与机制供需均衡分析的"三维四级"方法论框架;运用"三维四级"方法论框架,从环保公众参与主体、客体、程序三个维度深入分析环保公众参与各具体机制的供需数量均衡、结构均衡和内容均衡的样态及其所处均衡度等级;基于制度均衡理论分析框架中的制度供给的影响因素、制度需求的影响因素和制度非均衡的成因三方面的理论要素,具体分析中国环保公众参与机制供需非均衡的成因。

第五,提出中国环保公众参与机制改革创新的政策建议。基于中国环保公众参与机制供需非均衡的成因以及中国环保公众参与机制需求的现状,秉承"以制度需求为导向"的原则,以制度均衡为目标,从环保公众参与主体、客体、程序三个维度,提出中国环保公众参与机制改革与创新的一般性政策建议与针对各具体机制的个性化路径选择和优化对策。

1.4 研 究 方 法

1.4.1 公共政策内容分析方法

公共政策内容分析方法是一种对公共政策文本内容进行系统的、定量与定性相结合的语言分析方法,其目的是要分析清楚或测度出政策文本中有关主题的本质性事实及其关联的发展趋势。[①] 本书通过对中国《宪法》《环境保护法》以及与环保公众参与相关的其他法律、行政法规、行政规章、党的政策、司法解释、规范性文件、工作文件等的搜集、整理并进行定性、定量分析,梳理中国环保公众参与机制供给的历史发展脉络及现状。

1.4.2 文献研究方法

文献研究方法也称"情报研究""资料研究"或"文献调查"方法,是指通过对文献资料的检索、搜集、鉴别、整理、分析,形成对事实的科学认识的方法。[②] 文献研究方法在本书中又具体界分为"学术探究法"和"媒介内容分析法"。其中,学术探究法是指从已发表的众多学术研究成果中挖掘与整理关于制度需求的内容,媒介内容分析法是指通过分析大众传媒的报道与评论了解社会公众针对特定主题的需求情况。笔者从中国知网的期刊数据库和会议数据库检索下载历年发表的与环保公众参与相关的学术文献,并对这些学术文献中有关环保公众参与机制改革的政策建议进行整理和分析,同时从中国知网的报纸数据库检索下载各类报纸历年发表的与环保公众参与相关的新闻报道与新闻评论,并对这些报道和评论中提出的改革中国环保公众参与机制的建议进行分类汇总,据此总结归纳中国环保公众参与的人大和政协机制、行政机制、司法机制的需求内容及其历史变迁。

1.4.3 问卷调查方法

笔者根据中国环保公众参与机制中各类具体机制的制度需求落点、制度需求强度

---

① 参见李钢等编:《公共政策内容分析方法:理论与应用》,重庆大学出版社 2007 年版,第 4 页。

② 参见杜晓利:《富有生命力的文献研究法》,载《上海教育科研》2013 年第 10 期。

统计结果以及制度供需均衡分析结果，选择近二十年内制度需求强度较高且处于制度供需内容严重失衡状态的制度需求落点作为问卷主体题项编制的基础，据此编制了"中国环保公众参与机制改革需求的调查问卷"。在调查问卷的设计中采取了制度需求优先序调查法来测量社会公众对环保公众参与机制需求内容的需求强度，并运用专业问卷调查系统——腾讯问卷实施正式问卷调查，基于问卷调查结果分析中国环保公众参与机制的需求现状。

1.4.4　比较研究方法

比较研究方法是一种将两个或两个以上的事物或对象加以对比，以找出它们之间的相似性与差异性的分析方法。本书将中华人民共和国成立以来中国环保公众参与的人大和政协机制、行政机制、司法机制的制度供给情况与需求情况进行细致的历时比较，从环保公众参与主体、客体、程序三个维度深入分析环保公众参与各具体机制的供需数量均衡、结构均衡和内容均衡的样态。

1.4.5　系统分析方法

系统分析方法是指把要解决的问题作为一个系统，对系统要素进行综合分析，找出解决问题的可行方案的咨询方法。环保公众参与机制是一个复杂系统，利益表达机制的需求和供给同时受到多种因素的影响。因此，需要对系统各要素进行综合分析，以深刻地揭示环保公众参与机制供给与需求非均衡的成因。

1.5　创　新　点

1.5.1　研究方法的创新点

（1）创新制度需求的测量方法

制度经济学提供了制度均衡分析的理论框架，界定了制度需求的含义并分析了制度需求的影响因素。然而遗憾的是，制度经济学并未提供制度需求的测量技术与方法。本书创新性地运用学术探究法和媒介内容分析法，从制度需求内容和制度需求强度两个方面来探究社会公众对环保公众参与机制需求的历史变迁，同时采取制度需求优先序调查法来测量社会公众对环保公众参与机制需求内容的需求强度现状。本书中使用的对制度需求内容和需求强度的测量方法在一定程度上解决了制度需求测量与预测的方法论难题。

（2）创新制度均衡的测量方法

制度经济学提供了制度均衡分析的框架，但并未提供制度均衡的测量技术与方法。本书创新性地从制度供需均衡类型、制度供需均衡度等级、制度供需均衡度等级划分方法与划分标准三个方面切入，构建了环保公众参与机制供需均衡分析的"三维四级"方法论框架。其中"三维"是指制度供需均衡的三个类型，包括数量均衡、结构均衡和内容均衡。数量均衡要测量制度安排的供给数量和(或)制度安排的需求数量,结构均衡要测量制度供给结构和(或)制度需求结构,内容均衡要测量制度供给之后相同制度需求落点的出现时间。"四级"是指制度供需均衡度的四个等级,包括优质均衡、基本均衡、轻度失衡、严重失衡。同时,本书基于制度供需均衡的测量方法与均衡度等级确立了均衡度等级的不同划分标准。本书构建的制度供需均衡分析的"三维四级"方法论框架弥补了制度均衡测量技术与方法的研究空白。

1.5.2 研究内容的创新点

(1)基于制度均衡理论分析环保公众参与机制

本书基于制度均衡理论构建了环保公众参与机制供需均衡的分析框架,在此框架基础上分析中国环保公众参与机制供给与需求的历史演变和现状,以及供需非均衡的样态和成因,并以制度需求为导向、以制度均衡为目标,提出了中国环保公众参与机制改革与创新的政策建议。本书突破了既有研究专注于制度供给的单一视角的局限性,将"自上而下"的制度供给视角与"自下而上"的制度需求视角相结合,形成了制度均衡的分析视角。

(2)对中国环保公众参与机制供给的历史变迁与现状进行全景式扫描与深度化呈现

本书运用公共政策内容分析方法对中华人民共和国成立以来党和国家出台的所有有关环保公众参与的政策法规、司法文件以及各种规范性文件、工作文件等进行定性和定量分析,从而对中国环保公众参与的人大和政协机制、行政机制、司法机制的供给进行历史考察和现状描述,以全面、深入了解环保公众参与机制的供给情况。与既有研究偏向环保公众参与的单项制度分析相比,本书将环保公众参与的所有相关制度都纳入统一的分析框架,既探讨各单项制度形成与发展的演变过程,又从环保公众参与主体、客体、程序三个维度描述各单项制度的供给现状,这突破了单一制度分析的局限。

(3)实证测量与分析中国环保公众参与机制的制度需求

本书运用学术探究法和媒介内容分析法,从环保公众参与主体、客体、程序三个方面定量测量社会公众对环保公众参与的人大和政协机制、行政机制、司法机制的需求内容及需求强度的历史变迁,同时采取制度需求优先序调查法测量社会公众对环保公众参与具体机制需求内容的需求强度现状。学界既有的研究专注于环保公众参与的制度供给分析,缺少对环保公众参与的制度需求探讨,因此对中国环保公众参与机制需求的历史演变和现状的实证测量与分析便成为本书研究内容的第三个创新点。

(4)分析中国环保公众参与机制供需均衡样态及供需非均衡的成因

本研究运用构建的环保公众参与机制供需均衡分析的"三维四级"方法论框架,从环保公众参与主体、客体、程序三个维度深入分析了环保公众参与的人大和政协机制、行政机制、司法机制的制度供需数量均衡、结构均衡和内容均衡的样态,并具体分析了中国环保公众参与机制供需非均衡的成因。目前国内外学界尚未出现针对环保公众参与机制供需均衡分析的相关研究,因此这是本书研究内容的第四个创新点。

第二章

国内外相关研究的学术史梳理及研究动态

2.1　核心概念厘定

2.1.1　公众

"公众"是一个复杂且富有争议的学术概念,约翰·杜威较早地对"公众"作了比较详尽的阐释,他提出"私人和公众的界限是基于行为结果的程度和范围而言的"①,并认为"所有那些被一个事件的间接后果影响的人组成了公众"②。继约翰·杜威之后,不同学科基于不同视角对"公众"进行了多样化的阐释。社会学从公众具有的基本共性出发对公众进行了解读,如美国社会学家戴维·波普诺认为,公众是一个具有共同利益、共同关心的事物或意见的分散人群,③它既包括公众个人,也包括公众的组织。卓光俊认为,公众通常是指具有共同的利益基础、共同的兴趣或关注某些共同问题的社会大众或群体。④　公共关系学从公众与组织的关系角度对公众进行了界定,即公众就是与特定的公共关系主体相互联系及相互作用的个人、群体或组织的总和,是公共关系传播沟通对象的总称。⑤　政治学视域内的公众与公共舆论或公众意见紧密相关,它所研究的公众并不是全国所有人民,而是对政治问题表现出一定的兴趣和关注,并且公开表达相关意见的人。因此,公众具有三个特性:第一,临时性,构成分子经常改变。第二,由问题决定,问题性质决定谁会公开发表意见。第三,偶然性,只是部分人偶然地对部分政治问题公开发表意见。⑥　行政管理学是从政府与社会关系的角度来界定公众,例如,向荣淑认为,公众指的是政府为之服务的主体群众,⑦李春燕则把"公众"界定为"行政相

---

① 〔美〕约翰·杜威:《公众及其问题》,本书翻译组译,复旦大学出版社2015年版,第14页。
② 同上书,第15页。
③ 参见〔美〕戴维·波普诺:《社会学(下)》,刘云德、王戈译,辽宁人民出版社1987年版,第604页。
④ 参见卓光俊:《环境保护中的公众参与制度研究》,知识产权出版社2017年版,第36页。
⑤ 参见石伶亚:《西部乡村民间公众利益表达引导机制研究——以湘西地区为例》,华中师范大学出版社2012年版,第4页。
⑥ 参见冉伯恭、曾纪茂:《政治学概论》,格致出版社2008年版。
⑦ 参见向荣淑:《公众参与城市治理的障碍分析及对策探讨》,载《探索》2007年第6期。

对人"①。科技管理学从科技知识与"地方知识"的视角来界定公众,尤其关注科学家与公众的划分。例如,柯林斯和埃文斯认为,公众既包括普通公众(有关外行者和无关外行者),又包括某个科技决策问题上的外围科学家。② 因此,科学家的角色因其参与科技决策类型的不同而不同,当科学家参与其所在专业领域的决策时,他扮演的是与公众不同的专家角色,而当他参与不属于其专业领域的决策问题时,则他的角色等同于一般大众。达顿的观点与柯林斯和埃文斯相同,他认为,公众包括无专业知识的公民与处于审议的创新领域无关的专家以及公共利益组织的代表,那些与争议的问题没有专业、政治或金钱关系的人,都是"公众"。③

公共政策学从政策客体的角度来解释公众,如杜威将公众定义为受决策影响或对决策感兴趣的所有人。④ 乔斯认为,公众"在广义上,是指参与政策过程和决策的主体,不仅仅限于通常意义上的职业专家、政策分析家和决策者,而是包括更大范围内的社会参与者。这里的社会参与者可以包括非政府组织的代表、地方社团、利益集团和草根运动人士,也包括作为公民和消费者的个体外行人员"⑤。米勒利用政策制定的一个分层模型将公众分为非关注公众、感兴趣公众、关注公众和政策领导人。⑥ 瑞恩和沃克依据受决策影响程度或关注决策的程度,将公众划分为利益相关者、直接受影响的公众、观察公众和一般公众。⑦ 张晓杰在瑞恩和沃克分类的基础上将公众划分为:所涉公众——正在受或可能受环境决策影响或在环境决策中有自己利益的公众;感兴趣公众——对环境决策问题拥有学习、研究和评论兴趣的公众,如学者、记者、评论员等;热心公众——对环境保护富有公益心和历史使命感的公众,如律师、学者、非政府环保组织等。⑧ 本书采纳卓光俊对公众的内涵界定,同时采用张晓杰对公众的外延勾勒,即公众既包括受决策影响或对决策问题感兴趣的公民个人,也包括非政府组织。

---

① 李春燕:《公众参与的功能及其实现条件初探》,载《兰州学刊》2006 年第 9 期。

② See Collins H. M.，Evans R.，The Third Wave of Science Studies：Studies of Expertise and Experience，*Social Studies of Science*，2002，32(2).

③ See Dutton D.，The Impact of Public Participation in Biomedical Policy：Evidence from Four Case Studies，in Peterson J.（ed.），*Citizen Participation in Science Policy*，The University of Massachusetts Press，1984.

④ See Dewey J.，*The Public and Its Problems*，Henry Holt，1923.

⑤ Joss S.，Public Participation in Science and Technology Policy and Decision-Making—Ephemeral Phenomenon or Lasting Change，*Science and Public Policy*，1999，(5).

⑥ See Miller J. D.，The American People and Science Policy：The Role of Public Attitudes in the Policy Process，*American Political and Science Association*，1983，(1).

⑦ See Renn O.，Walker K.，Lessons Learned and a Way Forward，in O. Renn，K. Walker (eds.)，*Global Risk Governance：Concept and Practice of Using the IRGC Framework*，Springer，2008.

⑧ 参见张晓杰:《中国公众参与政府环境决策的政治机会结构研究》,东北大学出版社 2014 年版,第 20 页。

2.1.2 公众参与

《现代汉语词典（第七版）》把"参与"一词解释为："参加（事务的计划、讨论、处理）"。在西方，"参与"一词有多种表述方法，如 participation、involvement、consultation 等，世界银行倾向于使用 consultation，欧盟国家多使用 involvement，美国则较多地使用 participation。这些词之间的细微差别在于，使用这些概念时所站的角度不同，但基本上都是指参与、加入、参加、咨询。由于参与是加入、参加、咨询，因此参与不是决策主体内部的行为，而是一种由外向内的渗入、介入。所以，就参与行为本身而言，它并不意味着"决定"，而是属于"涉入"性质的。就参与是一种"咨询""涉入"或"介入"活动而不是决策行为而言，应当说一切参与都属于公众参与的范畴。①

"公众参与"的最经典定义是由阿恩斯坦在其关于公众参与的一篇经典论文中界定的。她认为，除非在决策过程中公众的意见被真正地考虑进去，否则公众参与就是不充分的。"空洞的、形式化的公众参与和掌握影响决策过程与结果的公众参与权力，两者是截然不同的。"②因此，阿恩斯坦将"公众参与"定义为："公众参与是一种公民权力的运用，是一种权力的再分配，使目前在政治、经济等活动中，无法掌握权力的民众，其意见在未来能有计划地被列入考虑……它是一种诱发重要社会变革的手段，通过社会变革，贫穷的公众能够享有富裕社会带来的利益。"③罗和弗鲁尔将"公众参与"定义为："一系列旨在咨询、告知公众，并将公众纳入决策过程的程序，使受决策影响的公众能够在决策过程中表达自己的意见"④。罗和弗鲁尔在其后来的一篇文章中从信息传播的角度将公众参与（public participation）视为公众参加（public engagement）的形式之一，公众参加包括公众参与、大众传播（public communication）和公众咨询（public consultation）。他们指出，大众传播和公众咨询是单项的信息流动与传播，信息要么从决策者流向公众，要么从公众流向决策者，而公众参与是决策者与公众之间的双向信息交流。⑤克赖顿将公众参与定义为："将公众关注、需要和价值纳入政府和企业决策中的系列过程"⑥。

贾西津认为，公众参与是指公民通过政治制度内的渠道，试图影响政府的活动，特别是与投票相关的一系列行为。⑦王锡锌将公众参与界定为，在行政立法和决策过程

---

① 参见李艳芳：《公众参与环境影响评价制度研究》，中国人民大学出版社 2004 年版，第 1 页。

② Arnstein S. R., A Ladder of Citizen Participation, *Journal of the American Institute of Planners Journal*, 1969, (4).

③ Ibid.

④ Rowe G., Frewer L. J., Public Participation Methods: A Framework for Evaluation, *Science, Technology & Human Values*, 2000, (1).

⑤ See Rowe G., Frewer L. J., A Typology of Public Engagement Mechanisms, *Science, Technology & Human Values*, 2005, (2).

⑥ Creighton J. L., *The Public Participation Handbook: Making Better Decisions Through Citizen Involvement*, Jossey-Bass, 2015.

⑦ Ibid.

中,政府相关主体通过允许、鼓励利害关系人和一般社会公众,就立法和决策所涉及的与利益相关或者涉及公共利益的重大问题,以提供信息、表达意见、发表评论、阐述利益诉求等方式参与立法和决策过程,进而提升行政立法与决策公正性、正当性、合理性的一系列制度和机制。① 蔡定剑认为,作为一种制度化的民主制度,公众参与应当是指公共权力在作出立法、制定公共政策、决定公共事务或进行公共治理时,由公共权力机构通过开放的途径从公众和利害相关的个人或组织获取信息、听取意见,并通过反馈互动对公共决策和治理行为产生影响的各种行为。② 蔡定剑的定义强调公共机构和公众在公众参与过程中的互动性,即双向沟通和协商对话,与贾西津、王锡锌的定义相比,其内涵界定较为狭窄。

本书采纳较为宽泛的公众参与界定,并将其定义为:社会公众在政府公共管理过程中表达利益诉求或者发表意见与建议的过程。根据不同的标准,可以将公众参与分为不同的类型。根据参与的时机,可以将公众参与分为决策前参与、决策中参与和决策后参与。这三种参与方式对于决策结果具有不同影响,决策前参与和决策中参与有利于制定合法的、质量较高的公共决策,而决策后参与有利于改变不良的、不合理的决策。根据参与的层次,可以将公众参与分为低等层次参与、中等层次参与和高等层次参与。低等层次的公众参与是指公众获得公共政策信息、参与讨论相关公共政策的过程。中等层次的公众参与是指公众通过参加听证会、写信、打电话等方式,向政府机关提出一些零碎的或系统的意见、建议和想法等。高等层次的公众参与是指在政府机关的决策中公众充分参与,并深深影响决策结果的过程。

2.1.3　公众参与机制

"机制"是源自近代自然科学的术语,《现代汉语词典(第七版)》对其有四种含义界定:① 机器的构造和工作原理,如计算机的机制;② 有机体的构造、功能和相互关系,如动脉硬化的机制;③ 指某些自然现象的物理、化学规律,也叫机理;④ 泛指一个工作系统的组织或部分之间相互作用的过程和方式,如市场机制。随着近代物理学和生物学的发展,西方的一些社会学家开始运用有机体理论来分析社会,并将"机制"这一概念引入社会科学。在社会科学领域,"机制最主要的含义应该指社会中某些部门、领域通过建立富有生机活力的制度明确程序规则和落实措施等,使该系统健康有序运转的内在机理和方式"③。李明华等学者认为,机制"是指复杂系统结构各个组成部分相互联系、相互制约、相互作用的联结方式,以及通过它们之间的有序作用而完成其整体目标、实现其整体功能的运行方式"④。蒋牧宸将"机制"界定为:"系统内各子系统、各要素之间相互作用、相互联系、相互依存、相互制约的关系,以及它们之间协调运转,针对系统外

---

① 参见王锡锌主编:《行政过程中公众参与的制度实践》,中国法制出版社 2008 年版,第 2 页。
② 参见蔡定剑主编:《公众参与:风险社会的制度建设》,法律出版社 2009 年版,第 5 页。
③ 吕会霖主编:《新世纪思想政治工作》,上海人民出版社 2005 年版,第 80 页。
④ 李明华等:《精神文明建设机制论》,广州出版社 1997 年版,第 2 页。

界环境变化，进行内部运作的方式"①。根据以上概念界定，可以从三个层面来理解"机制"：① 结构层面——事物构成要素的相互关系，② 功能层面——事物构成要素相互联系所发挥的作用，③ 过程层面——事物构成要素之间相互作用的过程和方式。从社会科学的视角看，"机制"主要强调制度的运作及运作过程中各要素之间的相互影响。② 据此，本书将公众参与机制界定为：政治体系在明确个人或者群体合理诉求的前提下所建立的一系列有关公众参与渠道、程序、规则的制度安排，从而保证个人或群体能够通过体制内的渠道和程序参与政府公共管理过程。公众参与机制作为一种制度安排，包括三个构成要素：公众参与主体、公众参与客体、公众参与程序。

第一，公众参与主体。公众参与主体是公众参与机制的首要因素和核心要件，构建公众参与机制的主要目的是维护公众参与主体的合理利益诉求。公众参与主体可以划分为个体和团体两类，其中个体可以是社会不同利益阶层的任何个人，团体则是具有共同利益目标的组织。由于个体能力和资源有限，参与力量薄弱且不具有代表性，因此个体公众参与的成效十分有限。公众参与团体因其广泛的代表性、较强的组织性和较高的资源整合能力，以及往往强度较大且持续时间较长，所以容易引起相关部门或者决策者的关注，从而有效实现团体的公众参与目标。

第二，公众参与客体。公众参与客体是公众参与主体进行公众参与活动时所指向的对象，一般是指国家管理者、政策制定者。公众参与客体是相对于公众参与主体而存在的，且以公众参与主体为存在前提，即只有公众参与主体的存在，其客体才能相应存在。与此同时，公众参与客体也为公众参与主体提供了行为的目标指向和意义，即公众参与客体是公众参与主体实施公众参与行为的诉诸对象，而公众参与客体的回应性决定了公众参与主体是否能够顺利达成公众参与目标。此外，公众参与客体具有相对性，相对于某个公众参与主体而言的公众参与客体，在基于自身的特殊利益诉求面向一定对象进行时，它又成为公众参与主体。

第三，公众参与程序。公众参与程序包括公众参与渠道与公众参与方式。公众参与渠道是公众参与主体与公众参与客体之间的中介和桥梁，是公众参与主体实现自身利益诉求或者发表意见与建议的重要路径。阿尔蒙德和鲍威尔将公众参与渠道分为合法的接近渠道和强制性的接近渠道，③中国学者一般将公众参与渠道分为体制内参与渠道和体制外参与渠道。④ 体制内参与渠道包括制度化渠道和社会化渠道，前者具有合法化和制度化的特点，由立法机构、行政机构和司法机构构成，一般包括人民代表大会、人

---

① 蒋牧宸：《地方政府公共服务供给机制改革研究——基于公共治理的视角》，武汉大学 2014 年博士学位论文。

② 参见王长江：《中国政治文明视野下的党的执政能力建设》，上海人民出版社 2005 年版，第 273 页。

③ 参见〔美〕加布里埃尔·A. 阿尔蒙德、〔美〕小 G. 宾厄姆·鲍威尔：《比较政治学——体系、过程和政策》，曹沛霖等译，东方出版社 2007 年版，第 189—202 页。

④ 参见石伶亚：《西部乡村民间公众利益表达引导机制研究——以湘西地区为例》，华中师范大学出版社 2012 年版，第 10 页。

民政协、信访机构、人民法院和人民检察院等；后者具有合法化和社会化的特点，一般包括社会组织和大众媒体。体制外参与渠道主要包括集会、游行、示威、"走社会关系"、利用新闻媒体曝光等，一般具有突发性和偶然性。公众参与渠道为公众参与主体提供了参与的空间，公众参与渠道的多寡及其顺畅与否决定了公众参与的难易程度。

公众参与方式是公众参与主体通过一定的公众参与渠道向公众参与客体表达利益诉求或发表意见与建议时所采取的方式和方法。公众参与方式可以分为理性化参与方式（或称理智型公众参与方式）和非理性化参与方式（或称情绪型公众参与方式）。前者是指公众参与主体运用合法的手段，按照制度内的渠道和程序有序进行利益诉求或意见与建议的表达；后者是指公众参与主体寻求制度外的非法手段来表达自身的利益诉求或者意见与建议。理性化参与方式属于正式制度安排，而非理性化参与方式主要是个体的选择，属于制度外方式。由于本书聚焦于环保公众参与的正式制度安排，非理性化参与方式不在研究之列，且由于理性化参与方式是制度内的渠道选择，因此本书在描述与阐析环保公众参与程序的供给现状时，将专注于公众参与渠道。

2.2 国外相关研究的学术史梳理及研究动态

美国政治学家哈罗德·D.拉斯韦尔、戴维·伊斯顿和加布里埃尔·A.阿尔蒙德是国外最早关注公众参与的经典代表人物。拉斯韦尔认为，"政治研究是对权势和权势人物的研究"，并从社会精英参与的角度，认为精英运用暴力、物资、象征、实际措施等操纵或驾驭环境的方法，对统治者施加影响，从而获取更多的价值，包括尊重、安全和收入等；技能、阶级、人格、态度直接影响各种价值在不同类型的精英之间的分配情况。[①] 但是，拉斯韦尔自始至终没有明确提出"公众参与"这一概念。伊斯顿作为第一个用"体系"这个明确术语来分析政治的政治学家，同拉斯韦尔一样也提出了类似"公众参与"的概念。他把从环境进入政治体系的输入分为两种类型：要求和支持。其中，要求是"意向的表达"，它"汇集了由环境传达给系统的普遍状况和大量事件"，并"构成施加于该系统基本变量的压力的主要来源之一"，要求包括需求、吁求、号召和意识形态等。要求是政治系统的核心变量，"要是没有一些要求的输入，系统大概就没有原料好加工，也就没有什么转换工作可做。如果没有一些刺激，政治系统就不会运行……如果我们能够发现某个政治系统的要求输入减少为零，那么，我们可以确定，该系统大概处于衰变过程中"，由此，伊斯顿确立了"要求"在政治系统中的核心地位。在伊斯顿看来，任何具体政治体系存在本身就是满足某些基本要求，这些要求就是公民向"那些具有当局地位的人"提出的意见、建议或者利益诉求表达。[②] 阿尔蒙德继承了伊斯顿的理论框架，将公众

---

① 参见〔美〕哈罗德·D.拉斯韦尔：《政治学：谁得到什么？何时和如何得到？》，杨昌裕译，商务印书馆1992年版。

② 参见〔美〕戴维·伊斯顿：《政治生活的系统分析》，王浦劬译，华夏出版社1999年版，第41—55页。

参与(利益表达)视为政治体系过程功能的第一要素。他指出,虽然个人作为自身利益的表达者具有持续的重要性,但各种非正规的、非社团性的、机构性的或者社团性的利益集团通过合法的或强制性的渠道对政府过程施加影响,是现代社会中更为重要且更具影响力的利益表达(公众参与)方式。①

国外学者对公众参与环境保护的专门研究起步较早,促使相关研究兴起的原因是,西方发达国家环境风险问题的日益突出和公众对环境风险问题的感知。② 20 世纪 60 年代末 70 年代初的美国环境保护运动促使人们开始关注环境保护问题,而 20 世纪 80 年代发端于美国的环境正义运动则将公众的环境利益分配以及弱势群体的环境权益诉求问题突显出来。环境正义运动起源于美国公民反抗在有色人种聚居区建设有毒废物或危险和污染性的工业。③ 1983 年,美国联邦政府会计署报告表明,在美国东南部地区危险废物填埋场坐落的四个社区中,有三个社区的居民主要是非裔美国人。1987 年,基督联合教会种族平等委员会发表了一份具有里程碑意义的报告——《美国种族与有毒废弃物》,该报告在很大程度上加深了公众对环境种族主义的认识,并由此引发了对"环境不正义"的传统界定,即由于缺乏参与决策和政策制定过程的途径,有色人种被迫承受不成比例的环境公害和与之相关的公共卫生问题以及生活质量负担。此外,研究表明,有色人种不仅更易居住在环境退化和危险的地方,而且他们获得的由美国环境保护署提供的环境保护和公共卫生服务也比白人和富人少很多。④ 另外,环境种族主义论者认为,有色人种参与环境事务管理极其有限。环境正义的倡导者认为,只有让环境不公平现象的受害者参与到有关危险废物和污染行业选址的决策过程中,他们才能获得与其他人同等的环境保护。部分环境正义的拥护者甚至超越所谓的"公平分享原则",也即分配正义,更进一步提出程序正义或过程正义,他们主张环境公害应从源头被消除。⑤ 继美国环境正义运动之后,学术界有关公众参与环境保护的研究如雨后春笋般涌现,并取得了前所未有的成果,其研究内容主要可以归纳为以下四个方面:

2.2.1 环保公众参与的必要性与意义

(1) 环保公众参与有利于解决环境非正义问题

环境正义问题在广义上包含三个维度:环境风险的分担、环境利益的分配(结果正

---

① 参见〔美〕加布里埃尔·A.阿尔蒙德、〔美〕小 G.宾厄姆·鲍威尔:《比较政治学——体系、过程和政策》,曹沛霖等译,东方出版社 2007 年版,第 179—208 页。

② 参见张晓杰:《中国公众参与政府环境决策的政治机会结构研究》,东北大学出版社 2014 年版,第 25 页。

③ 参见张晓杰等:《公正可持续发展:一个新的研究范式与框架》,载《东北大学学报(社会科学版)》2014 年第 3 期。

④ See Lavelle M. , Coyle M. , Unequal Protection:The Racial Divide in Environmental Law, A Special Investigate, *The National Law Journal*, 1992, (3).

⑤ See Faber D. (ed.), *The Struggle for Ecological Democracy:Environmental Justice Movements in the United States*, The Guilford Press, 1998.

义)以及公众参与环境决策的机会(程序正义),①而公众参与环境决策本身就是一种环保公众参与行为。由此可见,环保公众参与是环境正义的题中应有之义,有效的环保公众参与行为有利于环境正义的实现。正如库恩所说:积极的、有意义的公众参与决策过程是实现环境正义的至关重要的因素。② 霍利菲尔德研究提出,危险废物选址决策中,原住民社区参与的缺失引发了环境非正义现象;③布斯托斯等人的研究也表明,易于引发环境污染和生态破坏的经济建设项目选址决策中邻近居民的缺席参与引致了非社会边缘群体和非文化边缘群体的环境非正义问题。④ 约翰逊等人也认为,垃圾焚烧处理设施选址决策中公众参与的实际缺失,导致了环境非正义问题的产生,由此形成环境冲突,由农村村民和城市环保主义者所构成的非正式的环保网络(environmental networks)提升了选址所涉公众的话语权,并成功挑战了非正义的选址决策,因此加强公众参与是促进环境正义的有效途径。⑤ 施勒斯伯格和沙伊德尔等人也认为,由环保组织和邻避运动者所形成的持久的正式或临时的环保网络有利于环境冲突的解决和环境正义的实现。⑥ 德尔的研究表明,培育文化包容并建立与大自然联系的公众参与方式有助于促进"公正可持续发展",搭建社会正义与环境正义联系的桥梁。⑦ 帕洛涅米等人提出,在生态多样性管理中,基于项目、市场、利益集团和电子政务的公众参与严重缺乏环境正义关怀,必须倡导基于承认观点多样性、利益冲突多样化、社会立场多样性的公众参与和更广泛的利益相关者参与,以此促进社会—环境正义。⑧

---

① See Xiaojie Zhang, Ke Zhao, Edward T. Jennings Jr., Empirical Evidence and Determinants of Region-Based Environmental Injustice in China: Does Environmental Public Service Level Make a Difference?, *Social Science Quarterly*, 2016, 97(5).

② See Scott Kuhn, Expanding Public Participation is Essential to Environmental Justice and the Democratic Decisionmaking Process, *Ecology Law Quarterly*, 1999, 25(4).

③ See Holifield R., Environmental Justice as Recognition and Participation in Risk Assessment: Negotiating and Translating Health Risk at a Superfund Site in Indian Country, *Annals of the Association of American Geographers*, 2012, 102(3).

④ See Beatriz Bustos, Mauricio Folchi, Maria Fragkou, Coal Mining on Pastureland in Southern Chile: Challenging Recognition and Participation as Guarantees for Environmental Justice, *Geoforum*, 2016, 84.

⑤ See Thomas Johnson, Anna Lora-Wainwright, Jixia Lu, The Quest for Environmental Justice in China: Citizen Participation and the Rural-Urban Network against Panguanying's Waste Incinerator, *Sustainability Science*, 2018, 13(3).

⑥ See Schlosberg D., Networks and Mobile Arrangements: Organisational Innovation in the US Environmental Justice Movement, *Environmental Politics*, 1999, 8(1); Scheidel A., Temper L., Demaria F., Martinez-Alier J., Ecological Distribution Conflicts as Forces for Sustainability: An Overview and Conceptual Framework, *Sustainability Science*, 2018, 13(1).

⑦ See Victoria Derr, Participation as a Supportive Framework for Cultural Inclusion and Environmental Justice, *Revista Internacional de Educación para la Justicia Social*, 2017, 6(1).

⑧ See Riikka Paloniemi, et al. Public Participation and Environmental Justice in Biodiversity Governance in Finland, Greece, Poland and the UK, *Environmental Policy and Governance*, 2015, 25.

（2）环保公众参与有利于提升环境决策的质量以及决策的可执行性

杜兰特提出的"民主模型"（democratic model）认为，除了科学知识之外，还存在其他多种形式的专业知识，应通过公开、建设性的公共讨论来融合各种知识，所以政府、科学家与公众在环境科技决策中都发挥着重要的作用。① 公众拥有"地方性知识"（local knowledge）②或"非正式知识"（informal knowledge）③，它与科学知识（scientific knowledge）同样重要，对政府的环境决策也具有同等重要的作用。外行知识（lay knowledge）不仅能够加强决策的政治合法性，而且确保了决策在技术上的效率性。④ 因此，通过参与政府环境决策，公众能够为决策提供来自实践的地方性知识和分析技术，提高决策的科学性，提升政府环境决策的质量。⑤ 穆尔曼等人认为，"公开的、参与式的环境决策能够使得知情的公众协助透明的、负责任的政府作出更高质量的环境决策"⑥；迪茨和斯特恩也提出，"良好的公众参与有助于改进政府环境决策的质量，提高决策的合法性"⑦。埃泰米尔认为，公众参与有助于产生高质量的环境决策，从而推进环境保护和增进人类福祉的可持续发展。⑧ 在环境治理领域，促使公众参与权行使的主要目的就是通过改进与决策相关的价值与信息提高决策质量。⑨ 此外，公众参与可以抵制经济利益集团对政

---

① See Durant J., Participatory Technology Assessment and the Democratic Model of the Public Understanding of Science, *Science and Public Policy*, 1999, 26(5).

② See Collins H. M., Evans R. The Third Wave of Science Studies: Studies of Expertise and Experience, *Social Studies of Science*, 2002, 32(2).

③ See Durant J., Participatory Technology Assessment and the Democratic Model of the Public Understanding of Science, *Science and Public Policy*, 1999, 26(5).

④ See Christine Ortiz, Democratizing Science: Processes for the Involvement of the Public in Scientific Issues and Their Success, https://dspace. mit. edu/bitstream/handle/1721. 1/49530/STS-011Fall-2004/NR/rdonlyres/Science--Technology--and-Society/STS-011Fall-2004/FDFE34B0-00F4-4F0B-8B98-8A730DE041CF/0/paper_2_democrac. pdf.

⑤ See Beierle T., Cayford J., *Democracy in Practice: Public Participation in Environmental Decisions*, Resources for the Future Press, 2002.

⑥ Moorman J., Zhang G., Promoting and Strengthening Public Participation in China's Environmental Impact Assessment Process: Comparing China's EIA Law and U. S. NEPA, *Vermont Journal of Environmental Law*, 2006, 8.

⑦ Dietz T., Stern P., *Public Participation in Environmental Assessment and Decision Making*, National Academies Press, 2008.

⑧ See Uzuazo Etemire, A Fresh Perspective on the Human Right to Political Participation and Environmental Decision-Making in Nigeria, *African Journal of International and Comparative Law*, 2018, 26(4).

⑨ See Elizabeth A. Kirk, Kirsty L. Blackstock, Enhanced Decision Making: Balancing Public Participation against "Better Regulation" in British Environmental Permitting Regimes, *Journal of Environmental Law*, 2011, 23(1).

府环境决策过程的控制，①使决策质量得到较大的提高。②

公众参与不仅有利于提升环境决策质量，而且能够增强决策的可执行性。③ 例如，斯特夫研究认为，"公众参与不仅是民主理想的基石，而且日益被决策者视为将决策付诸实施的切实可行的手段。将公众纳入决策过程有助于避免决策执行的公众阻碍，为决策执行赢得公众资源"④。阿尔梅尼将公众参与划分为参与模式和接受模式，在参与模式中，公众参与是协商的、基于共识的公共对话，其目的在于达成高质量的决策；而在接受模式中，公众参与的目的在于增强公众对既定决策的认知和支持，从而促进公众服从决策并加快决策的实施。⑤ 此外，还有学者认为，公众参与在三个方面有益于环境政策决策，即将专家知识纳入环境决策过程、平衡环境利益与经济利益、在决策后的环境管理实践中加强公众控制。⑥

（3）环保公众参与有利于提高公众的环境意识和参与能力

迪茨等人认为，良好的公众参与有助于培育公众参与政府政策决策过程的能力；⑦穆尔曼等人研究提出，公众参与还有其他的附带益处，包括促进"公众教育、政府透明性和责任性"⑧。贝尔乐等人认为，"公众在环境影响评价过程中的广泛参与有助于教育公众，从而增强公众的环境意识"⑨。还有研究表明，非政府环保组织在环境政策决策中的参与行为有利于平衡国家权力和社会权利之间的关系，不仅能够增强其参与意愿和信

---

①　See Tang S., Tang C., Lo W., Public Participation and Environmental Impact Assessment in Mainland China and Taiwan: Political Foundations of Environmental Management, *The Journal of Development Studies*, 2005, 41(1).

②　See Beierle T., Cayford J., *Democracy in Practice: Public Participation in Environmental Decisions*, Resources for the Future Press, 2002.

③　See Jeroen van Bekhoven, Public Participation as a General Principle in International Environmental Law: Its Current Status and Real Impact, *National Taiwan University Law Review*, 2017, 11(2); Noriko Okubo, The Development of the Japanese Legal System for Public Participation in Land Use and Environmental Matters, *Land Use Policy*, 2016, 52.

④　Stave K., Using System Dynamics to Improve Public Participation in Environmental Decisions, *System Dynamics Review*, 2002, 18(2).

⑤　See Chiara Armeni, Participation in Environmental Decision-making: Reflecting on Planning and Community Benefits for Major Wind Farms, *Journal of Environmental Law*, 2016, 28(3).

⑥　See Xiao Zhu, Kaijie Wu, Public Participation in China's Environmental Lawmaking: In Pursuit of Better Environmental Democracy, *Journal of Environmental Law*, 2017, 29(3).

⑦　See Dietz T., Stern P., Public Participation in Environmental Assessment and Decision Making, *The National Academies Press*, 2008.

⑧　Moorman J., Zhang G., Promoting and Strengthening Public Participation in China's Environmental Impact Assessment Process: Comparing China's EIA Law and U. S. NEPA, *Vermont Journal of Environmental Law*, 2006, (8).

⑨　Beierle T., Cayford J., Democracy in Practice: Public Participation in Environmental Decisions, *Resources for the Future Press*, 2002.

心，而且能够提高公众的参与能力，使公众更加理性。[①] 丰治、拉瑞维和格里高利的研究结果也表明，公众参与对参与者的环境意识具有显著影响，而且能够提高参与者有关环境影响的知识水平。[②]

2.2.2 环保公众参与的影响因素

环保公众参与行为受到多种因素的影响和制约，主要包括公众的社会人口学特征、公众的社会心理因素、环境污染水平和社会经济政治结构因素。

首先，公众的社会人口学特征对环保公众参与行为的影响。万里拉和邓拉普早在1980 年就从理论和经验的视角重新审视了个人社会背景对其环保行为的影响，他们以年龄、社会等级、居住地、政治倾向和性别作为五个解释变量，考察这些变量与环境关注程度的相关性。结论说明，年轻人比老年人更关注环境质量；社会等级越高，对环境就越关注；城市居民比乡村居民的环境关注程度要高；政治上倾向于自由和较为激进的人要比保守的人关注环境；女性要比男性对环境更为关注。[③] 斯蒂尔的研究也表明，女性比男性更容易参与保护环境、制定政策并提出建议，性别对年长者的环保行为似乎是最大的影响因素。[④] 沙恩等人也认为，尽管男性掌握了更多的环境知识，但其实施环境行为的倾向低于女性。[⑤] 琼斯和邓拉普的研究结果表明，受教育水平对公众的环保行为具有显著正向影响，受教育水平较高的个体更加支持环境保护。[⑥] 格利森的研究也发现，个体的收入水平、受教育水平和年龄对公众的环保支持行为具有显著影响。[⑦]

其次，公众的社会心理因素对环保公众参与行为的影响。达斯古普塔和惠勒研究认为，公民环境污染投诉率与其乐意为环境改善所作的付出成正比关系；[⑧]博瑞特尔利用中国 1990 年到 2000 年公众关于环境问题的投诉信件数量和上访投诉数量，分析中

① See Xiao Zhu, Kaijie Wu, Public Participation in China's Environmental Lawmaking: In Pursuit of Better Environmental Democracy, *Journal of Environmental Law*, 2017, 29(3).

② See Fonji S. F., Larrivee M., Gregory N., Public Participation GIS (PPGIS) for Regional Mapping and Environmental Awareness, *Journal of Geographic Information System*, 2014(2).

③ See Van Liere K. D., Dunlap R., The Social Bases of Environmental Concern: A Review of Hypotheses, Explanations and Empirical Evidence, *Public Opinion Quarterly*, 1980, 44(2).

④ See Steel B. S., Thinking Globally and Acting Locally? Environmental Attitudes, Behavior and Activism, *Journal of Environmental Management*, 1996, 47(1).

⑤ See Schahn J., Holzer E., Studies of Individual Environmental Concern: The Role of Knowledge, Gender, and Background Variables, *Environment and Behavior*, 1990, 22(6).

⑥ See Jones R. E., Dunlap R. E., The Social Bases of Environmental Concern: Have They Changed Over Time? *Rural Sociology*, 1992, 57(1).

⑦ See Gelissen J., Explaining Popular Support for Environmental Protection: A Multilevel Analysis of 50 Nations, *Environment and Behavior*, 2007, 39(3).

⑧ See Dasgupta S., Wheeler D., Citizen Complaints as Environmental Indicators: Evidence from China, *Policy Research Working Paper Series*, 1997.

国公众参与环境事务的影响因素，她认为环境意识是影响公众参与水平的重要因素。[①]
皮尔斯和洛夫里奇等运用"规范—行动模型"对人的环保行为动机进行了分析，当人们
认识到环境破坏后果的严重性，并能把这一后果的责任归咎于自己时，就会产生一种利
他心理，这种心理会促使人们关注环境、保护环境。他们发现这种心理大多存在于一些
后发展国家，或蕴含在一定的传统文化之中。[②]　塞金等人[③]发现健康风险认知会直接影
响到人们尤其是环保主义者或是环保积极分子的行为。艾伦和费兰德认为，积极关怀
对自我控制与环境友善行为之间的关系产生重大的影响作用。[④]　斯蒂尔利用1992年美
国国家公众环境态度和行为的调查数据，研究了个人的环境态度与自我陈述的环保行
为之间的关系，结果表明，个人环境态度的强度与他们的环保行为以及环境问题的政治
积极性有关联。[⑤]　张晓杰、刘娇和赵可运用社会心理学中的规范——激活理论研究了中
国公民的环境信访行为。实证分析结果表明：个体规范是环境信访行为意向的最直接、
最重要的影响因素，责任归属和结果意识通过个体规范间接影响环境信访行为意向；此
外，结果意识也通过责任归属间接影响个体规范。[⑥]　基于该研究结果，张晓杰、耿国阶和
孙萍继而运用激活理论和计划行为理论的综合框架进一步分析了中国公民环境信访行
为的影响因素，实证结果再次验证了个体规范和结果意识对环境信访行为意向的显著
影响，同时也揭示了感知行为控制、行为态度和主观规范对环境信访行为意向的影响机
制。[⑦]　此外，其他学者的一系列研究还发现，自主动机（autonomous motivation）[⑧]、环境

---

①　See Brettell A.，The Politics of Public Participation and the Emergence of Environmental Pro-to-Movements in China，A dissertation from University of Maryland，2003.

②　See Pierce J. C.，Lovrich N. P.，Tsurutam T.，Takemastsu Abe，Culture，Politics and Mass Publics：Traditional and Modern Supporters of the New Environmental Paradigm in Japan and the U-nited States，*The Journal of Politics*，1987，49.

③　See Seguin C.，Pelletier L. G.，Hunsley J.，Toward a Model of Environmental Activism，*Environment and Behavior*，1998，30(5)；Baldassare M.，Katz C.，The Personal Threat of Environ-mental Problems as Predictor of Environmental Practices，*Environment and Behavior*，1992，24(5).

④　See Allen J. B.，Ferrand J. L.，Environmental Locus of Control，Sympathy，and Proenviron-mental Behavior：A Test of Geller's Actively Caring Hypothesis，*Environment and Behavior*，1999，31(3).

⑤　See Brent S. Steel，Thinking Globally and Acting Locally? Environmental Attitudes，Behav-ior and Activism，*Journal of Environmental Management*，1996，47(1).

⑥　See Xiaojie Zhang，Jiao Liu，Ke Zhao，Antecedents of Citizens' Environmental Complaint In-tention in China：An Empirical Study Based on Norm Activation Model，*Resources，Conservation & Recycling*，2018，134.

⑦　See Xiaojie Zhang，Guojie Geng，Ping Sun，Determinants and Implications of Citizens' Envi-ronmental Complaint in China：Integrating Theory of Planned Behavior and Norm Activation Model，*Journal of Cleaner Production*，2017，166(1).

⑧　See Tuson K.，Pelletier L. G.，Predicting Environmentally-conscious Behaviors：The Role of Motivation and Environmental Satisfaction，*Canadian Psychology*，1992，33(2a).

质量感知①、环境影响财产价值的感知②、个体效能感③、个体乐观主义、自尊、归属感和个人控制④、对他人的同情和情感依恋⑤等都对社会公众的环保参与行为具有显著影响。

再次，环境污染水平对环保公众参与行为的影响。根据英格哈特修正的后物质主义价值观理论，客观环境问题与主观后物质主义价值一样，也是使公众关心环境的重要影响因子。⑥ 英格哈特修正后的理论观点得到大量实证研究的支持，例如，郝基于个体层面和省级层面的数据分析结果均表明，生态退化显著影响中国公众对环境的关心；⑦ 他基于 82 个国家连续 7 年的面板数据分析出，生态退化水平对公众环境关心具有显著正向影响。⑧ 邓拉普和梅尔蒂格也认为，客观环境条件对于激发第三世界国家中的环境保护主义至关重要。⑨ 达斯古普塔和惠勒分析了连续三年时间中国公民投诉环境污染问题与污染水平之间的关系，他们发现，公民环境污染投诉率与其所受有害环境污染的程度成正比关系。⑩ 博瑞特尔的研究结果也表明，在所有公众参与环境管理的影响因素中，环境污染水平的影响最为突出。⑪ 张晓杰、詹宁斯和赵可运用政治机会结构理论和后物质主义价值观理论的综合分析框架，基于中国省际面板数据的分析结果表明，环境污染水平对不同的公众参与形式具有不同的影响，污染物排放水平对公众的环境上访

---

① See Syme G. J., Beven C. E., Sumner N. R., Motivation for Reported Involvement in Local Wetland Preservation: The Roles of Knowledge, Disposition, Problem Assessment, and Arousal, *Environment and Behavior*, 1993, 25(4).

② See Li W., Liu J., Li D., Getting Their Voices Heard: Three Cases of Public Participation in Environmental Protection in China, *Journal of Environmental Management*, 2012, 98(15).

③ See Mohai P., Public Concern and Elite Involvement in Environmental Conservation Issues, *Social Science Quarterly*, 1985, 66(4).

④ See Geller S. E., Actively Caring for the Environment: An Integration of Behaviorism and Humanism, *Environment and Behavior*, 1995, 27(4).

⑤ See Allen J. B., Ferrand J. L., Environmental Locus of Control, Sympathy, and Proenvironmental Behavior: A Test of Geller's Actively Caring Hypothesis, *Environment and Behavior*, 1999, 31(3).

⑥ See Inglehart R., Public Support for Environmental Protection: Objective Problems and Subjective Values in 43 Societies, *Political Science and Politics*, 1995, 28(1).

⑦ See Hao F., The Effect of Economic Affluence and Ecological Degradation on Chinese Environmental Concern: A Multilevel Analysis, *Journal of Environmental Studies and Sciences*, 2014, 4(2).

⑧ See Hao F., A Panel Regression Study on Multiple Predictors of Environmental Concern for 82 Countries across Seven Years, *Social Science Quarterly*, 2016, 97(5).

⑨ See Dunlap R. E., Mertig A. G., Global Environmental Concern: An Anomaly for Postmaterialism, *Social Science Quarterly*, 1997, 78(1).

⑩ See Dasgupta S., Wheeler D., Citizen Complaints as Environmental Indicators: Evidence from China, Policy Research Working Paper Series, 1997.

⑪ See Brettell A., The Politics of Public Participation and the Emergence of Environmental Proto-Movements in China, A dissertation from University of Maryland, 2003.

投诉行为具有显著的正向影响,但对公众的环境信件投诉行为具有显著的负向影响。①

最后,社会经济政治结构因素对环保公众参与行为的影响。社会经济政治结构因素主要包括经济发展水平、社会资本和政治机会结构等。根据英格哈特最早提出的后物质主义价值观理论,人们的环境关心作为一种非经济的、高层次的关心,取决于经济财富的增长。② 狄克曼和弗兰岑运用 21 个国家的总体层面数据,分析了经济发展与公众环境关心和公众采取措施改善环境的意愿之间的关系,结果表明经济发展水平同公众环境关心、改善环境行动意愿之间呈现较强的正相关关系。③ 格利森基于 50 个国家的多层次分析结果显示,经济增长水平显著正向影响公众的环保支持行为。④ 张晓杰、詹宁斯和赵可的研究也表明,经济发展水平对公众的环境信访行为具有显著推动作用。⑤ 然而,也有研究显示,经济富裕水平与公众的环境意识和环境关心呈显著的负相关关系。⑥ 除了经济发展水平,社会资本和政治机会结构因素对公众的环境利益表达行为或环保参与行为也具有重要影响。例如,赫格德等人的研究证实了社会资本是影响家庭参与环境服务支付项目的一个重要因素。⑦ 万·罗伊基于多案例的探索性分析结果表明,政府机构的支持、回应性和自主性对公众参与污染防治行动具有重要影响;⑧约翰逊等人的研究显示,环保运动被现行的公众参与官方渠道所塑造,公众参与环境决策

---

① See Xiaojie Zhang, Edward T. Jennings, Ke Zhao, Determinants of Environmental Public Participation in China: An Aggregate Level Study Based on Political Opportunity Theory and Post-Materialist Values Theory, *Policy Studies*, 2018, 39(5).

② See Inglehart R., *Cultural Shift in Advanced Industrial Society*, Princeton University Press, 1990.

③ See Diekmann A., Franzen A., The Wealth of Nations and Environmental Concern, *Environment and Behavior*, 1999, 31(4).

④ See Gelissen J., Explaining Popular Support for Environmental Protection: A Multilevel Analysis of 50 Nations, *Environment and Behavior*, 2007, 39(3).

⑤ See Xiaojie Zhang, Edward T. Jennings, Ke Zhao, Determinants of Environmental Public Participation in China: An Aggregate Level Study Based on Political Opportunity Theory and Post-Materialist Values Theory, *Policy Studies*, 2018, 39(5).

⑥ See Brechin S. R., Kempton W., Global Environmentalism: A Challenge to the Postmaterialism Thesis, *Social Science Quarterly*, 1994, 75(2); Dunlap R. E., Mertig A. G., Global Concern for the Environment: Is Affluence a Prerequisite?, *Journal of Social Issues*, 1995, 51(4); Hao F., A Panel Regression Study on Multiple Predictors of Environmental Concern for 82 Countries across Seven Years, *Social Science Quarterly*, 2016, 97(5).

⑦ See Hegde R., Bull G. Q., Wunder S., Kozak R. A., Household Participation in a Payments for Environmental Services Programme: The Nhambita Forest Carbon Project (Mozambique), *Environment and Development Economics*, 2014, 20(5).

⑧ See Van Rooij B., The People vs. Pollution: Understanding Citizen Action against Pollution in China, *Journal of Contemporary China*, 2010, 19(63).

的政治空间决定了环保运动的成败。① 张晓杰、詹宁斯和赵可认为，政治体系面向公众参与的开放性对公众的环保参与水平具有显著正向影响，具体来说，支持公众参与的环保法规为公众参与提供了机会，有利于推动环保公众参与，而制约公众参与的环保法规是公众参与的障碍，从而不利于公众参与。② 政治机会结构对非政府环保组织的环保参与行为也具有显著影响。施瓦兹研究认为，中国政治领导人对环境保护的承诺、环境保护行政部门行政级别的不断提高，促进了中国非政府环保组织的发展及其政策参与；国家环境行政部门缺乏独立的法律执行权威、缺乏足够的行政人员与资金，又限制了非政府环保组织的发展；中国中央向地方的分权改革对非政府环保组织的发展是把双刃剑。③ 索弗仑诺瓦、霍利和纳卡拉占的研究表明，俄罗斯非政府组织的行为受到不断增加的责任规定与国家和非政府环保组织之间关系的制约④。

2.2.3 环保公众参与的效果评估

既有环保公众参与的效果评估相关研究可分为两个方面：一是构建评估的框架和方法，二是具体评估环保公众参与的效果。罗和弗鲁尔较早地建立了评估环保公众参与的研究议程；⑤切斯提出了评估环保公众参与所存在的方法论问题；⑥马蒂诺-德莱尔和纳多的研究认为，公众参与环境保护的效果是多维的，包括结果性效果（effective）、程序性效果（procedural）和反射性效果（reflexive）；⑦雷恩和韦伯勒等建立了环保公众参与的评估标准——"公平与能力"框架，其中公平标准用于评价公众参与过程中的机会

① See Johnson T., Environmentalism and NIMBYism in China: Promoting a Rules-Based Approach to Public Participation, *Environmental Politics*, 2010, 19(3); Li W., Liu J., Li D., Getting Their Voices Heard: Three Cases of Public Participation in Environmental Protection in China, *Journal of Environmental Management*, 2012, 98(15).

② See Xiaojie Zhang, Edward T. Jennings, Ke Zhao, Determinants of Environmental Public Participation in China: An Aggregate Level Study Based on Political Opportunity Theory and Post-Materialist Values Theory, *Policy Studies*, 2018, 39(5).

③ See Schwartz J., Environmental NGOs in China: Roles and Limits, *Pacific Affairs*, 2004, 77(1).

④ See Sofronova E., Holley C., Nagarajan V., Environmental Non-Governmental Organizations and Russian Environmental Governance: Accountability, Participation and Collaboration, *Transnational Environmental Law*, 2014, 3(2).

⑤ See Rowe G., Frewer L. J., Evaluating Public Participation Exercises: A Research Agenda, *Science, Technology & Human Values*, 2004, 29(4).

⑥ See Chess C., Evaluating Environmental Public Participation: Methodological Questions, *Journal of Environmental Planning and Management*, 2000, 43(6).

⑦ See Martineau-Delisle C., Nadeau S., Assessing the Effects of Public Participation Processes from the Point of View of Participants: Significance, Achievements, and Challenges, *The Forestry Chronicle*, 2010, 86(6).

是否均等,能力标准用于评价参与过程是否实现了知识增长和决策质量提高等目标;① 贝尔乐建立了六个评估标准来评价环保公众参与机制的成败,包括教育公众、将公众价值取向和偏好纳入决策、提高决策质量、培育信任、减少冲突、决策经济有效。② 贝尔乐和科尼斯凯运用案例调查研究方法,认为环保公众参与能够有效地将公众价值纳入政府决策、化解利益相关者之间的冲突、培育对环保机构的信任。③ 涂、胡和沈评估了中国公众参与对环境保护和生态效率的影响,实证分析结果表明,公众参与能够有效降低污染排放水平。④ 吴、许和张运用 2004—2015 年中国 31 个省级层面面板数据分析公众参与对环境绩效的影响,结果表明环境信访与非约束性环境污染物的排放水平呈显著相关关系。⑤ 费多伦科和孙运用过程追踪、参与式观察、架构设计、深度访谈等研究方法,分析了网络公众在动员环境利益相关者过程中的角色,结果显示,网络公众参与对环保政策产生了深远的影响,公众参与促进了环保政策的执行。⑥ 根茨科和夏皮罗研究发现,在美国,随着媒体有关环境报道的增加,政府处理环境问题的政策法规也得以逐步完善,媒体环境报道促进了绿色发展的实现。⑦ 哈桑等人认为,由非政府组织领导的公众参与环境影响评价项目确保了公众在环境影响评价各个阶段的参与,而且能够缓解利益相关者的期望冲突。⑧

2.2.4　环保公众参与机制

环保公众参与机制包括环保公众参与主体、客体、渠道或方式方法(程序),既有国外相关研究主要是围绕环保公众参与渠道或方式方法来进行的。

---

①　Renn O., Webler T., Wiedeman P. (eds.), *Fairness and Competence in Citizen Participation: Evaluating Models for Environmental Discourse*, Kluwer Academic Publishers, 1995.

②　See Beierle T. C., Using Social Goals to Evaluate Public Participation in Environmental Decisions, *Review of Policy Research*, 1999, 16(3).

③　See Beierle T. C., Koniscky D. M., Values, Conflict, and Trust in Participatory Environmental Planning, *Journal of Policy Analysis and Management*, 2000, 19(4).

④　See Tu Z., Hu T., Shen R., Evaluating Public Participation Impact on Environmental Protection and Ecological Efficiency in China: Evidence from PITI Disclosure, *China Economic Review*, 2019, 55(1).

⑤　See Wu J., Xu M., Zhang P., The Impacts of Governmental Performance Assessment Policy and Citizen Participation on Improving Environmental Performance across Chinese Provinces, *Journal of Cleaner Production*, 2018, 184.

⑥　See Fedorenko I., Sun Y., Microblogging-based Civic Participation on Environment in China: A Case Study of the PM2.5 Campaign, *International Journal of Voluntary and Nonprofit Organizations*, 2016, 27(5).

⑦　See Gentzkow M., Shapiro J., What Drives Media Slant? Evidence from U. S. Daily Newspapers, *Econometrica*, 2010, 78(1).

⑧　See Hasan M. A., Nahiduzzaman K. M., Aldosary A. S., Public Participation in EIA: A Comparative Study of the Projects Run by Government and Non-governmental Organizations, *Environmental Impact Assessment Review*, 2018, 72.

第一，对传统环保公众参与渠道或方式方法的批判。斯特夫认为，"传统的公众参与方法在很大程度上依赖于宣传活动、促进性讨论和公众听证会，以传递信息和获取利益相关者的投入，这些方法常常引起参与者的不满。它们被认为是单项的信息交流，即从相关专家到利益相关者。这些方法同时也被视为强大的特殊利益集团实现其自身利益的机制"①。科尼斯凯和贝尔乐也批判了公众参与的传统方法。他们认为，"公众参与的常用方法，诸如公众评论和听证会，在本质上常常是倒退的。这些方法包含了不充分的审议以及只有很少数量的参与者"②。玛格利特研究了英格兰和威尔士水资源管理中的三种参与模式，包括正式的磋商会议、公众介入和公众真正的实际参与行动。她认为，正式的磋商会议往往将公众置于"对立面"，忽视了"安静的大多数"，仅仅注意到了少数派的呼声；公众介入（citizen involve）尽管不那么正式，但却形式多样，尽管不允许公众直接参与决策过程，但可以对水管理工作计划提建议或对水域的选址提出个人的设想；真正的参与是在制定决策中的参与。③ 菲奥里诺运用权威分享、讨论和平等性等指标对公众听证会、倡议会、民意调查、基于协商的规则制定和公民评审小组五种公众影响环境风险决策的渠道进行了评估和比较。④

第二，对环保公众参与渠道或方式方法的创新。由于时间、预算、资源、技术和程序等限制，公众参与环境影响评价经常被认为是无效的，而地理信息系统和志愿者地理信息有助于提高公共宣传，从而有利于决策的制定，因此雷和希尔顿提出了空间智能公众参与系统，其试点研究结果表明该系统能够提高公众的环保意识和公众参与的有效性。⑤ 斯特夫提出了一种新的公众参与方法，名为"系统动力学"（system dynamics）。"'系统动力学'能够为利益相关者参与决策制定提供结构性审议的框架，也能够为说服利益相关者协助执行决策提供更加透明和更具参与性的教育框架，因此该方法有利于提高公众参与环境决策的水平。"⑥科尼斯凯和贝尔乐认为，"一系列创新的参与过程——研究圈（study circles），公民陪审团（citizens juries），圆桌会议（round tables）和协同的流域管理（collaborative watershed management efforts）……这些创新过程具有

————————

① Stave K., Using System Dynamics to Improve Public Participation in Environmental Decisions, *System Dynamics Review*, 2002, 18(2).

② Konisky D., Beierle T., Innovations in Public Participation and Environmental Decision Making: Examples from the Great Lakes Region, *Society and Natural Resources*, 2001, 14(9).

③ See House M. A., Citizen Participation in Water Management, *Water Science & Technology*, 1999, 40(10).

④ See Fiorino D., Citizen Participation and Environmental Risk: A Survey of Institutional Mechanisms, *Science, Technology, & Human Values*, 1990, 15(2).

⑤ Lei L., Hilton B., A Spatially Intelligent Public Participation System for the Environmental Impact Assessment Process, *ISPRS International Journal of Geo-Information*, 2013(2).

⑥ Stave K., Using System Dynamics to Improve Public Participation in Environmental Decisions, *System Dynamics Review*, 2002, 18(2).

一些与常用公众参与方法不同的、有潜在价值的优势"①。然而，他们也承认，"这些参与过程独自并不能取代传统的参与方法，初步分析表明，如果将这些参与过程加以策略性应用，并与其他创新性过程或者传统的方法相结合，这些参与过程将是有效的"②。

2.3　国内相关研究的学术史梳理及研究动态

国内学者对环保公众参与的研究始于 20 世纪 90 年代中期，促使相关研究兴起的原因在于中国环境污染问题的日益突显和政府环境污染治理的乏力。国内学界有关环保公众参与的研究也涉及环保公众参与的现实意义、环保公众参与的制约因素、环保公众参与的效果和环保公众参与机制四个方面。由于中国的环境保护工作具有自上而下的政府主导式以及替代性利益表达长期盛行的特点，③早期国家有关环保公众参与的政策法规建设往往超前于公众的环保参与行为，因此长期以来中国学者对环保公众参与机制进行了较为深入的研究，并产生了大量研究成果。

2.3.1　环保公众参与行为及相关制度设计的现实意义

第一，公众参与能够加强社会个体有关环境问题认知、环境问题解决措施、环境保护目标等方面的交流，从而构建良好的人际关系，并在此基础上有效调整人与自然的关系，最终有助于环境问题的根本性解决。④ 第二，公众参与能够在一定程度上解决政府理性有限的问题，这有利于减少决策失误、提高政府环境决策品质。⑤ 第三，公众参与有助于提高环境决策的科学性和环境政策执行的有效性，有利于提高社会公众对政府规划与政策的认识，从而减少环境群体性事件的发生。⑥ 第四，公众的有效参与有利于维护环境公共利益并防止"邻避运动"的反复出现，也有利于培育公民意识。⑦ 第五，环保公众参与有利于实现对公众环境权利的保护，矫正盲目发展经济的负外部性。⑧ 第六，环保公众参与制度有利于实现政府决策的程序正义，是解决社会主体间环境利益冲突

---

① Konisky D.，Beierle T.，Innovations in Public Participation and Environmental Decision Making：Examples from the Great Lakes Region，*Society and Natural Resources*，2001，14（9）.

② Ibid.

③ 参见马胜强、吴群芳：《论替代性利益表达——基于结构功能主义的分析视角》，载《学术月刊》2014 年第 8 期。

④ 参见晋海：《公众参与：环境行政的必然趋向》，载《学术界》2006 年第 4 期。

⑤ 同上。

⑥ 参见陈勇、于彦梅、冯哲：《论公众参与环境影响评价听证制度的构建与完善》，载《河北学刊》2009 年第 1 期。

⑦ 参见秦鹏、唐道鸿、田亦尧：《环境治理公众参与的主体困境与制度回应》，载《重庆大学学报（社会科学版）》2016 年第 4 期。

⑧ 参见肖强、王海龙：《环境影响评价公众参与的现行法制度设计评析》，载《法学杂志》2015 年第 12 期。

的有效方式，也是建设法治国家的有效途径。①

2.3.2 环保公众参与的影响因素

国内学界对环保公众参与的影响因素研究涵盖了公众的社会人口学特征、公众的社会心理因素、环境污染水平和社会经济政治结构因素。

首先，公众的社会人口学特征对环保公众参与行为的影响。黄森慰、唐丹和郑逸芳研究发现，公众对农村环境污染治理的关注度与参与度的影响因素有所不同，前者的影响因素包括文化程度、是否具有干部身份，而后者的影响因素包括文化程度和自身利益。② 王凤认为，受教育程度和环保知识水平显著影响公众参与公共环保行为，而收入水平和年龄则不具有显著影响。③ 熊鹰的研究则表明，收入水平和教育水平对公众环保行为参与程度均具有显著的正向作用，其中收入水平对公众参与程度的影响最大。④ 张晓杰基于1996—2007年省际面板数据的实证分析结果表明，城镇居民的人均收入水平与公众参与政府环境决策行为之间呈显著正相关关系，公众的受教育水平对公众参与政府环境决策行为的影响不显著，而农村居民的人均收入水平与公众参与政府环境决策行为之间呈显著负相关关系。⑤

其次，公众的社会心理因素对环保公众参与行为的影响。黄森慰、唐丹和郑逸芳认为，环境认知影响公众对农村环境污染治理的关注度；⑥侯小阁和栾胜基认为，环境偏好和责任意识是影响公众参与环境影响评价行为的主要影响因素；⑦王凤提出，环保重要性显著影响公众参与公共环保行为，但环保意义产生的影响不显著；⑧王丽丽和张晓杰根据计划行为理论和规范激活理论构建了城市居民参与环境治理行为影响因素的理论模型，并基于S市407名居民的调查数据进行分析，结果表明行为态度、主观规范、个体规范对城市居民参与环境治理行为意向存在显著的直接正向影响，且影响程度依次递

① 参见卓光俊、杨天红：《环境公众参与制度的正当性及制度价值分析》，载《吉林大学社会科学学报》2011年第4期。

② 参见黄森慰、唐丹、郑逸芳：《农村环境污染治理中的公众参与研究》，载《中国行政管理》2017年第3期。

③ 参见王凤：《公众参与环保行为的影响因素及其作用机理研究》，西北大学2007年博士学位论文。

④ 参见熊鹰：《政府环境管制、公众参与对企业污染行为的影响分析》，南京农业大学2007年博士学位论文。

⑤ 参见张晓杰：《中国公众参与政府环境决策的政治机会结构研究》，东北大学出版社2014年版。

⑥ 参见黄森慰、唐丹、郑逸芳：《农村环境污染治理中的公众参与研究》，载《中国行政管理》2017年第3期。

⑦ 参见侯小阁、栾胜基：《环境影响评价中公众行为选择概念模型》，载《北京大学学报（自然科学版）》2007年第4期。

⑧ 参见王凤：《公众参与环保行为的影响因素及其作用机理研究》，西北大学2007年博士学位论文；王凤：《公众参与环保行为影响因素的实证研究》，载《中国人口·资源与环境》2008年第6期。

增,主观规范还通过个体规范及感知行为控制对城市居民参与环境治理行为意向产生间接正向影响,结果认知正向影响着行为态度及主观规范。[1] 张晓杰等人的研究表明,结果意识、责任归属和个体规范是正向影响中国公众参与环境影响评价行为的重要因素。[2] 张晓杰和王丽丽基于计划行为理论构建了公民参与环境信访影响因素的理论模型,并运用 S 市的调查数据进行结构方程模型分析,结果表明,环境信访实际控制感是影响公民参与环境信访的直接因素;在间接影响因素中,环境信访主观规范对环境信访行为的正向影响最大,其次是环境信访法规认知和环境信访态度。[3]

再次,环境污染水平对环保公众参与行为的影响。张晓杰认为,水污染水平、环境污染和破坏事故总量与公众参与政府环境决策行为之间呈显著正相关关系,而大气污染水平、固体废物污染水平对公众参与政府环境决策行为的影响不显著。[4]

最后,社会经济政治结构因素对环保公众参与行为的影响。侯小阁和栾胜基研究了公众参与环境影响评价行为的影响因素,结果表明,制度供给与政府行为规范、舆论情景是主要影响因子。[5] 王凤对公共领域中的环保参与行为进行了研究,发现利益集团间的博弈对参与行为具有显著影响;[6]熊鹰研究认为,政府环境管制、公众的环境权利对公众环保行为参与程度具有显著的正向作用;[7]张晓杰的实证分析结果表明,政治机会结构对公众参与政府环境决策行为具有显著正向影响,而国内生产总值的影响不显著。[8] 祁玲玲、孔卫拿和赵莹认为,不同形式的环保公众参与具有不同的影响因素,公民走访式环境上访行为的显著影响因素是环境污染案件行政处罚力度,而公民写信式环境投诉行为的显著影响因素是社会团体发展规模。[9]

---

① 参见王丽丽、张晓杰:《城市居民参与环境治理行为的影响因素分析——基于计划行为和规范激活理论》,载《湖南农业大学学报(社会科学版)》2017 年第 6 期。

② 参见张晓杰、靳慧蓉、娄成武、夏阳:《规范激活理论视角下的中国公众参与环境影响评价影响因素研究——基于 S 市的调查数据》,载《辽宁行政学院学报》2016 年第 3 期。

③ 参见张晓杰、王丽丽:《计划行为理论视角下公民环境信访影响因素研究——基于 S 市的调查数据》,载《沈阳大学学报(社会科学版)》2016 年第 4 期。

④ 参见张晓杰:《中国公众参与政府环境决策的政治机会结构研究》,东北大学出版社 2014 年版。

⑤ 参见侯小阁、栾胜基:《环境影响评价中公众行为选择概念模型》,载《北京大学学报(自然科学版)》2007 年第 4 期。

⑥ 参见王凤:《公众参与环保行为的影响因素及其作用机理研究》,西北大学 2007 年博士学位论文。

⑦ 参见熊鹰:《政府环境管制、公众参与对企业污染行为的影响分析》,南京农业大学 2007 年博士学位论文。

⑧ 参见张晓杰:《中国公众参与政府环境决策的政治机会结构研究》,东北大学出版社 2014 年版。

⑨ 参见祁玲玲、孔卫拿、赵莹:《国家能力、公民组织与当代中国的环境信访——基于 2003—2010 年省际面板数据的实证分析》,载《中国行政管理》2013 年第 7 期。

2.3.3　环保公众参与的效果评估

国内学者对环保公众参与的效果进行了一系列的评估研究，相关研究可以分为以下四个方面：

第一，构建环保公众参与效果评估的框架体系。张晓杰、娄成武和耿国阶基于公众参与类型（公众告知、公众意见调查、公众协商）构建了公众参与公共决策的三级评估指标体系，并从参与过程和参与结果两个维度分别设置了具体评估指标。[①] 罗文燕提出了公众参与建设项目环境影响评价过程有效性和结果有效性的指标。其中，过程有效性指标包括参与时机、信息公开的充分性、参与公众的代表性、对公众意见反馈的及时性和恰当性；结果有效性指标包括公众的教育水平、公众意见是否纳入环境影响评估决策、环境影响评估决策质量是否提高和社会冲突是否减少、公众对政府的信任。[②]

第二，对环保公众参与的效果进行总体评价。赵海霞等人构建了"经济发展—制度安排"的两维环境污染影响机理模型，并将公众参与作为制度安排的要素之一。他们基于全国30个省市的混合截面数据的分析结果表明，公众参与是减少环境污染的重要变量。[③] 张学刚在借鉴赵海霞等人构建的模型基础上，建立了更为细致的"经济发展—政府规制—公众参与"的三维分析框架，实证研究结果表明，公众环保参与能够显著改善环境质量。[④] 张同斌等人构建了多主体参与环境治理的动态一般均衡模型，模拟结果显示，政府征收环境税和社会组织参与的共同作用可以使得社会福利提高，环境社会组织在一定程度上可以降低政府信息不对称，改善环境治理状况。[⑤] 陈卫东和杨若愚的研究显示，环境保护领域公众参与过程和参与结果的有效性对环境治理满意度具有显著影响。[⑥]

第三，评估并比较不同环保公众参与方式所产生的不同效果。薛澜和董秀海研究了不同层次公众参与方式对环境治理效果的不同影响，公众低层次或低水平参与方式，如举报企业偷排漏排污染物行为，对社会整体环境治理效果的影响不显著，而公众相对高层次或高水平参与方式，如参与环境决策、参与环境影响评价，则能够显著提升社会

① 参见张晓杰、娄成武、耿国阶：《评估公众参与公共决策：理论困境与破解路径》，载《上海行政学院学报》2016年第5期。

② 参见罗文燕：《论公众参与建设项目环境影响评价的有效性及其考量》，载《法治研究》2019年第2期。

③ 参见赵海霞等：《减少环境污染排放的机制与控制政策》，载《长江流域资源与环境》2008年第4期。

④ 参见张学刚：《"经济发展—政府规制—公众参与"的环境影响分析框架及实证》，载《中国人口·资源与环境》2010年专刊（二）。

⑤ 参见张同斌等：《政府环境规制下的企业治理动机与公众参与外部性研究》，载《中国人口·资源与环境》2017年第2期。

⑥ 参见陈卫东、杨若愚：《政府监管、公众参与和环境治理满意度——基于CGSS2015数据的实证研究》，载《软科学》2018年第11期。

整体环境治理的效果。① 张晓杰等人基于环境保护公众参与的基本理论,采用 STIR-PAT 模型,利用中国 1998—2010 年 30 个省份的面板数据,对环保公众参与对环境质量的影响进行了实证分析。研究发现,不同的环保公众参与行为对环境质量的影响程度不同,环境来信对环境质量提升具有显著的促进作用,而环境来访的影响则不显著。② 张橦研究了传统参与渠道与新兴参与渠道对环保公众参与的不同影响,其实证结果表明,公众通过新兴参与渠道——新媒体渠道(包括电话网络投诉、网络搜索、微博舆论)参与环境治理的效果显著优于传统参与渠道(包括写信、上访和环保组织的传统参与方式),且在新媒体渠道中网络搜索对环境治理影响的效果最佳。③ 李子豪的研究结果与张橦不同,他发现环保组织、人大和政协环保提案对政府环境立法和环境执法均具有显著的促进作用,环保信访对政府环境执法具有显著积极影响,但网络环保舆论对地方政府环境立法和环境执法的影响均不显著。④ 余亮认为,公众参与水污染治理、固体废物污染治理和噪声污染治理均对环境治理效果有显著影响,但公众参与大气污染治理对环境治理效果的影响不显著,此外,环保公众参与对政府环境规制的影响程度不高。⑤

第四,评估并比较环保公众参与方式在不同地域所产生的不同效果。张晓杰、赵可和娄成武研究认为,环保公众参与对环境质量的影响存在显著的地域差异,环境来信对中部地区环境质量改善的推进作用较强,但对东部和西部地区环境质量的影响不显著,而环境来访对各个区域环境质量的作用均不显著。⑥ 张橦的研究表明,公众参与环境治理的效果呈现出显著的区域差异特征,东部地区公众通过新媒体渠道的参与方式对环境进行治理具有显著影响,且对污染物减排的效果最佳,中部地区公众通过传统渠道的参与方式对环境治理的效果最佳,而西部地区无论传统参与方式还是新兴参与方式对污染物减排的影响均不显著。⑦

2.3.4　环保公众参与机制

中国环保公众参与机制存在诸多缺陷,主要包括:第一,相关制度设计不完善,原则

---

①　参见薛澜、董秀海:《基于委托代理模型的环境治理公众参与研究》,载《中国人口·资源与环境》2010 年第 10 期。

②　参见张晓杰等:《公众参与对环境质量的影响机理》,载《城市问题》2017 年第 4 期。

③　参见张橦:《新媒体视域下公众参与环境治理的效果研究——基于中国省级面板数据的实证分析》,载《中国行政管理》2018 年第 9 期。

④　参见李子豪:《公众参与对地方政府环境治理的影响——2003—2013 年省际数据的实证分析》,载《中国行政管理》2017 年第 8 期。

⑤　参见余亮:《中国公众参与对环境治理的影响——基于不同类型环境污染的视角》,载《技术经济》2019 年第 3 期。

⑥　参见张晓杰等:《公众参与对环境质量的影响机理》,载《城市问题》2017 年第 4 期。

⑦　参见张橦:《新媒体视域下公众参与环境治理的效果研究——基于中国省级面板数据的实证分析》,载《中国行政管理》2018 年第 9 期。

性规定较多，细化不足，①环保参与的公众范围与确定标准并不明确，参与公众的主体范围也未能扩展，②公众意见的反馈处理程序不健全，③公众参与的权利义务分配不对称。④ 第二，公众参与的渠道和方式单一，⑤可参与的阶段区间过于狭窄，参与事项范围较小，参与缺乏救济途径。⑥ 第三，环境公众参与制度的立法层次偏低，仅停留在行政规章的层面；立法的有关规定不具有针对性和可操作性；责任规定不清晰，法律后果规定欠缺。⑦ 第四，环境信息公开立法位阶过低，难以保障法规的有效实施，《宪法》和新修订的《环境保护法》对公民环境信息知情权的规定存在歧义。⑧ 第五，《环境行政复议办法》没有对行政复议利害关系人的认定标准、参与复议的方式、受保护的限度等问题作出明确规定。⑨ 第六，提起环境公益诉讼的主体之一——"法律规定的机关"范围仍未明确，缺乏环境公益诉讼的具体程序规则，与环境公益诉讼相关的系列制度也缺乏必要的衔接。⑩

　　针对中国环保公众参与机制存在的诸多问题，学者们提出了一系列的政策建议，主要包括：第一，细化公众参与相关制度设计，在地方立法中因地制宜地加强参与公众的遴选机制建设和公众诉求反映及回应机制，同时建立专家遴选机制。⑪ 第二，发挥微博、微信公众号等新媒体的渠道作用，形成政府回应的舆论倒逼机制，对百姓留言、提问等官方回复进行制度规范，明确政府回应公众问题与意见的责任主体，并制定相应的责任

　　① 参见李丽华：《环境决策中公众参与的缺失与加强》，载《理论与改革》2013 年第 2 期；于文红、张森锦：《我国环境行政执法中公众参与机制的问题研究》，载《思想战线》2011 年第 S2 期。

　　② 参见郝亮、杨威杉：《公众参与环境影响评价的一个实证研究——基于山东、云南两省的问卷调查》，载《干旱区资源与环境》2018 年第 10 期。

　　③ 参见卢春天、齐晓亮：《公众参与视域下的环境群体性事件治理机制研究》，载《理论探讨》2017 年第 5 期；辛方坤、孙荣：《环境治理中的公众参与——授权合作的"嘉兴模式"研究》，载《上海行政学院学报》2016 年第 4 期。

　　④ 参见秦鹏、唐道鸿：《环境协商治理的理论逻辑与制度反思——以〈环境保护公众参与办法〉为例》，载《深圳大学学报（人文社会科学版）》2016 年第 1 期。

　　⑤ 参见周珂、史一舒：《环境行政决策程序建构中的公众参与》，载《上海大学学报（社会科学版）》2016 年第 2 期。

　　⑥ 参见卢春天、齐晓亮：《公众参与视域下的环境群体性事件治理机制研究》，载《理论探讨》2017 年第 5 期。

　　⑦ 参见卓光俊、杨天红：《环境公众参与制度的正当性及制度价值分析》，载《吉林大学社会科学学报》2011 年第 4 期。

　　⑧ 参见罗俊杰、成凤明：《论我国环境保护公众参与法律机制的完善》，载《湘潭大学学报（哲学社会科学版）》2015 年第 5 期。

　　⑨ 参见张立锋、李俊然：《环境行政复议制度的困境及出路》，载《河北学刊》2012 年第 5 期。

　　⑩ 参见王灿发、程多威：《新〈环境保护法〉规范下环境公益诉讼制度的构建》，载《环境保护》2014 年第 10 期。

　　⑪ 参见秦鹏、唐道鸿：《环境协商治理的理论逻辑与制度反思——以〈环境保护公众参与办法〉为例》，载《深圳大学学报（人文社会科学版）》2016 年第 1 期。

追究机制。① 第三,创新公众参与程序和方法。如陈昕等人借鉴澳大利亚在公众参与环境影响评价领域创造的社区参与模式,结合中国环境影响评价公众参与的现状,设计了一种新的公众参与模式——社区磋商小组,并通过试点活动证明了该模式的有效性和可行性。② 第四,将公众参与上升为《环境保护法》的基本原则,同时在《环境影响评价法》《环境影响评价公众参与办法》等法律法规中对公众参与的具体程序规则进行进一步明确和细化。③ 第五,扩大公众参与的阶段、事项,由事中参与向事前、事中、事后全程参与转变,由"重大影响"等政府单方主观判断的参与事项范围,向政府与公众双方认定应该参与得更为广泛的事项范围转变。④ 第六,提升环境信息公开的立法位阶,在《宪法》和《环境保护法》中明确规定公众享有环境信息知情权,并逐步颁布制定"信息公开法""环境信息公开条例""环境信息公开条例实施细则",以此形成健全的环境信息公开的政策法规体系。⑤ 第七,通过国家立法为非政府环保组织的设立与登记及其开展环保活动创造宽松的法律环境。⑥ 第八,完善社会主体培育机制,健全环保社会组织的管理模式,为民间环境智库的建立与发展创造良好的环境并提供必要的支持。⑦ 第九,在当前不可能完全取消环境行政复议申请主体资格限制的情况下,承认并鼓励行政相对人之外的其他利害关系人参与行政复议,以体现与维护环境公益性。⑧ 第十,赋予公民环境索赔权,修改现有相关法律法规,真正体现公民环境索赔权的思想,修改现有环境诉讼相关制度,支持环境集体诉讼;⑨同时,确认公众参与环境监督管理的公益诉讼权,降低环境诉讼案件的受理费用,实行举证责任的倒置等。⑩ 第十一,加快环保法庭建设,在所有的省、自治区和直辖市的高级人民法院成立环保法庭,提高环境司法的便利性。⑪

---

① 参见辛方坤、孙荣:《环境治理中的公众参与——授权合作的"嘉兴模式"研究》,载《上海行政学院学报》2016 年第 4 期。

② 参见陈昕等:《公众参与环境保护模式研究:社区磋商小组》,载《中国人口·资源与环境》2014 年第 S1 期。

③ 参见卢春天、齐晓亮:《公众参与视域下的环境群体性事件治理机制研究》,载《理论探讨》2017 年第 5 期。

④ 同上。

⑤ 参见罗俊杰、成凤明:《论我国环境保护公众参与法律机制的完善》,载《湘潭大学学报(哲学社会科学版)》2015 年第 5 期。

⑥ 参见李艳芳:《公众参与环境保护的法律制度建设——以非政府组织(NGO)为中心》,载《浙江社会科学》2004 年第 2 期。

⑦ 参见虞伟:《公众参与环境保护机制完善路径》,载《环境保护》2014 年第 16 期。

⑧ 参见张立锋、李俊然:《环境行政复议制度的困境及出路》,载《河北学刊》2012 年第 5 期。

⑨ 参见薛澜、董秀海:《基于委托代理模型的环境治理公众参与研究》,载《中国人口·资源与环境》2010 年第 10 期。

⑩ 参见阮洪:《环境管理公众参与制度的成本收益分析》,载《生产力研究》2011 年第 12 期。

⑪ 参见尹红、林燕梅:《数字环保维度的我国环境保护公众参与制度建构》,载《东南学术》2016 年第 4 期。

2.4　国内外相关研究评价

国外学界对环保公众参与的相关研究起步相对较早，并形成了较为丰富的理论研究成果；国内的相关研究起步虽然相对较晚，但也产生了数量可观且质量较高的一系列学术研究成果。国内外有关环保公众参与的学术研究所涉及的内容主要包括四个方面：环保公众参与的必要性与意义、环保公众参与的影响因素、环保公众参与的效果评估和环保公众参与机制。其中，关于环保公众参与的必要性与意义的研究主要分析了环保公众参与对解决环境污染问题和环境非正义问题、维护环境公共利益以及防止"邻避运动"的反复出现、提升环境决策的质量以及决策的可执行性、提高公众的环境意识和参与能力、减少环境群体性事件的发生、保护公众环境权利、实现程序正义并促进法治国家建设的必要性和重要性。关于环保公众参与的影响因素研究主要分析了公众的社会人口学特征、公众的社会心理因素、环境污染水平和社会经济政治结构因素对环保公众参与行为的影响机制。关于环保公众参与的效果评估研究主要包括：构建环保公众参与与效果评估的框架体系和评估方法、对环保公众参与的效果进行具体评价。关于环保公众参与机制的研究主要是分析环保公众参与机制存在的缺陷，批判传统环保公众参与渠道或方式方法，创新提出新型的环保公众参与渠道或方式方法，并提出完善环保公众参与机制的政策建议。

国内外既有研究成果为本书的研究积淀了丰厚的理论底蕴，对本书的研究具有重要的启示和借鉴意义，对推动中国环保公众参与机制建设与改革也具有重要的实践指导意义。然而，现有环保公众参与机制研究大多是从制度供给的视角研究现存制度存在的问题，并提出理想的制度设计状态，以解决社会公众环境保护"参与难"的问题。制度供给是一种"自上而下"的研究进路，其中蕴含了部分理想主义色彩。虽然理想主义也具有一定的功能性作用，可以引导甚至创造需求，但是只有理想主义与现实主义相结合，才能真正推动有效的制度革新。

因此，我们也需要改换思路，从制度需求角度审视，究竟社会公众需要什么样的环保参与机制？现阶段中国环保公众参与的制度供给在多大程度上回应了公众的制度需求？如果供求相差太远，现有的制度建设思路是否以及应当如何调整？这些问题给学者们提出了一个具有挑战性的新命题：把公众需求纳入环保公众参与机制改革研究的视野。本书将制度需求的"自下而上"的研究进路与制度供给的"自上而下"的研究进路相结合，从制度均衡视角研究中国环保公众参与机制。

第三章

基于制度均衡理论的分析框架构建

3.1 制 度 概 述

3.1.1 制度的含义

对于制度的内涵,旧制度主义经济学家和新制度主义经济学家都给出过一般的界定。总的来说,既有的制度内涵界定可以简单划分为制度的"广义观"和"狭义观"。

(1) 制度的"广义观"

"广义观"的制度含义界定认为,制度不仅包括正式的行为准则或规则,也包括一般的思想习惯和个体内在的自我约束,同时认为组织也是制度。旧制度主义经济学家凡勃伦较早地对"制度"进行了比较宽泛的界定,他认为制度就是个人或社会一般的思想习惯,[①]凡勃伦的制度定义揭示了制度的一种存在形式,即非正式规则。康芒斯则认为,制度就是"集体行动控制个体行动",制度"指出个人能或不能做,必须这样或必须不这样做,可以做或不可以做的事,由集体行动使其实现"[②]。哈密尔顿认为,制度就是渗透在团体习惯或民族习俗中的一些普遍、永久的思想行为方式。[③] 柯武刚和史漫飞认为,"制度是人类相互交往的规则","总是隐含着某种对违规的惩罚",制度等同于规则。[④]道格拉斯·诺斯认为,制度是人类设计的博弈规则,制度决定了个人的决策集合。[⑤]

张旭昆从制度功能的角度将制度定义为关于个人和组织权利、义务和禁忌的行为规则,[⑥]张旭昆对制度的界定比较宽泛,他把纯粹个人的习惯(如某人规定自己一日两餐)也看作制度,他认为这种界定把制度泛化了,把内在的自我约束看作强制还模糊了

[①] 参见〔美〕凡勃伦:《有闲阶级论》,商务印书馆 1964 年版,第 139 页。

[②] 〔美〕康芒斯:《制度经济学(上册)》,商务印书馆 1962 年版,第 87—89 页。

[③] 参见张旭昆:《制度演化分析导论》,浙江大学出版社 2007 年版,第 91 页。

[④] 参见〔德〕柯武刚、〔德〕史漫飞:《制度经济学:社会秩序与公共政策》,韩朝华译,商务印书馆 2000 年版,第 35 页。

[⑤] See North D. , *Institutions*, *Institutional Change and Economic Performance*, Cambridge University Press, 1990.

[⑥] 参见张旭昆:《制度演化分析导论》,浙江大学出版社 2007 年版,第 97 页。

强制概念的内涵和外延。① 一些经济学家将制度明确等同于经济过程的特定参与者，认为制度和组织是一回事，如纳尔逊将制度等同于政府机构、司法机关、大学和各类协会等；②舒尔茨把合作社、公司、学校、农业试验站都称为制度；③科斯把法律、市场和企业都指称为制度；④林毅夫则将公共部门如政府、准公共部门如大学、私营部门如企业和医院、家庭、市场等均指称为正式制度。⑤

诺斯对制度与组织作了严格的区分，认为制度与经济理论中那些标准的约束一起决定了存在于一个社会中的机会，组织则是为了利用这些机会而被创造出来的，组织的出现及演化均受到制度框架的根本性影响，同时组织也影响着制度框架的演化。⑥ 卢现祥也对组织和制度作出了区分，认为"制度是社会游戏的规则，是人们创造的用以约束人们相互交流行为的框架"，而"组织是社会中玩游戏的角色，是为了实现共同目标而结合到一起的群体"⑦。由此，卢现祥按照诺斯的观点将制度定义为个人和组织的游戏规则。⑧ 张旭昆也认为，"制度从总体上看不仅仅是一种习惯或思想习惯"，而且"制度不宜被定义为博弈的参与者，尤其是组织，需要区分'组织'和'制度'"，"制度也不宜一概被定义为一般博弈的均衡解"或"制度博弈的均衡解"⑨。

（2）制度的"狭义观"

"狭义观"的制度含义界定认为，制度仅指强制性的正式规则，部分学者甚至认为只有有效实施的强制性规则才是制度。罗仲伟在其翻译的《制度变革的经验研究》这部新制度经济学选集的译者序言中提出，制度就是约束个人行为的规则；李建德认为，制度是社会中规范行为、形成合作关系所必需的共同信息；⑩辛鸣认为，制度就是规范与调整人与人、人与社会之间关系的一种强制性规则。⑪ 舒尔茨虽然将组织纳入制度的外延，但他对制度内涵的界定却是狭义的，认为制度是一种强制性的行为规则，这些规则涉及

---

① 参见张旭昆：《制度演化分析导论》，浙江大学出版社 2007 年版，第 6 页。

② See Nelson R., The Co-evolution of Technology, Industrial Structure, and Supporting Institutions, *Industrial and Corporate Change*，1994，3(1).

③ 参见〔美〕T. W. 舒尔茨：《制度与人的经济价值的不断提高》，载〔美〕R. 科斯等：《财产权利与制度变迁》，刘守英等译，上海三联书店 1991 年版，第 253 页。

④ 参见张群群：《机制、制度与组织：对市场的不同理论认识和研究视角的考察》，载《学习与探索》1997 年第 6 期。

⑤ See Justin Lin, An Economic Theory of Institutional Change：Induced and Imposed Change, *The Cato Journal*，1989，9(1).

⑥ 参见〔美〕道格拉斯·诺思：《制度、制度变迁与经济绩效》，杭行译，格致出版社、上海三联书店、上海人民出版社 2014 年版，第 5，8 页。

⑦ 卢现祥主编：《新制度经济学（第二版）》，武汉大学出版社 2011 年版，第 152 页。

⑧ 同上书，第 150—151 页。

⑨ 张旭昆：《制度演化分析导论》，浙江大学出版社 2007 年版，第 91—96 页。

⑩ 参见李建德：《经济制度演进大纲》，中国财政经济出版社 2000 年版，第 142 页。

⑪ 参见辛鸣：《制度论》，人民出版社 2005 年版，第 51 页。

社会、政治及经济行为。①

安德鲁·肖特将制度定义为"被社会所有成员同意的,在特定的反复出现的情况下规范行为的行为准则"②。青木昌彦把制度等同于博弈规则,但与诺斯不同,青木昌彦认为博弈规则是由参与人的策略互动内生的,存在于参与人的意识中,并且是可自我实施的,"制度可能表现为明确的、条文化的以及(或者)符号的形式",而且"一种具体表现形式只有当参与人相信它时才能成为制度",因此,只有参与人相信且当回事的成文法和政府规制才成为制度。③ 肖特和青木昌彦对制度定义不是一般性的制度定义,而是局限于能有效实施的制度,抛开了不能有效实施的制度。

张旭昆对制度与政策作了有效区分,认为制度与政策既有区别又有联系,"'政策'一词在日常用语中,有时是指一种行为规则,如统购统销政策,一胎化政策等;有时是指政府的一种目标,如工业化政策等……只有规则意义上的政策才属于制度,目标意义上的政策则不属于制度"④。

制度的"广义观"和制度的"狭义观"对制度这个术语的定义和用法,基本上是不矛盾的,它们对制度的内涵界定也基本是一致的,即制度是人类相互交往的规则或约束人们相互交流行为的框架。"广义观"和"狭义观"的区别在于对制度的外延界定,"广义观"的制度外延比较宽泛,认为制度既包括组织也包括规则,其中规则既包括正式规则,也包括非正式规则,而"狭义观"认为制度外延仅包括正式规则。无论"广义观"还是"狭义观",它们关于制度的定义都不涉及谁对谁错的问题,定义的选择取决于分析的目的,⑤本书采纳"狭义观"的制度含义界定。

3.1.2　制度的类型

制度经济学家们研究制度时都不约而同地对制度进行了分类,依据不同的标准,他们对制度作出了不同的类型划分,主要有"两类型说"和"三类型说"。

（1）两类型说

柯武刚和史漫飞依据制度的起源将制度划分为内在制度和外在制度,其中内在制度是指在社会中逐步演化形成的有益于人们解决问题的各种方法,包括习惯、伦理规范、良好的礼貌和商业习俗等;而外在制度是由代理人设计的自上而下强制执行的规则,并配有靠法定暴力运用的奖惩措施。⑥ 柯武刚和史漫飞还根据制度的架构方式将制

---

① 参见〔美〕T. W. 舒尔茨:《制度与人的经济价值的不断提高》,载〔美〕R. 科斯等:《财产权利与制度变迁》,刘守英等译,上海三联书店1991年版,第253页。

② 〔美〕安德鲁·肖特:《社会制度的经济理论》,陆铭、陈钊译,上海财经大学出版社2003年版,第15页。

③ 参见〔日〕青木昌彦:《比较制度分析》,周黎安译,上海远东出版社2001年版,第11—14页。

④ 张旭昆:《制度演化分析导论》,浙江大学出版社2007年版,第99—100页。

⑤ 参见〔日〕青木昌彦:《比较制度分析》,周黎安译,上海远东出版社2001年版,第11页。

⑥ 参见〔德〕柯武刚、〔德〕史漫飞:《制度经济学:社会秩序与公共政策》,韩朝华译,商务印书馆2000年版,第36—37页。

度分为指令性制度和禁令性制度，指令性制度规定人们应当采取什么行动，而禁令性制度明确规定人们不准采取什么行动。[①]

张旭昆从分析制度演化的目的出发将制度划分为社会规则和个体规则。其中，社会规则包括正式规则和非正式规则，正式规则包括法律、法令、法规、政策，非政府组织制订的规则，非政府组织之间的契约；非正式规则包括强制性习俗和非强制性社会规则。个体规则包括流行的个体规则（非强制性习俗和时尚）和纯粹的个体规则（个体规定和个体习惯）。[②] 罗仲伟将制度分为法律性规则和认同性规范，其中前者是主观设计的正式约束，包括宪法、法令和法规等；后者是理性继承的非正式约束，包括习惯、道德和行为准则等。

卢现祥根据制度的强制性程度将制度划分为硬制度（正式制度）和软制度（非正式制度），其中硬制度包括政治制度和经济制度等；软制度包括社会习俗、习惯行为、道德规范、思想信仰和意识形态等，传统文化是软制度的主要来源。软制度又可以分为两类：社会的外在约束和个体的内在自我约束。[③] 舒尔茨根据制度的功能将制度划分为执行经济功能的制度和执行社会功能的制度，执行经济功能的制度又可细分为四个亚类：交易费用制度、风险配置制度、收入制度、公共产品生产与分配制度。[④]

（2）三类型说

诺斯将制度分为非正式约束、正式约束和实施机制，其中正式约束包括政治（和司法）规则、经济规则和契约；非正式约束包括正式制度的延伸、阐释和修正，由社会制裁约束的行为规范，以及内部实施的行动标准。[⑤] 卢现祥根据诺斯的制度分类将制度划分为非正式制度、正式制度和制度的实施机制。其中，"非正式制度是那些对人的行为不成文的限制"；正式制度是人们以正式方式确定的各种制度安排及其所形成的一种等级结构；制度的实施机制主要表现在惩罚性和激励性两个方面，即对违规行为的惩罚和对执行制度的激励。[⑥]

彼得·霍尔从三个层面对制度进行了划分：宏观层面的制度是指与民主主义和资本主义相关的基本组织结构，这一层面代表性的制度是涉及选举的宪法和规定生产资料私有化的经济制度，它们是约束政策方向的结构性框架；中观层面的制度是指有关国家和社会基本组织结构的框架，影响国家政策的制定和执行；微观层面的制度是指有关

---

① 参见〔德〕柯武刚、〔德〕史漫飞：《制度经济学：社会秩序与公共政策》，韩朝华译，商务印书馆2000年版，第115页。

② 参见张旭昆：《制度演化分析导论》，浙江大学出版社2007年版，第103页。

③ 参见卢现祥主编：《新制度经济学（第二版）》，武汉大学出版社2011年版，第152页。

④ 参见〔美〕T. W. 舒尔茨：《制度与人的经济价值的不断提高》，载〔美〕R. 科斯等：《财产权利与制度变迁》，刘守英等译，上海三联书店1991年版，第253页。

⑤ 参见〔美〕道格拉斯·诺思：《制度、制度变迁与经济绩效》，杭行译，格致出版社、上海三联书店、上海人民出版社2014年版，第48页。

⑥ 参见卢现祥主编：《新制度经济学（第二版）》，武汉大学出版社2011年版，第156—157页。

公共组织的正式和非正式的标准化惯例、规定和日常程序。[①]

戴维·菲尼也将制度划分为三类,具体包括:宪法秩序、制度安排(宪法安排)和规范性行为准则。其中,宪法秩序是第一类制度,是制定规则的规则;制度安排是第二类制度,是在宪法秩序框架内所创立的,"包括法律、规章、社团和合同";规范性行为准则是第三类制度,主要包括文化背景和意识形态,"这一类的准则对于赋予宪法秩序和制度安排合法性来说是很重要的"[②]。杨瑞龙借鉴菲尼的制度分类,也将制度划分为三种类型:第一,宪法秩序,包括政治、社会和法律的基本规则,它是影响制度创新供需的外生变量;第二,制度安排,包括成文法、习惯法和自愿性契约,它是制度创新的内生变量;第三,行为的伦理道德规范,它源自意识形态,能够赋予宪法秩序和制度安排合法性,也是制度供需的外生变量。[③]

制度的类型是在制度内涵界定的基础上,依据一定的标准(如制度的起源、制度的架构方式、制度的强制性程度、制度的功能等),对制度的外延所作的类型划分。基于制度的"两类型说"框架,本书在分析中国环保公众参与机制时,将专注于柯武刚和史漫飞所界定的"外在制度"、张旭昆所界定的社会规则中的正式规则、罗仲伟所界定的法律性规则、卢现祥所界定的硬制度;基于制度的"三类型说"框架,本书将专注于诺斯的正式约束及其实施机制的界定、卢现祥的正式制度及其实施机制的界定、霍尔所界定的中观层面和微观层面的正式制度、菲尼和杨瑞龙所界定的制度安排。总之,本书的关注焦点是中国环保公众参与具体的正式制度安排,包括相关的正式制度规定及其实施机制,而宏观层面的宪法秩序、非正式制度等则不在本书讨论的范畴内。

3.1.3 制度的功能

制度具有重要的经济功能和社会功能,[④]制度经济学家主要是从这两个方面来阐述制度的具体功能。关于制度的经济功能,诺斯认为,制度确立了合作与竞争的经济秩序,这种秩序是约束个人的合乎伦理道德的行为规范。[⑤] 柯武刚和史漫飞认为,制度抑制机会主义行为,提高行为的可预见性,由此促进劳动分工和财富创造。[⑥] 卢现祥认为,制度具有四大功能:第一,降低交易成本;第二,提供行动信息并为个人选择提供激励系

---

① 参见〔韩〕河连燮:《制度分析:理论与争议》,李秀峰、柴宝勇译,中国人民大学出版社 2014 年版,第 24 页。

② 〔美〕戴维·菲尼:《制度安排的需求与供给》,载〔美〕V. 奥斯特罗姆、〔美〕D. 菲尼、〔美〕H. 皮希特编:《制度分析与发展的反思——问题与抉择》,王诚等译,商务印书馆 1992 年版,第 134—135 页。

③ 参见杨瑞龙:《论制度供给》,载《经济研究》1993 年第 8 期。

④ 参见〔美〕T. W. 舒尔茨:《制度与人的经济价值的不断提高》,载〔美〕R. 科斯等:《财产权利与制度变迁》,刘守英等译,上海三联书店 1991 年版,第 253 页。

⑤ See North D. C. , *Structure and Change in Economic History*,Norton,1981.

⑥ 参见〔德〕柯武刚、〔德〕史漫飞:《制度经济学:社会秩序与公共政策》,韩朝华译,商务印书馆 2000 年版,第 35 页。

统;第三,约束主体的机会主义行为;第四,减少外部性。^① 张旭昆从制度需求动力的角度阐释了制度的功能,包括简化人们的决策过程、降低人们的决策成本、降低乃至消除人们行为的负外部性、降低不确定性和缓解冲突。^②

关于制度的社会功能,柯武刚和史漫飞进一步提出了制度的四大社会功能,包括:提高人际交往过程的可理解性与可预见性,从而促进人际协调;保护个体私域,使其免受外部不当干预;缓解人际冲突与群际冲突;建立社会集团间的权势平衡。^③ 霍尔和潘图森认为,制度具有以下几个作用:第一,影响政府制定政策和执行政策;第二,通过提供机会或制约行为,决定政治、经济行为者的策略;第三,通过影响政治、经济行为者之间的权力分配,决定行为者对政策结果的影响力大小;第四,通过影响行为者对自身利益或偏好的界定,使行为者实现的目标具体化。^④ 何自力把制度的社会功能归纳为:第一,减少人际交往的不确定性和复杂性,增强人际信任;第二,激发人的企业家精神和创新精神;第三,保护个人自由;第四,防止和化解冲突。^⑤

此外,林毅夫认为,制度具有安全功能和经济功能,具有安全功能的制度安排有家庭、合作社、保险和社会安全项目,而具有经济功能的制度安排有公司、灌溉系统、高速公路、学校和农业试验站。^⑥ 李松龄则认为,制度具有四项功能,包括经济功能、安全功能、政治功能和社会功能,其中政治功能是指制度能够维护和稳定统治者的地位和利益,社会功能是指制度能够维护人的声誉和地位。^⑦

环保公众参与相关的正式制度规定及其实施机制具有重要的政治功能、经济功能和社会功能。政治功能体现在:第一,有利于规范公众的环保参与行为,提高政府环境决策的质量、合法性和可执行性,从而有利于维护和稳定政府决策者的地位和利益;第二,有利于增强环保公众参与主体和客体彼此间的信心,促进政府信任。经济功能体现在:第一,确立了环保公众参与主体和客体之间的关系,并为其相互作用提供了稳定的结构,有利于提供环保公众参与的相关信息,从而为个体或团体环保参与行为选择提供激励系统;第二,有利于减少公众参与环境保护中的不确定性,降低人们的决策成本,并约束环保公众参与主体和客体的机会主义行为;第三,环保公众参与制度的有效实施能够约束经济主体的经济行为,降低或消除其经济行为的负外部性。社会功能体现在:第一,有利于在不同社会集团之间建立权势均衡,平衡国家权力和社会权利之间的关系,

① 参见卢现祥主编:《新制度经济学(第二版)》,武汉大学出版社 2011 年版,第 169—172 页。

② 参见张旭昆:《制度演化分析导论》,浙江大学出版社 2007 年版,第 159—164 页。

③ 参见〔德〕柯武刚、〔德〕史漫飞:《制度经济学:社会秩序与公共政策》,韩朝华译,商务印书馆 2000 年版,第 142—147 页。

④ 参见〔韩〕河连燮:《制度分析:理论与争议》,李秀峰、柴宝勇译,中国人民大学出版社 2014 年版,第 26 页。

⑤ 参见何自力等:《比较制度经济学》,南开大学出版社 2003 年版,第 30—32 页。

⑥ See Justin Lin, An Economic Theory of Institutional Change: Induced and Imposed Change, *The Cato Journal*, 1989, 9(1).

⑦ 参见李松龄:《制度、制度变迁与制度均衡》,中国财政经济出版社 2002 年版,第 165 页。

从而约束政府的环境管理和决策行为;第二,有利于防止和化解环境群体性事件的发生;第三,有利于促进环境正义;第四,有利于促进公众教育,提高公众的环境意识、环境知识和参与能力。

3.2　制度均衡理论概述

制度均衡理论是新制度经济学家借鉴新古典经济学的供求均衡价格理论解释制度变迁时所提出的一个供求分析框架,包括制度需求、制度供给和制度均衡。该理论认为,制度的形成与维持是制度供给与制度需求相互作用的结果,[①]二者缺一不可,没有制度需求,制度不会形成并维持,而没有制度供给,制度也不会出现,制度需求与制度供给对制度的生成与演化具有同等重要的决定作用。[②]

3.2.1　制度需求

(1) 制度需求的含义与制度需求的产生

人们对制度的需求指的是对尚未实现的新的制度安排的需求。李松龄认为,制度需求是制度纯收益的函数,是人们在不同制度纯收益水平下对制度安排需要的数量;[③]张旭昆则提出,"个人对制度的需求并非以数量计,而是以性质为特征的"[④],即制度需求不是对制度安排数量的需求,而是对制度安排性质的需求,制度需求包括制度的需求指向和制度的需求落点,制度的需求指向是指需要哪方面的制度,而制度的需求落点是指在哪方面具体需要什么样的制度安排。本书采纳张旭昆的观点,认为制度需求是在某一时期内,在不同的制度纯收益水平下,人们对制度安排的需求指向和需求落点。

人们之所以对制度产生需求,是因为制度具有各项功能,也即制度能够增加人们的利益。戴维斯和诺斯认为,制度本身作为一种收益来源是诱致人们努力改变他们的制度安排的重要因素,要是没有这种收益来源,人们就不会有对制度的需求。拉坦更是鲜明提出了诱致性制度变迁理论。在他看来,制度是人们对它有需求而诱致出来的。菲尼认为,对制度安排的变化的需求,起源于"按照现有安排,无法获得潜在的利益。行为者认识到,改变现有安排,他们能够获得在原有制度下得不到的利益"[⑤]。林毅夫和李松龄从制度的功能角度来阐明人们对制度变迁的需求,林毅夫认为,制度具有安全功能和

①　参见〔美〕T. W. 舒尔茨:《制度与人的经济价值的不断提高》,载〔美〕R. 科斯等:《财产权利与制度变迁》,刘守英等译,上海三联书店 1991 年版。

②　参见张旭昆:《制度演化分析导论》,浙江大学出版社 2007 年版,第 155 页。

③　参见李松龄:《制度、制度变迁与制度均衡》,中国财政经济出版社 2002 年版,第 166 页。

④　张旭昆:《制度演化分析导论》,浙江大学出版社 2007 年版,第 165 页。

⑤　〔美〕戴维·菲尼:《制度安排的需求与供给》,载〔美〕V. 奥斯特罗姆、〔美〕D. 菲尼、〔美〕H. 皮希特编:《制度分析与发展的反思——问题与抉择》,王诚等译,商务印书馆 1992 年版,第 138 页。

经济功能，人们正是出于对二者的需要才对制度产生需求。① 李松龄认为，"正是制度具有经济功能、安全功能、政治功能和社会功能等，才引起人们对它的极大欲望和需求"②。此外，制度能给人们带来收益的功能是制度需求的条件，是外因；而人们追求利益的动机和行为是制度需求的本质，是内因。这是引起制度需求的两个最基本的要素，当这两个要素发生变化的时候，制度安排的需求量就会随之发生变化。③

（2）制度需求的影响因素

菲尼将制度需求的影响因素总结为：要素和产品相对价格、宪法秩序、技术、市场规模，这四个因素深刻影响创立新的制度安排的预期成本和利益。④ 卢现祥采纳了菲尼提出的制度需求的影响因素框架，认为要素和产品相对价格是制度变迁的源泉，宪法秩序深刻影响制度需求，技术变化决定制度结构及其变化，市场规模影响制度的运作成本。⑤

徐大伟将制度需求的主要影响因素总结为：要素和产品相对价格的变动、技术进步、偏好的变化、市场规模、其他制度安排的变迁和偶然事件等。⑥ 其中，偏好是指某一集团共同的爱好、价值观念等，偏好通过两种路径对制度需求产生影响，一是直接路径，即偏好变化直接诱使制度安排产生变迁的需求；二是间接路径，即偏好变化通过影响制度环境和制度选择的集合空间最终导致制度安排发生变化。由于制度结构中各项制度安排的依存性，某项特定制度安排的变迁有可能引发对其他制度安排的需求。袁庆明认为，要素和产品相对价格的变化与技术进步对制度需求的影响具有更为本质性的意义，而市场规模和其他制度安排的变迁等因素归根结底可以用相对价格的变动或技术进步这两种因素加以解释。⑦ 汪洪涛认为，预期收益、市场规模和技术特征是引发制度及制度变迁需求的主要因素。⑧ 张旭昆对制度需求指向和制度需求落点的不同影响因素作了区分，认为个体的制度需求指向受到其价值观念、知识素质、资源和技术的影响，而个体的制度需求落点受到其价值观念、知识素质和既定的其他制度的制约。⑨

① See Justin Lin，An Economic Theory of Institutional Change：Induced and Imposed Change，*The Cato Journal*，1989，9(1).

② 李松龄：《制度、制度变迁与制度均衡》，中国财政经济出版社 2002 年版，第 165 页。

③ 同上书，第 168—169 页。

④ 参见〔美〕戴维·菲尼：《制度安排的需求与供给》，载〔美〕V. 奥斯特罗姆、〔美〕D. 菲尼、〔美〕H. 皮希特编：《制度分析与发展的反思——问题与抉择》，王诚等译，商务印书馆 1992 年版，第 141—142 页。

⑤ 参见卢现祥主编：《新制度经济学（第二版）》，武汉大学出版社 2011 年版，第 176—177 页。

⑥ 参见徐大伟编：《新制度经济学》，清华大学出版社 2015 年版，第 217—218 页。

⑦ 参见袁庆明：《新制度经济学（第二版）》，复旦大学出版社 2019 年版，第 246—250 页。

⑧ 参见汪洪涛：《制度经济学：制度及制度变迁性质解释》，复旦大学出版社 2009 年版，第 18 页。

⑨ 参见张旭昆：《制度演化分析导论》，浙江大学出版社 2007 年版，第 165、167 页。

3.2.2　制度供给

（1）制度供给的含义与制度供给的产生

制度供给即制度的生产，是为规范人们的行为而提供的法律、伦理或经济的准则或规则。[①] 它是对制度需求的回应。[②] 李松龄认为，制度供给就是用新的制度安排去替代原有的那些不利于生产力发展的法律、伦理道德、意识形态等。[③] 根据李松龄的定义，制度供给包括正式制度供给和非正式制度供给。卢现祥对制度供给的分类与李松龄相同，并提出国家是正式制度的专业化供给者，而非正式制度的供给则完全取决于个人对供给的收益和成本的计算。[④]

关于制度供给的发生，学者们基于不同的视角提出了多样化的解释。洛克和魁奈从资源丰裕的角度来分析制度供给的产生，洛克认为，在资源丰裕以及生产力不发达的时代，劳动是人类获得物质产品的唯一手段，劳动的意义就是法律、经济学和伦理学的化身，法律的条款、经济学和伦理学的原则都要依据劳动的意义来安排。休谟则从资源稀缺的角度阐释制度供给，认为法律条款、经济学和伦理学的原则不应该建立在丰裕的基础上，而应该以稀少性为基础，即公道和私有财产起因于相对的稀少性；亚当·斯密也认为自然秩序是建立在稀少性的原则上的。洛克、魁奈、休谟和斯密都是从人与自然的关系出发来阐析制度的产生，但康芒斯认识到，人类的社会经济活动不只是人与自然的关系，而且更多的是人与人的关系，由此提出，法律的条款、经济学和伦理学的原则的基础应该是交易，而不完全是"劳动"的化身。科斯进一步基于交易成本来阐释制度供给，提出新的制度安排是为了降低交易成本而出现的。戴维斯、诺斯和林毅夫认为，制度安排的供给出现的动力在于预期的净收益超过预期成本。[⑤]

拉坦则认为，制度供给不完全是预期收益大于预期成本的结果，也可能是制度供给者实施创新努力的结果，同时社会科学知识的进步也能够提高制度供给。[⑥] 林毅夫进一步阐释了社会科学进步对制度供给的影响机理，他认为社会科学的进步提高了个人制度管理能力和制度创新能力进而提高了制度供给。[⑦] 李松龄则认为，社会科学知识的进步影响制度供给的前提在于制度创新能给人们带来纯收益，否则，即使有社会科学知识等方面的进步，政治家、官僚和企业家也不大可能有动力进行制度创新。[⑧] 因此，一种新的制度安排能不能产生，主要取决于人们对它的收益预期，人们的收益预期越大，该种

---

① 参见李松龄：《制度、制度变迁与制度均衡》，中国财政经济出版社 2002 年版，第 140 页。
② 参见卢现祥主编：《新制度经济学（第二版）》，武汉大学出版社 2011 年版，第 177 页。
③ 参见李松龄：《制度、制度变迁与制度均衡》，中国财政经济出版社 2002 年版，第 155—156 页。
④ 参见卢现祥主编：《新制度经济学（第二版）》，武汉大学出版社 2011 年版，第 178 页。
⑤ 参见李松龄：《制度、制度变迁与制度均衡》，中国财政经济出版社 2002 年版，第 140—146 页。
⑥ 同上书，第 146、154 页。
⑦ See Justin Lin, An Economic Theory of Institutional Change: Induced and Imposed Change, *The Cato Journal*, 1989, 9(1).
⑧ 参见李松龄：《制度、制度变迁与制度均衡》，中国财政经济出版社 2002 年版，第 148 页。

制度安排就能够比较顺利地实现,如果人们的收益预期较小,或者根本没有预期,该种制度安排就不大可能出现。[①]

（2）制度供给的影响因素

拉坦和速水研究提出,制度创新的供给主要决定于一个社会的各既得利益集团的权力结构或力量对比。[②] 菲尼认为,制度需求是制度供给的必要条件,同时制度供给还受到统治精英的政治经济成本和利益及其提供新的制度安排的能力和意愿的重要影响,[③]而政治秩序提供新的制度安排的能力和意愿受到制度设计成本等八个因素的影响,[④]如图 3.1 所示。卢现祥承继了菲尼的制度供给的影响因素框架,删除了公众的一般看法,将菲尼的八因素缩减为七因素,并深入阐述了各因素对制度供给的影响机理,[⑤]具体如图 3.2 所示。

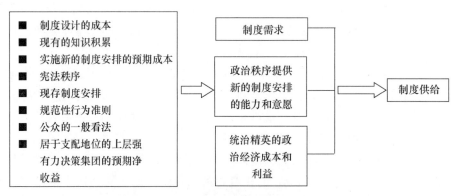

图 3.1　戴维·菲尼的制度供给影响因素框架

汪洪涛也延续了菲尼的制度供给的影响因素框架,将制度供给的影响因素总结为十个方面:政治领导人对政治秩序的控制能力、政治领导人对改变现有宪法秩序的愿望的迫切程度、决策者对新制度设计的实施成本的预测、社会公众的态度、上层决策者的预期净收益、宪法秩序、现存制度安排、现有的知识积累、技术水平、文化背景所决定的行为规范（规范性行为准则）。[⑥] 张旭昆认为,制度供给的影响因素包括:社会科学知识的积累、接受和处理信息的能力、资源条件、技术条件、宪法秩序。[⑦]

---

① 参见李松龄:《制度、制度变迁与制度均衡》,中国财政经济出版社 2002 年版,第 150 页。

② Ruttan V. W. , Yujiro Hayami, Toward a Theory of Induced Institutional Innovation, *Journal of Development Studies*, 1984, 20(4).

③ 参见〔美〕戴维·菲尼:《制度安排的需求与供给》,载〔美〕V. 奥斯特罗姆、〔美〕D. 菲尼、〔美〕H. 皮希特编:《制度分析与发展的反思——问题与抉择》,王诚等译,商务印书馆 1992 年版,第 130 页。

④ 同上书,第 144 页。

⑤ 参见卢现祥主编:《新制度经济学（第二版）》,武汉大学出版社 2011 年版,第 178—179 页。

⑥ 参见汪洪涛:《制度经济学:制度及制度变迁性质解释》,复旦大学出版社 2009 年版,第 14—17 页。

⑦ 参见张旭昆:《制度演化分析导论》,浙江大学出版社 2007 年版,第 165、198—199 页。

> **第一，宪法秩序**
> ■ 宪法秩序——社会调查和社会试验——制度供给的知识基础——制度供给
> ■ 宪法秩序——政治体系进入成本、建立新制度的立法基础的难易度——制度供给
> ■ 宪法秩序——制度选择空间、制度变迁的进程和方式——制度供给
> ■ 宪法秩序——制度创新的成本和风险——制度供给
> **第二，制度设计成本**
> ■ 设计新的制度安排的人力资源和其他资源的要素价格——制度设计成本——制度供给
> **第三，现有知识积累及社会科学知识的进步**
> ■ 社会科学知识的进步——制度创新成本——制度供给
> **第四，实施新制度安排的预期成本**
> ■ 实施新制度安排的预期成本——制度供给
> **第五，现存制度安排**
> ■ 现存制度安排的路径依赖(既得利益集团或既得利益格局)——制度供给
> **第六，规范性行为准则**
> ■ 规范性行为准则——制度变迁成本——制度供给
> **第七，上层决策者的净收益**
> ■ 上层决策者的净收益——制度供给(影响程度取决于一个国家或地区的集权程度)

图 3.2　卢现祥的制度供给影响因素框架

注："——"表明前一因素对后一因素的影响。

3.2.3　制度均衡与制度非均衡

（1）制度均衡与制度非均衡的含义

李松龄认为，制度安排的供给与需求相等时的状态就是制度均衡。[①] 他进一步指出，"制度均衡实质上是一种利益的均衡，就是说，制度供给者和制度需求者之间，以及制度供给者之间和制度需求者之间，无论哪一方都认为从现行的制度安排中得到了各自认为满意的利益份额。没有更高的新制度安排的利益预期激励人们对制度的需求和对制度的创新"[②]。卢现祥将制度均衡界定为"制度的供给适应制度需求"，从而使得人们对既定制度安排和制度结构表现出满足或满意状态，[③]制度均衡表明制度结构处于"帕累托最优状态"[④]。田永峰认为，在整体主义的制度分析方法下，制度均衡不仅仅意味着行为均衡，更意味着结构均衡，其中，行为均衡是指制度框架内的所有行为者都认为当前制度安排的净收益是最大的，而结构均衡是指"制度框架的契合性"，"行为均衡是制度均衡的内在机制，结构均衡是制度均衡的外在表现形式之一"[⑤]。本书采纳李松

---

① 参见李松龄:《制度、制度变迁与制度均衡》,中国财政经济出版社 2002 年版,第 181 页。
② 同上书,第 185 页。
③ 参见卢现祥主编:《新制度经济学(第二版)》,武汉大学出版社 2011 年版,第 180 页。
④ 同上书,第 175 页。
⑤ 田永峰:《制度的均衡与演化——企业制度安排与制度环境双向选择的动态均衡关系研究》,世界图书出版公司 2012 年版,第 42 页。

龄和卢现祥的观点，认为制度均衡是指在制度需求和制度供给的影响因素既定的情况下，制度安排的供给等于或适应制度安排的需求。

本书将制度均衡划分为三个维度：制度供需数量均衡、制度供需结构均衡和制度供需内容均衡。其中，制度供需数量均衡是指制度的供给数量等于或接近于制度的需求数量；制度供需结构均衡是指制度供需框架的契合性，即制度需求结构与制度供给结构相同或相近，其中，制度需求结构是指制度需求子系统内各项制度安排需求所占比例，而制度供给结构是指制度供给子系统内各项制度安排供给所占比例；制度供需内容均衡是指制度安排的供给内容适应制度安排的需求内容，也即制度供给内容能够满足制度需求内容。在制度均衡的三个维度中，制度供需数量均衡和制度供需结构均衡是制度均衡的外在表现形式，而制度供需内容均衡是制度均衡的内在实质；对于制度均衡来说，内容均衡具有更为根本性的意义。

李松龄将制度非均衡界定为"制度安排的供给大于需求，或者需求大于供给"[①]；卢现祥也从制度供求关系的角度将制度非均衡定义为"制度供给与制度需求出现了不一致"。根据制度均衡的维度，制度非均衡也可以划分为：制度供需数量非均衡、制度供需结构非均衡和制度供需内容非均衡。制度非均衡能够诱发制度变迁，是制度变迁过程中的常态，而制度均衡则是制度变迁过程中的偶然现象，制度变迁过程就是制度从不均衡到均衡再到不均衡……循环往复的过程。[②]

（2）制度均衡与制度非均衡的类型

张旭昆将制度均衡划分为局部均衡和一般均衡，制度的局部均衡是指在制度需求和制度供给的影响因素既定的情况下，某项制度的供给（维持或创新）适应人们的制度需求。[③] 制度的一般均衡就是既适调又适意的状态，是指整个制度系统同时满足两个条件：一是制度结构中各项制度之间相互适应协调（适调态），二是制度系统能够满足每个个体和群体的目标与意愿（适意态），[④]适意态即制度的供给适应了人们的制度需求。根据制度均衡的维度，制度均衡可以划分为三个类别，具体包括：数量均衡、结构均衡和内容均衡。

卢现祥认为，制度非均衡有两种类型：制度供给不足和制度供给过剩。其中，制度供给不足的成因包括：制度供给时滞、"搭便车"、上层统治者对净利益的追求、体制性问题、制度创新费用约束等；制度供给过剩的成因包括：政府行为中的"创租"和"抽租"、政府干预政策的延续性、利益集团对政府管制的需求。[⑤]

---

① 李松龄：《制度、制度变迁与制度均衡》，中国财政经济出版社 2002 年版，第 181 页。

② 参见卢现祥主编：《新制度经济学（第二版）》，武汉大学出版社 2011 年版，第 180 页；周飞跃编：《制度经济学》，机械工业出版社 2016 年版，第 88 页。

③ 参见张旭昆：《制度演化分析导论》，浙江大学出版社 2007 年版，第 201 页。

④ 同上书，第 202 页。

⑤ 参见卢现祥主编：《新制度经济学（第二版）》，武汉大学出版社 2011 年版，第 180—181 页。

（3）制度非均衡的成因

李松龄和林毅夫均认为,制度非均衡的根本性成因在于新制度安排的获利能力。[①] 制度非均衡的具体成因包括四个方面:第一,制度选择集合的改变;第二,技术的改变;第三,要素和产品相对价格的长期变动;第四,其他制度安排的变迁。其中,制度选择集合的改变取决于三个因素:社会科学知识的进步、与其他经济接触、政府政策的改变。其中,社会科学知识的进步能够提高人们管理制度和创新制度的能力,从而扩大制度选择集合;与其他经济接触能够以较低成本借鉴其他社会的制度安排;取消一种带有限制性的政府政策相当于扩大既有制度选择集合。林毅夫还认为,技术变化对制度结构和制度安排的相对效率具有重要影响,要素和产品相对价格的变化是产权制度安排变迁的重要原因,同一制度结构中某项制度安排的变迁可能引起对其他制度创新的需求。[②]

李松龄认为,新制度安排的获利能力对制度非均衡具有根本性的影响,即使制度非均衡的各项具体成因包括制度选择集合、技术、要素和产品相对价格以及其他制度安排不发生任何变化,人们对新制度安排的需求也会出现,这是因为人们对现行制度安排有一个由表及里、由现象到本质的认识过程,当预期制度变迁确实能够带来收益时,他们就会产生强烈的制度安排的需求和供给意识。人们出于对自身利益的追求会产生一种制度变迁的需求,以突破已有的制度均衡的格局,使制度出现一种非均衡的状态。因此,虽然制度变革的各项外部条件（具体成因）没有发生变化,制度均衡过程中的内在矛盾也会引发制度非均衡。[③]

（4）制度均衡的实现方式

制度均衡的实现方式是制度变迁或制度创新,也即制度变迁或制度创新是制度从非均衡状态转为均衡状态的必然路径与方式。布罗姆利认为,制度变迁就是对已有制度安排的修正,其目的是同新的稀缺性、新的技术性机会、新的再分配和新的偏好等相适应,也就是对制度非均衡的回应。[④]

诺斯等人也把制度变迁视为一种制度均衡和制度非均衡之间循环往复的过程,即制度创新的"诺斯模型"。"诺斯模型"认为,制度均衡就是现存的制度安排处于"帕累托最优状态",但这种制度均衡不是永久性的,一些外在事件如产生新的潜在利润或外部

---

① 参见李松龄:《制度、制度变迁与制度均衡》,中国财政经济出版社 2002 年版,第 188 页;Justin Lin，An Economic Theory of Institutional Change：Induced and Imposed Change，*The Cato Journal*，1989，9(1)。

② See Justin Lin，An Economic Theory of Institutional Change：Induced and Imposed Change，*The Cato Journal*，1989，9(1)。

③ 参见李松龄:《制度、制度变迁与制度均衡》,中国财政经济出版社 2002 年版,第 183 页。

④ 参见〔美〕布罗姆利:《经济利益与经济制度》,陈郁等译,上海三联书店、上海人民出版社 1996 年版。

利润、制度变迁成本降低、制度环境发生变化等，可能诱发新的制度需求，导致制度非均衡状态的出现，制度变迁将会促进新的制度均衡的实现，而新的制度均衡的出现，也意味着制度变迁过程的完成。[1]

制度变迁的方式包括诱致性制度变迁、强制性制度变迁和中间扩散型制度变迁。诱致性制度变迁也即需求诱致型制度变迁，是自下而上进行的，是个体或群体基于制度非均衡的获利机会自发对现行制度进行变革或对新制度进行创造。[2] 强制性制度变迁也即供给主导型制度变迁，是自上而下推行的，是政府主体借助行政命令、法律规范及经济刺激等手段改革现行制度安排或创造新的制度安排。[3] 中间扩散型制度变迁区别于供给主导型与需求诱致型的制度变迁方式，是指利益独立化的地方政府基于经济利益最大化的追求，通过与权力中心的谈判与交易，同时实现微观主体的制度创新需求与权力中心垄断租金最大化的制度变迁方式，能够有效化解"诺思悖论"。[4]

3.3 环保公众参与机制供需均衡的分析框架

制度供给是为规范人们的行为而提供的法律、伦理或经济上的准则或规则，制度需求是人们对制度安排的需求指向和需求落点。由于本书采纳制度的"狭义观"，关注焦点是中国环保公众参与相关的具体的正式制度安排，因而在分析环保公众参与机制的供给与需求时主要围绕具体的正式制度安排而展开，宪法秩序和规范性行为准则（或行为的伦理道德规范或非正式制度）作为影响具体制度安排的外生变量（制度供需非均衡的成因）而纳入分析。

中国环保公众参与相关的正式制度安排主要包括人大和政协机制、行政机制、司法机制。人大和政协机制包括人民代表大会制度和人民政治协商制度；行政机制包括环境信息公开制度（或环境信息知情制度）、公众参与环境影响评价制度、环境行政听证制度、环境信访制度、环境行政复议制度；司法机制包括环境私益诉讼制度和环境公益诉讼制度，其中环境私益诉讼制度包括环境行政诉讼制度、环境民事诉讼制度和环境刑事诉讼制度。基于此，环保公众参与机制供需均衡的分析框架勾勒如图 3.3 所示。各类具体的正式制度安排又包括环保公众参与主体、环保公众参与客体、环保公众参与程序三个构成要素。

---

① 参见卢现祥主编：《新制度经济学（第二版）》，武汉大学出版社 2011 年版，第 175—176 页。

② See Justin Lin, An Economic Theory of Institutional Change: Induced and Imposed Change, *The Cato Journal*, 1989, 9(1).

③ 参见杨瑞龙：《论我国制度变迁方式与制度选择目标的冲突及其协调》，载《经济研究》1994 年第 5 期。

④ 参见杨瑞龙：《我国制度变迁方式转换的三阶段论——兼论地方政府的制度创新行为》，载《经济研究》1998 年第 1 期。

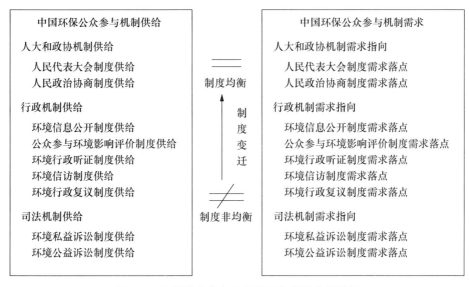

图 3.3　环保公众参与机制供需均衡的分析框架

第四章

中国环保公众参与机制供给的历史演变

4.1 中国环保公众参与机制供给统计

4.1.1 资料来源

本书所关注的中国环保公众参与机制相关的政策法规是指全国人民代表大会及其常务委员会、中国人民政治协商会议、国务院及其组成部门和直属机构、最高人民法院、最高人民检察院、中国共产党中央组织机构和直属机构(主要包括中国共产党中央委员会、中共中央办公厅、中共中央宣传部、中共中央组织部、中共中央纪律检查委员会等)出台的有关环保公众参与的一切规范性文件的总和,具体包括法律、党的政策、行政法规、部门规章、司法解释、规范性文件、工作文件等。

本书所查询的政策法规资料来源于北大法宝法律检索数据库、中国法律知识资源总库(CLKD)、中国政府网、生态环境部网站。本书以 1949 年至 2019 年为查询的时间区间,在上述数据库中以"人民代表大会""政治协商""信访""环境信访""信息公开""环境信息公开""行政复议""环境行政复议""行政听证""环境行政听证""公众参与环境影响评价""行政诉讼""环境行政诉讼""公益诉讼""环境民事诉讼""环境刑事诉讼""公众环境权益""公众参与环保""公众参与环境保护"分别作为搜索关键词,共计获得 6126 篇政策法规文本。

因所获得的政策法规文本存在重复、与研究主题无关或关系较弱等情况,为确保所查询的政策法规文本与环保公众参与机制的直接相关性,本书依照以下三方面原则对检索的政策法规文本进行筛选与剔除。第一,删除重复政策法规文本,即对通过不同关键词得到的重复政策法规文本进行剔除。第二,删除与标题无关的政策法规文本,即删除文本标题与本书主题明显无关的政策法规条目。第三,删除标题相关但内容无关的政策法规文本,即删除那些虽然标题中含有搜索关键词但政策文本内容与本书主题明显无关的政策法规条目,这主要包括各类工作通知和学习通知。经筛选与剔除,最终获得 480 份可以作为本书研究有效样本的政策法规文本。

4.1.2 中国环保公众参与机制的供给时间与供给主体统计

（1）供给时间统计

本书将最终获得的 480 份环保公众参与相关的政策法规文本按照其实施时间进行统计（除 1949 年外每 10 年为一个统计区间），结果如图 4.1 所示。由图 4.1 可知，中国环保公众参与机制的供给数量整体上呈现出波浪式快速拉升的态势，其中 20 世纪 90 年代以来的增长态势较之前而言更加迅猛。1949 年中华人民共和国成立后，当年实施了 3 部有关环保公众参与的政策法规，均与政协机制相关，包括《中国人民政治协商会议共同纲领》《中国人民政治协商会议组织法》和《中央人民政府组织法》；1950—1959 年间，中国新实施了 30 部相关政策法规，涉及人大机制、政协机制、信访制度、行政复议制度、民事诉讼和刑事诉讼制度；1960—1969 年间，中国仅新实施了 2 部信访相关政策法规；1970—1979 年间，8 部环保公众参与政策法规得以实施；1980—1989 年间和 1990—1999 年间，由于改革开放政策的影响，环保公众参与相关政策法规发布和实施的数量迅速增长，分别为 52 部和 66 部；进入 21 世纪，由于中国公众生态环境保护意识的觉醒以及国家对公众环境权益重视程度的不断提高，有关环保公众参与的政策法规数量呈直线上升态势，2000—2009 年间和 2010—2019 年间，相关政策法规实施数量分别为 116 部和 203 部。

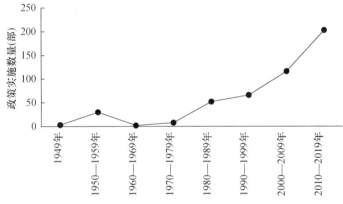

图 4.1 中国环保公众参与机制供给数量统计

（2）供给主体统计

中国环保公众参与机制的供给主体较多，包括立法机关、行政机关、司法机关和党中央部门机构等，其中所涉立法机关主要包括全国人民代表大会及其常务委员会，所涉行政机关包括国务院、国家发展和改革委员会、国家生态环境管理部门、能源资源管理部门等，所涉司法机关包括最高人民法院和最高人民检察院，所涉党中央部门机构主要是指中国共产党中央委员会。此外，中国人民政治协商会议也是一个关键的供给主体。对 480 份环保公众参与相关的政策法规文本进行供给主体统计（多机构联合发文的只对文件标识的第一个机构进行统计）的结果表明，政策供给数量最多的主体是全国人民代表大会及其常务委员会，发文总量为 121 部；其次是国家生态环境管理部门（包括原国家环境保护局、原国家环境保护总局、原环境保护部和现生态环境部），总计发文量为72部；其他政策供给数量较多的主体包括党中央部门机构（59部）、国务院（46部）（包括原政务院和现国务院）、最高人民法院（45部）、国家自然资源管理部门（44部）［包括原地质矿产部（1部）、原国家海洋局（11部）、原国家林业和草原局（1部）、原国家林业局（5部）、原国家土地管理局（2部）、原国土资源部（16部）、原水利部（5部）、现自然资源部（3部）］、中国人民政治协商会议及其全国委员会（27部）、最高人民检察院（16部）、国家信访局（14部）等。

4.1.3 中国环保公众参与机制的供给结构

（1）供给类别结构

供给类别结构是指中国环保公众参与机制中各种具体制度供给的数量结构，如图4.2所示。其中，综合性制度是指包含了两种及以上环保公众参与相关制度的政策法规，其供给数量最多，达115部，例如，《环境保护法》既规定了环境信息公开制度、公众参与环境影响评价制度，也规定了环境民事诉讼制度和环境公益诉讼制度等。其他各项具体制度相关的政策法规数量统计包括对某项单一具体制度作出规定的政策法规（如《环境影响评价公众参与暂行办法》《环境行政复议办法》等）以及少量涉及环保公众参与机制的非公众参与相关或非环境保护相关的政策法规（如《设置财政检查机构办法》《印花税暂行条例》等）。除综合性制度外，在各项具体制度相关的政策法规供给中，数量最多的是环境信访制度，其相关政策法规供给数量为61部；其次是环境信息公开制度和人大机制，其政策法规供给数量分别为50部和48部；有关政协机制的政策法规数量也较多，达43部；然后是环境行政复议制度、环境民事诉讼制度、公众参与环境影响评价制度、环境行政诉讼制度和环境刑事诉讼制度，供给数量分别为35部、28部、23部、21部和20部；最后是环境公益诉讼制度，供给数量只有12部。如果按照人大和政协机制、行政机制、司法机制三大类来统计（不包括综合性制度），则结果如图4.3所示。

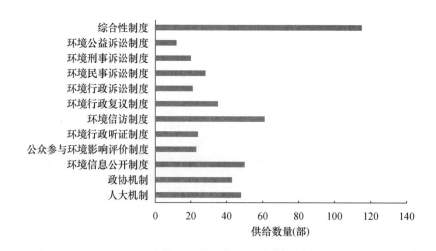

图4.2 中国环保公众参与具体机制供给结构

由图4.3可知,中国环保公众参与机制中行政机制相关的政策法规供给数量最大,为193部;人大和政协机制次之,其相关的政策法规供给数量为91部;司法机制最少,供给数量为81部。

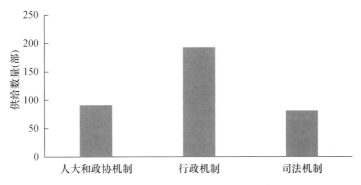

图 4.3　中国环保公众参与机制供给类别结构

（2）供给效力结构

供给效力结构是指中国环保公众参与机制相关政策法规供给的效力级别结构,包括宪法、法律、有关法律问题的决定、党内法规、行政法规、部门规章、其他规范性文件、司法解释、司法解释性质文件、政协文件。其中,有关法律问题的决定是由全国人大及其常委会以决定形式作出的、与法律问题相关性较强的文件。根据《中国共产党党内法规制定条例》,党内法规是党的中央组织以及中央纪律检查委员会,中央各部门和省、自治区、直辖市党委制定的用于对党组织的工作与活动进行规范,对党员的行为予以约束的党内规章制度的总称,本书所涉及的党内相关法规不包括省级及以下党委制定的规章制度;行政法规是指国务院按照宪法与法律的相关要求,严格遵从法定程序所制定的关于行政机关及其所属部门在履行行政职责、行使行政权力等方面予以标准化的规范性文件的总称;部门规章是国务院所属的各部、各委员会依据法律和行政法规的相关要求所制定的规范性文件,其主要形式是命令、指示、规定等;其他规范性文件是行政机关及行政机关所授权的组织为实施法律和执行政策,在法律所规定的权限内制定的除行政法规或规章以外的决定、命令等具有普遍性行为规则的总称;司法解释是国家最高审判和检察机关依据实践中的具体法律问题所作出的解释,分为审判解释和检察解释;司法解释性质文件与司法解释同源,是国家最高司法机关出台的具有引导和规范司法实践作用的文件,其主要形式包括通知、指导意见和会议纪要等;政协文件是指中国人民政治协商会议及其全国委员会制定发布的工作条例、工作规则、决定、意见等。

由于部分政策法规的发布主体是两个或多个,在进行效力级别结构统计时,本书按照政策法规文本所显示的第一个发布主体进行统计。例如,《关于创新群众工作方法解决信访突出问题的意见》的发布主体包括中共中央办公厅和国务院办公厅,统计时将其列为党内法规。由图4.4可知,在所有政策法规中,其他规范性文件的供给数量最多，达 116 部；其次是法律，其供给数量为 99 部；再次是部门规章和党内法规，其供给数量分别为 77 部和 58 部；司法解释性质文件的供给数量也较为可观，达 35 部；有关法律问题的决定、行政法规、司法解释和政协文件的供给数量相对较少，均为 20 余部。

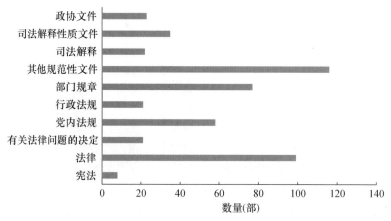

图 4.4 中国环保公众参与机制供给效力结构

4.2 人大和政协机制供给的历史演变

4.2.1 人大机制供给的历史演变

人民代表大会制度是一种适应中国国情并具有中国特色的新型代议制度，[①]它是中国的根本政治制度，这一制度的核心是保证国家的一切权力属于人民，人民通过人民代表大会这一组织形式参与国家事务的管理，行使当家作主的权利，因而该制度是中国公众参与包括环保公众参与的最根本的制度载体，也是最为重要和最具效能的环保公众参与机制。[②]

（1）人民代表大会制度的初创

1953 年 1 月 13 日，中央人民政府委员会召开第二十次会议，审议并通过了《中央人民政府委员会关于召开全国人民代表大会及地方各级人民代表大会的决议》。该决议决定"于 1953 年召开由人民用普选方法产生的乡、县、省（市）各级人民代表大会，并在此基础上接着召开全国人民代表大会。在这次全国人民代表大会上，将制定宪法，批准

---

① 参见张明军、冀天：《代议制度的创新与发展逻辑——纪念人民代表大会制度创立 60 周年》，载《思想理论教育》2014 年第 6 期。

② 参见李海青：《正确认识人民代表大会制度的功能定位》，载《中国党政干部论坛》2012 年第 3 期。

国家五年建设计划纲要和选举新的中央人民政府"[1]。此后,中央人民政府委员会第二十二次会议审议通过了《全国人民代表大会和地方各级人民代表大会选举法》。1954 年 9 月 15 日,第一届全国人民代表大会召开,通过了中华人民共和国成立后的第一部宪法——《中华人民共和国宪法》(以下简称《宪法》)。该法第 2 条明确规定:"中华人民共和国的一切权力属于人民。人民行使权力的机关是全国人民代表大会和地方各级人民代表大会。"1954 年《宪法》第二章第一节对全国人民代表大会及其常务委员会的地位与职权、代表产生办法与任期等均作了明确规定,由此正式确立了人民代表大会制度。

（2）人民代表大会制度的破坏与中断

1957 年反右斗争开始之后,全国人民代表大会的组织机构建设步伐停止了,立法工作、监督工作以及重大事项的讨论与决定工作都无法得到正常开展。与此同时,人民代表大会的会议制度和议事程序被破坏,代表任期超过法定期限,会议议程带有明显的主观随意性,会议审议内容也带有明显的被动性。1966 年"文革"开始后,人民代表大会制度遭受了一定程度的破坏和损害。"文革"期间,人民代表大会制度建立并发挥作用的基础和法律依据——《宪法》被践踏;人民代表大会制度的根本原则被改变和曲解;上至全国人民代表大会及其常委会,下至基层人民代表大会全部停止了活动;人民代表大会的权力完全丧失,人民代表大会制度形同虚设。

（3）人民代表大会制度的恢复与重建

1975 年 1 月 8 日至 10 日,周恩来主持召开中共十届二中全会,开始逐步恢复人民代表大会制度,会议讨论并决定召开第四届全国人民代表大会。1975 年 1 月 13 日,第四届全国人民代表大会第一次会议在北京召开,会议内容主要包括:修改《宪法》、政府工作报告、选举和任命国家领导工作人员。全国人大常委会之后得以恢复并开始工作,后来的三年间第四届全国人大常委会共举行了 4 次会议,这使得人民代表大会制度得以有限地恢复。

1978 年 3 月 5 日,五届全国人大一次会议通过了新的《宪法》,恢复了人民代表大会制度作为国家根本政治制度的本来面貌。1978 年党的十一届三中全会实现了中华人民共和国成立以来中国历史上的伟大转折,人民代表大会制度也得以全面恢复和重建。1979 年 6 月 18 日至 7 月 1 日召开的五届全国人大二次会议通过了《关于修正〈中华人民共和国宪法〉若干规定的决议》,制定了《地方各级人民代表大会和地方各级人民政府组织法》《全国人民代表大会和地方各级人民代表大会选举法》等法律。选举法将人大代表直接选举范围由过去的乡镇一级扩大到县一级,扩大了人民群众直接参与政治生活的权利,并且将原来人大代表选举中采用的等额选举制改为差额选举制。[2]五届全国人大二次会议还决定,在全国县以上地方各级人民代表大会设立自己的常设机关——

---

① 中共中央文献研究室编:《建国以来重要文献选编(第 4 册)》,中央文献出版社 1993 年版,第 16—17 页。

② 参见王维国、谢蒲定:《改革开放以来我国人民代表大会制度的发展历程与基本经验》,载《政治学研究》2008 年第 6 期。

常务委员会,在代表大会闭会期间履行法律赋予的职权,这极大地调动了地方各级行政区域内人民群众当家作主的积极性和创造性,保证了地方人民群众可以经常性地依法行使自己本来应当行使的权力。① 1982 年 12 月 4 日,五届全国人大五次会议通过了第四部《宪法》。该《宪法》加强了人大常委会的地位,扩大了全国人大常委会的职权,强化了人大的监督权。

（4）人民代表大会制度的发展与完善

首先,组织体系与议事规则的发展与完善。为健全全国人大的组织体系,1983 年,六届全国人大设立了 6 个专门委员会,涉及民族、法律、财政经济、教育科学文化卫生、外事和华侨事务。1987 年,六届全国人大常委会二十三次会议通过的《中华人民共和国全国人民代表大会常务委员会议事规则》和 1989 年七届全国人大二次会议通过的《全国人民代表大会议事规则》,标志着人大会议工作走上了制度化和程序化的轨道。这两项议事规则对全国人大及其常委会关于议案和工作报告的提出、听取和审议程序、质询、人大代表的发言和表决等均作出了系统、切实可行的具体规定。

其次,选举制度与代表制度的发展与完善。随着改革开放进程中中国城市化建设的不断推进和城乡人口结构的逐渐改变,农村与城市每一位代表所代表的人口数的比例从 1953 年《全国人民代表大会和地方各级人民代表大会选举法》确定的 8∶1 调整为 1995 年的 4∶1,直至 2010 年修订的《全国人民代表大会和地方各级人民代表大会选举法》修改为 1∶1,城乡居民选举"同票同权"终于实现。1992 年 4 月 3 日,七届全国人大五次会议通过的《全国人民代表大会和地方各级人民代表大会代表法》,对全国人民代表大会代表和地方各级人民代表大会代表的地位、所享有的权利和应当履行的义务、在会议期间和闭会期间的工作方式、代表执行职务的保障、对代表的监督等均作了规定;该法随后分别于 2009 年、2010 年和 2015 年进行了三次修正,对人大代表权利的行使方式等作了更为具体详尽的规定。

最后,立法体制与监督制度的发展与完善。人大的立法体制已基本形成,议案制度得以改进,对法律草案实行了委托起草制度、"审次制度"、公开征求意见制度、立法咨询和立法听证制度。② 2007 年开始施行的《各级人民代表大会常务委员会监督法》使人大监督机制的作用发挥不断加强。党的十八大以来,人民代表大会制度的政治定位进一步明确,它是中国特色社会主义制度的重要组成部分,也是支撑中国国家治理体系和治理能力的根本政治制度。③

4.2.2　政协机制供给的历史演变

政协机制是指中国共产党领导的多党合作和政治协商制度,它是中国的一项基本

① 参见席文启:《人民代表大会制度的历史与发展》,载《新视野》2009 年第 6 期。
② 参见王维国:《改革开放 30 年人民代表大会制度创新回顾》,载《中国社会科学院研究生院学报》2008 年第 6 期。
③ 参见习近平:《在庆祝全国人民代表大会成立六十周年大会上的讲话》,载《求知》2019 年第 10 期。

政治制度。其中,政治协商制度是在中国共产党的领导下,各民主党派、各人民团体、各少数民族和社会各界的代表,对国家的大政方针以及政治、经济、文化和社会生活中的重要问题在决策之前举行协商和就决策执行过程中的重要问题进行协商的制度。[①] 政治协商是中国共产党领导的多党合作的最主要的政治内容,以中国人民政治协商会议为组织形式。

（1）政协机制的初创

1945 年 8 月 25 日,中国共产党就抗战胜利后的时局发表了《中共中央对于目前时局的宣言》,号召"立即召开各党派和无党派代表人物的会议,商讨抗战结束后的各项重大问题";10 月 10 日,国共两党经过反复商议签署了《双十协定》,确定召开政治协商会议。1946 年 1 月 10 日至 31 日,政协会议(史称"旧政协")在重庆召开,会议通过了《和平建国纲领》以及关于军事问题、国民大会和改组政府的协议。后由于蒋介石违反"旧政协"决议,遂使"旧政协"解体。[②]

1948 年 4 月 30 日,中共中央提出召开新的政治协商会议、成立民主联合政府的号召。1949 年 6 月 15 日,新政治协商会议(史称"新政协")筹备会在北平(北京的旧称)开幕,9 月 17 日,新政治协商会议筹备会第二次全体会议正式决定将新政治协商会议定名为"中国人民政治协商会议"。1949 年 9 月 21 日,中国人民政治协商会议第一届全体会议在北平召开,宣告中国人民政治协商会议正式成立,会议通过了具有临时宪法性质的《中国人民政治协商会议共同纲领》以及《中国人民政治协商会议组织法》《中华人民共和国中央人民政府组织法》,表明中国共产党领导的多党合作和政治协商制度已经正式确立。[③] 同时,在全国人大召开的条件还不具备时,中国人民政治协商会议还代行了全国人大职权,为中华人民共和国的成立奠定了制度基础。

（2）政协机制的徘徊与曲折

1954 年 9 月,全国人大一次会议在北京召开,会议通过并公布了《宪法》。至此,代行全国人大职权的中国人民政治协商会议圆满完成历史使命,《中国人民政治协商会议共同纲领》作为国家根本大法的过渡状态也宣告结束。全国人大召开后,在新的历史条件下,中国共产党领导的多党合作和政治协商制度如何发展成为一个重大的政治选择。毛泽东在一届全国人大召开后同党外人士举行的座谈中强调指出,政协是各党派的协商机关,人大成立后,要继续加强统一战线工作,人大是权力机关,并不妨碍成立政协进行政治协商。[④] 1954 年 12 月,在中共中央的建议下,政协召开了第二届全国委员会第

[①] 参见《中国共产党领导的多党合作和政治协商制度》,http://www.gov.cn/guoqing/2017-07/27/content_5213764.htm#1,2021 年 11 月 9 日访问。

[②] 参见《"旧政协"会议》,http://www.people.com.cn/GB/34948/34965/2617206.html,2021 年 6 月 20 日访问。

[③] 参见白钢:《中国共产党领导的多党合作和政治协商制度的确立》,载《东北师大学报(哲学社会科学版)》2014 年第 4 期。

[④] 参见李维汉:《回忆与研究(下)》,中共党史出版社 2013 年版,第 800 页。

一次会议,通过了《中国人民政治协商会议章程》。① 1956 年 4 月,毛泽东在《论十大关系》的讲话中指出:"究竟是一个党好,还是几个党好? 现在看来,恐怕是几个党好。不但过去如此,而且将来也可以如此,就是长期共存,互相监督。"从此,"长期共存,互相监督"成为中国共产党同各民主党派合作的基本方针。但是,1957 年,反右斗争严重扩大化,民主党派遭受了严重的打击,被冠以"资产阶级政党"的名号,致使政协机制在运行过程中出现了曲折。"文革"期间,民主党派成员遭受迫害,急速减少,多党合作和政治协商制度遭到严重破坏甚至陷入瘫痪。

（3）政协机制的恢复与重建

为恢复和贯彻执行统一战线政策,党中央于 1977 年 10 月 15 日批转了中央统战部《关于爱国民主党派问题的请示报告》。1977 年 12 月,四届全国政协常委会七次会议召开,会议肯定了民主党派的历史功绩和积极作用,重申了中国共产党同民主党派"长期共存、互相监督"的方针。之后十一届三中全会的召开更是表明党和国家对于政协机制的充分肯定,成为中国统一战线与民主党派工作的全新起点,标志着政协机制步入新的历史发展阶段。1982 年五届全国人大五次会议通过的《宪法》,第一次以根本大法的形式肯定了爱国统一战线和人民政协的性质、地位和作用。同时,在 1982 年中共十二大报告中,"八字方针"也变成"长期共存、互相监督、肝胆相照、荣辱与共"的"十六字方针",成为新时期处理中国共产党同民主党派关系的基本原则和多党合作的基本方针。1987 年 10 月中共十三大报告强调了中国共产党领导的多党合作与政治协商制度是中国基本政治制度的一项主要内容。

（4）政协机制的发展与完善

1989 年 12 月颁发的《中共中央关于坚持和完善中国共产党领导的多党合作和政治协商制度的意见》第一次以中共中央文件的形式将该制度比较全面系统地确定和规范下来,标志着多党合作和政治协商制度进入制度化建设轨道。该意见指明了各民主党派的参政党地位,阐明了多党合作的基本原则、基本内容、基本方针和运行机制,对民主党派的性质作了新的概括,对民主党派的地位作了新的界定,对多党合作的领域作了新的拓展。1992 年 10 月,党的十四大将这一制度正式写入党章。1993 年《宪法修正案》将"中国共产党领导的多党合作和政治协商制度将长期存在和发展"载入《宪法》。1995年 1 月,八届全国政协常委会九次会议通过了《政协全国委员会关于政治协商、民主监督、参政议政的规定》,对人民政协的主要职能及履行主要职能的形式和基本程序等作了明确规定。2000 年 12 月,中共中央下发了《关于加强统一战线工作的决定》,为新世纪继续坚持、完善和落实共产党领导的多党合作和政治协商制度提供了重要的政策依据。2002 年,党的十六大报告强调了坚持和完善共产党领导的多党合作和政治协商制

---

① 参见田穗生:《从统一战线策略到政治协商制度——纪念中国人民政治协商会议成立五十周年》,载《江汉论坛》1999 年第 11 期。

度是建设社会主义政治文明的一项重要内容。[1] 中共中央于 2005 年发布了《关于进一步加强中国共产党领导的多党合作和政治协商制度建设的意见》,于 2006 年发布了《关于巩固和壮大新世纪新阶段统一战线的意见》,有力地加强了多党合作和政治协商制度的制度化、规范化和程序化建设。十八大以来,社会主义协商民主成为健全中国特色社会主义制度的重点,作为社会主义协商民主的重要制度依托,中国共产党领导的多党合作和政治协商制度的重要性日益显著。

4.3　行政机制供给的历史演变

环保公众参与的行政机制包括环境信息公开制度(或环境信息知情制度)、公众参与环境影响评价制度、环境行政听证制度、环境信访制度和环境行政复议制度。

4.3.1　环境信息公开制度供给的历史演变

政府信息公开制度是指行政机关按照法律有关规定将职能履行过程中产生并保存的信息数据向社会进行公开的制度。环境信息公开制度是政府信息公开制度的重要组成部分,它包括两个方面:一是环境保护行政主管部门依法主动或依申请将在履行环境保护职责中制作或者获取的以一定形式记录、保存的信息向社会公众公开的制度;二是企业依法将其以一定形式记录、保存的与企业经营活动产生的环境影响和企业环境行为有关的信息向社会公众予以公开的制度。环境信息公开是公众环境知情权的保障,是环保公众参与的前提和基础,因而环境信息公开制度是环保公众参与机制的重要组成部分。

（1）环境信息公开制度的初创

政府信息公开制度的建立经历了从村务公开到乡镇机关政务公开和厂务公开,再到各级人民政府的政府信息公开这一发展过程。[2] 1988 年 6 月 1 日,《村民委员会组织法(试行)》开始实施,该法首次将村务公开作为一项法律制度固定下来。1994 年 11 月,中共中央发出《关于加强农村基层组织建设的通知》,强调应着重抓好"村务公开制度",规定凡涉及全村群众利益的事情,都必须定期向村民公布,接受群众监督。1998 年 4 月,中共中央办公厅、国务院办公厅印发《关于在农村普遍实行村务公开和民主管理制度的通知》,对村务公开的内容、方法及制度保障等都作出了详细规定,促进了村务公开制度的健全和发展。在村务公开探索的基础上,乡镇机关政务公开和企业厂务公开制度相继建立。2000 年 12 月,中共中央办公厅、国务院办公厅发布《关于在全国乡镇政权机关全面推行政务公开制度的通知》,要求在全国乡镇政权机关和派驻乡镇的站所全面

---

[1]　参见李庆刚:《六十年来中国共产党领导的多党合作和政治协商制度的重大发展》,载《理论前沿》2009 年第 21 期;王义保:《中国特色多党合作和政治协商制度发展 30 年》,载《山东社会科学》2008 年第 9 期。

[2]　参见马怀德:《政府信息公开制度的发展与完善》,载《中国行政管理》2018 年第 5 期。

推行政务公开制度。2002年6月,中共中央办公厅、国务院办公厅印发了《关于在国有企业、集体企业及其控股企业深入实行厂务公开制度的通知》,要求全国国有企业、集体企业及其控股企业都要实行厂务公开。村务公开、厂务公开的制度探索为政府信息公开制度的建立奠定了基础。

政府环境信息公开的相关规定始于2000年修订的《大气污染防治法》。该法第20条规定："在大气受到严重污染,危害人体健康和安全的紧急情况下,当地人民政府应当及时向当地居民公告"。2003年1月施行的《清洁生产促进法》第17条规定:政府环境保护行政主管部门应当"根据企业污染物的排放情况,在当地主要媒体上定期公布污染物超标排放或者污染物排放总量超过规定限额的污染严重企业的名单"。《大气污染防治法》和《清洁生产促进法》有关环境信息公开的具体规定成为环境信息公开制度建立的前奏。2004年3月,国务院印发《全面推进依法行政实施纲要》,强调"推进政府信息公开",该纲要的公布实施标志着中国政府信息公开制度包括环境信息公开制度的初步建立。

（2）环境信息公开制度的稳步发展

2005年中共中央办公厅、国务院办公厅联合印发的《关于进一步推行政务公开的意见》提出"要积极探索和推进政务公开的立法工作,抓紧制定《政府信息公开条例》","要建立健全主动公开和依申请公开制度"等要求。2005年12月,国务院公布《关于落实科学发展观加强环境保护的决定》,要求实行环境质量公告制度。2008年5月1日,《政府信息公开条例》和《环境信息公开办法（试行）》实施,标志着中国政府信息公开制度和环境信息公开制度的正式建立。《政府信息公开条例》对信息公开的主体和范围、主动公开的内容及要求、依申请公开的程序和要求、信息公开的监督和保障机制等均作了细致规定;《环境信息公开办法（试行）》对政府环境信息公开的范围、方式和程序,企业环境信息公开的内容及奖励机制,以及政府环境信息公开的监督与责任机制等作了具体详细的规定。

此后,中国环境信息公开制度步入稳定发展阶段,并相继有基本法、单行法、行政法规、其他规范性文件等对环境信息公开作出进一步补充规定。2008年国务院办公厅发布的《关于施行〈中华人民共和国政府信息公开条例〉若干问题的意见》对主动公开政府信息问题、依申请公开政府信息问题、公共企事业单位的信息公开工作等作了进一步规定。2008年原国家环保总局发布的《关于加强上市公司环境保护监督管理工作的指导意见》提出要"积极探索建立上市公司环境信息披露机制"。2010年国务院办公厅发布的《关于做好政府信息依申请公开工作的意见》对政府信息依申请公开作了进一步细致规定。2012年,原环境保护部办公厅发布了《关于进一步加强环境保护信息公开工作的通知》,提出了进一步加强环境核查与审批信息公开、环境监测信息公开、重特大突发环境事件信息公开的具体规定,并要求各级环保部门积极探索建立环境信息公开的有效方式,加强调查研究和舆情引导以及切实提高环境信息公开能力。2015年1月1日实施的新《环境保护法》第五章对环境信息公开作了专门规定,至此环境信息公开制度正式上升为法律,同时原环境保护部也于2015年1月1日实施了《企业事业单位环境信息公开办法》,对企业和事业单位的环境信息公开作了进一步规定,该办法于 2022 年废止。

4.3.2　公众参与环境影响评价制度供给的历史演变

公众参与环境影响评价制度是指建设单位及环保主管部门在制作与审批环境影响评价报告书的过程中应遵循法律规定征询包括人大代表、政协委员、群众团体、专家等相关主体的意见,对合理意见予以采纳,对不合理意见予以解释,使公众得以参与环境影响评价过程的制度。① 公众参与环境影响评价制度是环境影响评价领域公众参与环境保护的一项基本的制度安排,是环境影响评价制度的内在构成和关键环节,该制度有利于确保环境影响评价的民主性和公正性,②提高决策的科学性、公众对决策的可接受性和公众的环境意识。

(1) 公众参与环境影响评价制度的萌芽

中国的环境影响评价制度始于 20 世纪 70 年代末,其标志是 1979 年 9 月颁布的《环境保护法(试行)》,该法第 6 条和第 7 条对建设工程和城市建设及改造项目的环境影响评价作出了原则性的规定,但没有规定公众参与的相关内容,没有确立公众参与在环境影响评价过程中的法律地位。中国在 1991 年实施的亚洲开发银行提供赠款的环境影响评价培训项目中首次提出公众参与的论题,③此后环境影响评价中的公众参与问题引发关注。

1993 年 6 月 21 日,原国家环境保护局、国家计委、财政部和中国人民银行联合发布了《关于加强国际金融组织贷款建设项目环境影响评价管理工作的通知》(简称《通知》),提出了进一步加强国际金融组织贷款建设项目环境影响评价管理工作的具体要求,并首次规定了公众参与环境影响评价制度的内容。《通知》提出,公众参与是环境影响评价的重要组成部分,环境影响报告书中应设专门章节予以表述;《通知》还进一步提出了公众参与环境影响评价的方式。《通知》虽然对公众参与环境影响评价作了较为明确的规定,但其适用的范围过于狭窄。因此,在严格的法律意义上,该通知的规定只是公众参与环境影响评价制度的萌芽,并不能表明公众参与环境影响评价制度的正式形成。

(2) 公众参与环境影响评价制度的初创

1996 年 5 月 15 日,八届全国人大常委会十九次会议通过了《关于修改〈中华人民共和国水污染防治法〉的决定》,首次对公众参与环境影响评价作了初步立法规定。在《水污染防治法》(1996 年修正)中增加了一项特别的规定作为第 13 条第 4 款,即建设项目

---

① 参见李艳芳:《环境影响评价制度中的公众参与》,载《中国地质大学学报(社会科学版)》2002年第 1 期。

② 参见陈仪:《论公众参与环境影响评价法律制度的完善》,载《苏州大学学报(哲学社会科学版)》2008 年第 2 期。

③ 邵道萍:《论我国环境影响评价制度中公众参与机制的完善》,载《兰州学刊》2006 年第 2 期。

"环境影响报告书中,应该有该建设项目所在地单位和居民的意见",从而使公众参与一般建设项目的环境影响评价制度在立法上初现端倪,这是公众参与环境影响评价初次在高位阶的法律中得到体现。《水污染防治法》(1996年修正)、《中华人民共和国环境噪声污染防治法》(1996年)和《建设项目环境保护管理条例》(1998年)三部法律法规中有关公众参与环境影响评价的规定标志着公众参与环境影响评价制度的正式确立。然而,这些法律法规只是对公众参与环境影响评价制度作了一个原则性的规定,对于该制度具体如何实施,包括公众参与的范围、方式、阶段、程序等,都没有作出详细的规定。因此,这些法律规定只是公众参与环境影响评价的宣言,并没有形成公众参与环境影响评价的完整机制,该制度在实践中依然难以具体操作。

(3) 公众参与环境影响评价制度的稳步发展

2003年9月1日,《环境影响评价法》开始施行,这是中国第一部有关环境影响评价制度的专门法律,该法首次对公众参与环境影响评价作了较为详细的规定,明确了公众参与环境影响评价的参与主体、参与范围、参与阶段和参与形式,较之以往相关政策法规对公众参与环境影响评价的原则性规定有了较大的进展。然而,《环境影响评价法》没有对公众参与环境影响评价的程序作出具体详细的规定,也没有规定相应的救济或保障措施,这使得公众参与环境影响评价在实践中的可操作性和公众参与的有效性大打折扣。

2005年,国务院公布了《关于落实科学发展观加强环境保护的决定》,再次对公众参与环境影响评价作了原则性规定。根据《环境影响评价法》《关于落实科学发展观加强环境保护的决定》等法律法规,原国家环保总局于2006年实施了《环境影响评价公众参与暂行办法》,该办法对公众参与建设项目和规划环境影响评价的原则、环境影响评价的信息公开、征求公众意见的形式和期限、公众意见处理反馈、被征求意见的公众范围确定、公众参与环境影响评价的组织形式和方式、环境影响报告书中公众参与内容的审查等均作出了进一步的具体详细的规定,增强了公众参与规划和建设项目环境影响评价的可操作性,弥补了《环境影响评价法》有关公众参与相关规定的缺憾,这是公众参与环境影响评价制度的一次质的飞跃。2009年10月1日,国务院开始实施《规划环境影响评价条例》,这是对《环境影响评价法》和《环境影响评价公众参与暂行办法》有关公众参与规划环境影响评价的进一步补充。该条例第26条还首次对规划环境影响跟踪评价中的公众参与作出了规定,即"规划编制机关对规划环境影响进行跟踪评价,应当采取调查问卷、现场走访、座谈会等形式征求有关单位、专家和公众的意见"。

(4) 公众参与环境影响评价制度的进一步完善

2014年4月24日,十二届全国人大常委会八次会议修订了《环境保护法》,首次将公众参与建设项目环境影响评价上升到环保基本法的高度。2016年7月2日和2018年12月29日,全国人大常委会对《环境影响评价法》进行了两次修订,其中均保留了该法首次对公众参与规划和建设项目环境影响评价作出的相关规定。2016年7月15日,原环境保护部发布了《"十三五"环境影响评价改革实施方案》,该实施方案首次对建立公众参与意见采纳反馈机制、惩处公众参与弄虚作假、要求建设单位编制公众参与说明作出了具体规定。

2018 年 4 月 16 日,生态环境部审议通过了《环境影响评价公众参与办法》,该办法更加明确了建设单位的主体责任,由其对公众参与真实性和结果负责;更加明确了听取意见的公众范围,优先保障环境影响评价范围内公众的权力;更加明确了开展深度公众参与的方式;更加明确了生态环境主管部门的审查义务和内容,强化对公众参与开展情况的监督;更加明确了对公众参与违法或失信的惩处。[1]《环境影响评价公众参与办法》的颁布实施标志着公众参与环境影响评价制度的再一次质的飞跃和升华。

4.3.3　环境行政听证制度供给的历史演变

行政听证制度是指行政机关在作出影响行政相对人合法权益的行政决定前,给予行政相对人发表意见、提供证据和进行辩论的权利及其相关行政程序所构成的一种法律制度。[2] 它的目的在于尽可能获得与某项行政性决策有关的社会各方的利益表达和对决策的意见反馈,以便作出尽量合理的决策。环境行政听证制度是行政听证制度在环境决策领域的具体运用,可以划分为环境行政立法听证、环境行政执法听证和环境行政司法听证。在环境保护领域,行政决策的很多事项都与社会公众的环境利益息息相关,一旦作出不恰当的行政决定,将会损害广大社会公众的权益,只有举行环境行政听证,给予利害关系人发表自己意见的机会,才能有效维护公众合法的环境权益,同时也能够有效提升环境行政决定的合法性和合理性,避免和减少环境行政纠纷,促进中国环保事业的发展。[3] 因此,环境行政听证制度是中国环保公众参与的一项重要制度安排。

（1）环境行政听证制度的初创

1996 年 3 月 17 日,八届全国人大四次会议审议通过的《行政处罚法》正式确立了行政听证制度,这是中国法律第一次明确提出行政听证的概念,并以立法的形式规定了行政处罚听证程序。随后,原国家工商行政管理局于 1996 年 10 月 17 日颁布了《工商行政管理机关行政处罚听证暂行规则》,针对属于工商行政管理机关听证范围的行政处罚案件在作出行政处罚决定之前举行听证的一系列程序作了具体详尽的规定,包括听证申请和受理、听证主持人和听证参加人、听证准备、听证举行等。1998 年 5 月 1 日实施的《价格法》第 23 条提出,"制定关系群众切身利益的公用事业价格、公益性服务价格、自然垄断经营的商品价格等政府指导价、政府定价,应当建立听证会制度",这为与社会公众环境权益有关的环境资源价格的确立奠定了基础。

根据《行政处罚法》和有关法律法规,原国家环境保护总局于 1999 年 7 月 8 日通过了《环境保护行政处罚办法》,对环境保护行政处罚的听证程序作了较为详细具体的规定,包括听证范围、听证前置程序、听证主持人与参加人、正式听证程序和听证终结程

---

① 参见《新版〈环境影响评价公众参与办法〉将于明年 1 月实施》,http://www.chinanews.com/sh/2018/11-30/8689248.shtml,2021 年 6 月 30 日访问。

② 参见周珂主编:《环境保护行政许可听证实例与解析》,中国环境科学出版社 2005 年版,第 83 页。

③ 同上书,第 93—94 页。

序,这是首次在环境保护行政规章中对环境行政听证制度进行明确规定。2000 年 3 月
15 日,九届全国人大三次会议审议通过的《立法法》首次以立法的形式规定了行政立法
(包括环境行政立法)的听证程序。2003 年 8 月 27 日,十届全国人大常委会四次会议通
过的《行政许可法》首次以立法的形式明确规定了行政许可(包括环境行政许可)的听证
程序,该法第四节专门对行政许可听证作了具体规定,包括行政许可听证的启动程序和
正式听证程序。

（2）环境行政听证制度的稳步发展

在初创阶段,除了《环境保护行政处罚办法》这个环保部门规章,环境行政听证制度
大多是在一般性或其他专门领域的法律法规中体现的,而在稳步发展阶段,环境行政听
证制度不仅在一般性或其他专门领域的法律法规中有所体现,而且在环境保护相关法
律法规中也开始有具体规定。2003 年 9 月 1 日起施行的《环境影响评价法》规定,专项
规划的编制机关和建设单位对可能造成不良环境影响并直接涉及公众环境权益的规划
和建设项目,应当在该规划草案和建设项目环境影响报告书报送审批前,通过举行听证
会等形式征求有关单位、专家和公众的意见,这是环境保护相关法律对环境行政听证制
度的首次立法明确规定。2003 年 11 月 3 日,原国家环境保护总局修订的《环境保护行
政处罚办法》保留了对环境保护行政处罚听证程序的相关规定。2004 年 7 月 1 日,原国
家环境保护总局根据《行政许可法》和《环境影响评价法》颁布实施了《环境保护行政许
可听证暂行办法》,该办法对环境保护行政许可听证的回避制度、职能分离制度、质辩制
度、说明理由制度、案卷排他性制度、告知和通知制度、听证公告制度、听证会公开举行
制度、卷宗阅览制度等都进行了明确细致的规定,这是中国听证专项规定的首创,大大
改善了原有听证制度缺乏具体的程序性规定导致可操作性不强的情况。2006 年施行的
《环境影响评价公众参与暂行办法》要求采取听证会等形式征求公众对建设项目环境影
响报告书的意见,该暂行办法对听证会的准备程序和正式程序进行了较为细致的规定。

2010 年 3 月 1 日,原环境保护部实施了修订后的《环境行政处罚办法》,删除了原办
法中对听证的相关规定,但于同年 12 月 27 日发布了专门的《环境行政处罚听证程序规
定》,该规定对环境行政处罚听证组织的原则、听证举行的方式、听证的适用范围、听证
主持人的职责与义务、当事人的权利与义务、听证的启动程序、正式听证程序等均作了
具体详尽的规定。《环境行政处罚听证程序规定》是继《环境保护行政许可听证暂行办
法》后有关环境行政听证的又一个专项规定。2015 年 9 月 1 日施行的《环境保护公众参
与办法》规定,环境保护主管部门可以通过听证会等方式征求公民、法人和其他组织对
环境保护相关事项或者活动的意见和建议。2018 年修订的《环境影响评价公众参与办
法》第 14 条规定,对环境影响方面公众质疑性意见多的建设项目,建设单位应当组织召
开公众座谈会或者听证会;该办法删除了《环境影响评价公众参与暂行办法》中对听证
会程序的专门规定,但其第 17 条要求"建设单位组织召开听证会的,可以参考环境保护
行政许可听证的有关规定执行"。这就意味着公众参与环境影响评价的听证会程序要
遵循《环境保护行政许可听证暂行办法》的相关规定。从目前已出台的相关法律法规的
梳理可以看出,中国的环境行政听证制度目前适用的领域范围包括环境行政立法、环境

行政处罚和环境行政许可(包括公众参与环境影响评价)。

4.3.4　环境信访制度供给的历史演变

信访制度设计根源于中国共产党的群众路线,[①]是中国特有的一项制度安排,[②]是最具中国特色的公众参与的基础性制度。它是各级党委、政府在处理信访人通过来信、来访、来电等形式反映信访诉求过程中形成的所有关于信访活动的制度安排的总和。环境信访制度是指各级环境保护行政主管部门在处理公民、法人或者其他组织通过书信、电子邮件、传真、电话、走访等形式反映的环境保护情况或提出的环境保护建议、意见、投诉请求的过程中所形成的有关环境信访运行活动的所有规范性行为准则和原则的总称。环境信访制度是最具中国特色的环保公众参与的制度安排,它为信访者直接向政府机关表达自身的环境利益诉求提供了极为有效的方式,是社会公众尤其是社会弱势群体参与环境保护的重要制度化途径。由于环境信访制度是信访制度的内在构成,信访制度的历史演变也即环境信访制度的历史演变,因此,本部分将综合梳理信访制度包括环境信访制度的历史变迁。

(1) 环境信访制度的初创

中国的信访制度初创于 1951 年,其标志是原政务院于 1951 年 6 月 7 日公布的《关于处理人民来信和接见人民工作的决定》,该决定要求"县(市)以上各级人民政府,均须责成一定部门,在原编制内指定专人,负责处理人民群众来信,并设立问事处或接待室,接见人民群众",各级国家机关之后都陆续建立了信访机构并开展了信访工作。1951 年 7 月 19 日,中国人民政治协商会议全国委员会通过了《中国人民政治协商会议全国委员会暨省、市协商委员会关于处理人民意见的试行办法》,提出"中国人民政治协商会议全国委员会与省、市协商委员会应以接受与处理人民意见为其重要工作,并指定专人管理"。1957 年 11 月,国务院公布了《关于加强处理人民来信和接待人民来访工作的指示》,明确指出来信来访是人民的一项民主权利,[③]并首次规定各级国家机关"必须有一个领导人亲自掌管机关的处理人民来信和接待人民来访工作",要求"县以上人民委员会一定要有专职人员或者专职机构",这标志着信访制度作为一项国家制度的政治地位正式确立。[④] 由于环境信访制度是信访制度的内在构成,因此信访制度的创立也标志着环境信访制度的初创。

(2) 环境信访制度的发展

1961 年至 1965 年,信访制度建设有了新的发展。1961 年 2 月 8 日,中央机关信访

①　参见孔凡义:《新中国成立 70 年来我国信访制度的发展和变迁》,载《重庆社会科学》2019 年第 11 期。

②　参见倪宇洁:《我国信访制度的历史回顾与现状审视》,载《中国行政管理》2010 年第 11 期。

③　参见李秋学:《中国信访史论》,中国社会科学出版社 2009 年版,第 206 页。

④　参见冯仕政:《国家政权建设与新中国信访制度的形成及演变》,载《社会学研究》2012 年第 4 期。

工作会议召开,传达刘少奇的指示:人民来信很重要;对于来信要分类分析,区别情况进行处理。1963 年 9 月 20 日,中国共产党中央委员会、国务院下达了《关于加强人民来信来访工作的通知》,这是党和政府最高领导机关第一次联名颁发、规格最高的一个文件,该通知进一步明确了信访的功能,并提出处理信访是各级国家机关一项经常性的政治任务,这对信访制度建设产生了重要的作用和巨大的影响。① 该通知再次重申 1957 年国务院公布的《关于加强处理人民来信和接待人民来访工作的指示》中专人做信访工作的规定"应当仍然有效",并提出了"归口处理"和"多办少转"的信访办理制度。1963 年,国务院颁布试行的《国家机关处理人民来信和接待人民来访工作条例(草稿)》,②要求"各级国家机关,对于本机关的人民来信来访工作,应当作为一项重要工作,列入本机关领导的议事日程",不但明确允许设立信访专职机构,而且对行政级别都作了规定,但随着"文革"开始,这个规定被搁置。

（3）环境信访制度的破坏与重塑

1966 年,"文革"开始,大多数信访机构处于瘫痪、半瘫痪状态,信访制度遭到严重破坏。1972 年 12 月 22 日,中共中央转发中央办公厅、国务院办公厅、原总政治部和公安部发布的《关于加强信访工作和维护首都治安的报告》,该报告要求加强对信访工作的领导,健全信访机构,对来信来访的处理要严格区分和处理不同性质的矛盾。此后一些地方逐渐恢复或建立了信访机构,但新的信访工作秩序始终没有建立起来。

党的十一届三中全会之后,信访制度建设开始回归正常发展的轨道。1979 年 8 月30 日,中央机关处理上访问题领导小组成立,其后仅一个多月的时间,国家机关和各省、区、市陆续成立信访工作领导小组,地、市、县也随之成立了信访工作领导小组,均由领导同志组成。③ 为了加强对信访秩序的治理,国务院于 1980 年公布了《关于维护信访工作秩序的几项规定》,提出了针对违反信访规章制度的来访人员的处理办法,包括收容遣送、移交公安部门依法处理等。1982 年,中共中央办公厅、国务院办公厅发布了《党政机关信访工作暂行条例(草案)》(以下简称《暂行条例》)。《暂行条例》对专职信访机构的设立不但要求更为明确,而且分布更为普遍,规定的行政级别也更高,使信访机构成为党政部门的一个常设性部门;《暂行条例》还明确了"分级负责、归口办理""依法办信访""件件有着落、有结果"的原则,由此奠定了中国信访体制包括环境信访体制的基本格局。

1991 年 2 月 1 日,原国家环境保护局根据《环境保护法》以及国家有关信访工作的方针和政策,实施了《环境保护信访管理办法》,这是有关环境信访的第一部行政规章。该办法提出了环境信访工作分级管理、分类管理和属地解决的原则,明确了各级环境保护部门信访管理工作的主要职责和工作准则,成为环保部门处理环境信访工作的指南。

1995 年,中华人民共和国成立后第一部严格意义上的信访行政法规《信访条例》正

---

① 参见吴超:《新中国六十年信访制度的历史考察》,载《中共党史研究》2009 年第 11 期。

② 参见刁杰成:《人民信访史略》,北京经济学院出版社 1996 年版,第 389—397 页。

③ 参见吴超:《新中国六十年信访制度的历史考察》,载《中共党史研究》2009 年第 11 期。

式颁布,该条例以"信访人"概念为中心展开,放弃了"人民信访"观念,代之以"公民信访"观念;《信访条例》还对信访人信访事项提出、信访事项受理、信访事项办理、信访行为及信访工作的奖励与处罚都作了较为细致的规定。根据《信访条例》,国家环境保护局于 1997 年 4 月 29 日发布了《环境信访办法》,同时废止了《环境保护信访管理办法》,《环境信访办法》是在环保系统的环境信访工作中结合环境信访工作特点,贯彻和落实《信访条例》的具体表现。依据《信访条例》,《环境信访办法》规定了相应的环境信访制度,包括环境信访人的权利和义务、环境信访工作机构与职责、环境信访事项受理范围、环境信访事项办理、奖励与处罚等。《信访条例》开启了从依靠行政命令管理信访事务到依法治理信访问题的转变,成为当代中国信访活动的基本法,《环境信访办法》是环保领域信访活动遵循的基本法规。《信访条例》和《环境信访办法》的颁布实施是信访制度包括环境信访制度法制化、规范化和程序化的重要发展。

（4）环境信访制度的全面改革

2000 年 2 月 13 日,中共中央办公厅、国务院办公厅发布了《国家信访局职能配置、内设机构和人员编制规定》,将"中办国办信访局更名为国家信访局。国家信访局为国务院办公厅管理的负责信访工作的行政机构"。至此,信访局升格为副部级单位。2003 年,"信访洪峰"的出现使信访制度的存废成为争论的焦点,对此主要有三种观点:彻底改革（废除）信访制度、改良信访制度、强化信访制度。[1] 经过学界和政界激烈的争论,决策者最终既不弱化信访制度,也不强化信访制度,而是采取了在现有的条件下"规范信访制度",于是国务院于 2005 年 1 月 10 日公布了新修订的《信访条例》,从立法上进一步肯定了信访制度在构建和谐社会中的积极作用。与 1995 年实施的《信访条例》相比,新修订的《信访条例》增加了畅通信访渠道、创新信访工作机制、强化信访工作责任的内容,完善了切实维护信访秩序的内容,同时明确了"属地管理"原则以取代改革开放前的"归口管理"原则,并要求各级政府依法行政,从源头上预防信访问题的产生。2005 年《信访条例》的修订是信访制度渐进改革的开始。根据新修订的《信访条例》,原国家环境保护总局于 2006 年 6 月 24 日发布了新的《环境信访办法》,与 1997 年实施的《环境信访办法》相比,新的《环境信访办法》增加了畅通环境信访渠道、环境信访事项办理的督办、环境信访人和环境信访工作机构的法律责任等制度规定。2005 年《信访条例》已于 2022 年废止。

2007 年,中共中央、国务院颁发了《关于进一步加强新时期信访工作的意见》,明确了新时期信访工作的目标任务。该意见要求,县级及以上党政机关的信访工作机构从同级党政部门的办公厅（室）独立出来,信访体制的专职化程度进一步提高。之后,中共中央办公厅、国务院办公厅先后印发了《关于创新群众工作方法解决信访突出问题的意见》《关于依法处理涉法涉诉信访问题的意见》两个文件,这两个文件是在信访工作领域落实十八大全面推进依法治国要求的重要举措,标志着信访制度全面改革的开始。这两个文件为信访制度回归本位明确了方向,强调了进一步压实属地责任,依法处理信访

---

[1]　参见吴超:《新中国六十年信访制度的历史考察》,载《中共党史研究》2009 年第 11 期。

问题,同时将涉法涉诉问题从信访工作中剥离出来。围绕中央一系列改革措施,国家信访局先后发布了《关于完善信访事项复查复核工作的意见》(2013年)、《关于推进信访工作信息化建设的意见》(2014年)、《关于进一步加强初信初访办理工作的办法》(2014年)、《关于进一步规范信访事项受理办理程序引导来访人依法逐级走访的办法》(2014年)、《关于进一步加强和规范信访统计工作的意见》(2015年)等文件,对信访事项复查复核、信息技术使用、信访处理流程、信访考核统计等进行进一步的规范引导,对依法逐级走访、网上信访和法定途径分类处理信访事项作了明确规定,这进一步促使信访工作朝着法治化方向发展。

4.3.5　环境行政复议制度供给的历史演变

行政复议制度是指"公民、法人和其他组织认为行政机关和行政机关工作人员的具体行政行为违法或者不当,依法向一定的行政复议机关申请,请求撤销或者变更原具体行政行为的法律制度"①。环境行政复议制度是行政复议制度在环境管理领域的具体化,环境行政复议制度作为解决环境行政争议、化解社会矛盾的重要制度化和法定化渠道,是中国环保公众参与的一项重要制度安排。完善的环境行政复议制度有利于引导社会公众以理性合法的方式参与环境保护,有利于解决公众最关心、最直接、最现实的利益问题。② 由于环境行政复议制度是行政复议制度的内在构成,行政复议制度的历史演变与环境行政复议制度的历史演变息息相关,因此本部分将综合梳理行政复议制度包括环境行政复议制度的历史变迁。

(1)行政复议制度的初创与停滞

中国的行政复议制度初创于20世纪50年代,当时在财政、税收、海关等领域建立了行政复议制度,时称复查、复议、复核、复审、申诉等。③ 1950年10月12日,中央财政部发布了《设置财政检查机构办法》,其中第6条规定,"被检查部门,对检查机构之措施,认为不当时,得备具理由,向其上级检查机构,申请复核处理。"④同年12月,原政务院第六十三次政务会议审议通过了《税务复议委员会组织通则》和《印花税暂行条例》,《税务复议委员会组织通则》规定了税务复议委员会的性质、任务以及受案范围。⑤ 1951年5月1日,《暂行海关法》开始施行,该法规定:"税则的解释,货物在税则上的归纳和完税价格的审定,其权限属于海关,收(发)货人或其代理人有异议时,得自海关填发税款缴纳证的次日起十四天内,以书面向海关提出申诉。"此后,国营企业管理、农村粮食统购统销及农业税管理、卫生检疫等方面都出现了行政复议的规定。⑥ 然而,20世纪60

---

①　朴光洙:《简论环境行政复议制度》,载《环境保护》1991年第8期。
②　参见潘岳:《完善行政复议制度　促进环境依法行政》,载《环境保护》2009年第20期。
③　参见应松年:《中国行政复议制度的发展与面临的问题》,载《中国法律评论》2019年第5期。
④　《中央财政部设置财政检查机构办法》,载《福建政报》1951年第1期。
⑤　参见《税务复议委员会组织通则》,载《山东政报》1950年第12期。
⑥　参见应松年:《中国行政复议制度的发展与面临的问题》,载《中国法律评论》2019年第5期。

年代至 70 年代中后期,行政复议制度的发展陷入停滞状态。

（2）行政复议制度的全面恢复与环境行政复议制度的正式确立

1989 年 4 月 4 日,七届全国人大二次会议通过了《行政诉讼法》,该法第 37 条和第 38 条对行政复议与行政诉讼的衔接问题进行了明确规定,该法是行政复议制度陷入停滞之后首次对行政复议制度作出的具体规定。为切实贯彻该法有关行政复议制度的规定,1990 年 11 月 9 日国务院第七十一次常务会议通过了《行政复议条例》,对申请行政复议范围、复议管辖、复议机构、复议参加人、复议申请与受理、复议审理与决定等均作出了系统规定,该条例框定了中国行政复议制度的基本框架和核心内容,标志着中国统一的行政复议制度的正式确立。

环境行政复议制度最早体现在 1989 年 9 月 26 日国务院公布的《环境噪声污染防治条例》中,该条例第 42 条规定:"当事人对行政处罚决定不服的,可以在接到处罚通知之日起十五日内,向作出处罚决定的机关的上一级机关申请复议;对复议决定不服的,可以在接到复议决定之日起十五日内,向人民法院起诉。"《环境噪声污染防治条例》关于行政救济的规定比 1984 年颁布实施的《水污染防治法》和 1988 年实施的《大气污染防治法》更加具体,救济途径也从单一的行政诉讼扩展到行政复议与行政诉讼并立。1989 年 12 月 26 日,《环境保护法》颁布实施,该法第 40 条针对环境行政复议制度作出了与《环境噪声污染防治条例》相同的规定,这是环境保护相关法律对环境行政复议制度的首次立法明确规定,标志着环境行政复议这一环境救济制度的正式确立。随后,《防治陆源污染物污染损害海洋环境管理条例》（1990 年）和《防治海岸工程建设项目污染损害海洋环境管理条例》（1990 年）同时颁布实施,这两部行政法规也确立了环境行政复议制度。

（3）环境行政复议制度的发展与完善

为解决《行政复议条例》在法律地位上缺乏独立性等问题,1999 年 4 月 29 日,九届全国人大常委会九次会议通过了《行政复议法》,该法的颁布实施不仅使当代中国行政复议制度的法律依据"升格",而且还促使行政复议制度成为一项独立的法律制度。[①] 与《行政复议条例》相比,该法扩大了行政复议的受案范围,增强了申请复议的选择性,拓宽了权利救济的范围,并强化了对行政相对人合法权益的保护。然而,《行政复议法》的相关规定过于原则,导致其缺乏可操作性。2006 年 9 月 4 日,中共中央办公厅、国务院办公厅联合印发了《关于预防和化解行政争议、健全行政争议解决机制的意见》,第一次在党的文件中专门列出一节,全面论述了加强和改进行政复议工作的重要性和紧迫性,并明确提出行政复议是解决行政争议的重要渠道,也是构建社会主义和谐社会的重要环节。2006 年 10 月 11 日,党的十六届六中全会通过的《中共中央关于构建社会主义和谐社会若干重大问题的决定》再次明确提出要完善行政复议制度。

为贯彻落实党和国家有关完善行政复议制度的要求,进一步保护公民、法人和其他组织的合法环境权益,促进《行政复议法》在环境管理领域的具体落实,2006 年 12 月 27

---

① 参见张立锋、李俊然:《环境行政复议制度的困境及出路》,载《河北学刊》2012 年第 5 期。

日原国家环境保护总局发布了《环境行政复议与行政应诉办法》，对环境行政复议机关、环境行政复议的范围、环境行政复议的申请与受理、环境行政复议的决定等作了更为具体细致的规定，这是中国有关环境行政复议制度的第一部专门法规，正式确立了环境行政复议制度的核心内容。2007 年 5 月 23 日，国务院通过了《行政复议法实施条例》，该条例从行政复议实施程序上对《行政复议法》作出了进一步完善，对强化行政复议机构建设、畅通行政复议渠道、引入听证制度、确立行政复议权利告知制度等方面进行了创新，推动了中国行政复议制度步入新的发展阶段。为进一步发挥行政复议制度在环境救济中的作用，增强《行政复议法》的可操作性，促进《行政复议法实施条例》在环境管理领域的落实，2008 年 12 月 30 日，原环境保护部发布了《环境行政复议办法》，对《环境行政复议与行政应诉办法》作了重大调整，对畅通环境行政复议申请渠道、改进和完善行政复议审理方式、细化环境法制机构在行政复议方面的职责作了修改与创新。

2010 年 10 月 10 日，国务院印发《关于加强法治政府建设的意见》，对加强行政复议工作提出了一系列具体的改革性意见，包括畅通复议申请渠道、加强对复议受理活动的监督、健全行政复议机构、完善行政复议与信访的衔接机制等。2017 年 9 月 1 日，十二届全国人大常委会二十九次会议通过了《关于修改〈中华人民共和国法官法〉等八部法律的决定》，该决定将《行政复议法》（2009 年修正）的第 3 条增加一款，即"行政机关中初次从事行政复议的人员，应当通过国家统一法律职业资格考试取得法律职业资格"。此次修订对提高行政复议机关工作人员的法律素质、提高行政复议工作的法治化水平、维护公民和法人的合法权利都具有重要意义。

4.4　司法机制供给的历史演变

中国环保公众参与的司法机制包括环境私益诉讼制度和环境公益诉讼制度，其中环境私益诉讼制度包括环境行政诉讼制度、环境民事诉讼制度和环境刑事诉讼制度，环境公益诉讼制度包括环境民事公益诉讼制度和环境刑事公益诉讼制度。

4.4.1　环境行政诉讼制度供给的历史演变

环境行政诉讼制度是指公民、法人或者其他组织认为环境保护行政主管部门或者依法行使环境监督管理权的有关部门以及环境保护行政机关工作人员，在环境保护行政管理过程中的具体行政行为侵犯了其合法权益，依法向人民法院起诉和人民法院依法审理的法律制度。[①] 环境行政诉讼制度作为公众环境行政诉讼行为的规范性行为准则，是解决环境行政争议的重要制度化和法定化渠道，是中国环保公众参与的一项基本制度安排。由于环境行政诉讼制度是行政诉讼制度的内在构成，行政诉讼制度的历史演变内含环境行政诉讼制度的历史演变，因此本部分将综合梳理行政诉讼制度包括环

---

① 参见陈仁、陈雪梅：《我国环境保护行政诉讼制度的特点》，载《环境污染与防治》1992 年第 1 期。

境行政诉讼制度的历史变迁。

（1）环境行政诉讼制度的初创

1980 年 9 月 10 日，五届全国人大三次会议通过了《中外合资经营企业所得税法》，该法第 15 条规定："合营企业同税务机关在纳税问题上发生争议时，必须先按照规定纳税，然后再向上级税务机关申请复议。如果不服复议后的决定，可以向当地人民法院提起诉讼。"这是中华人民共和国成立以来有关行政诉讼的最早的、较为明确的规定。[①] 1982 年 1 月 1 日施行的《外国企业所得税法》对行政诉讼也作了类似规定；1982 年 10 月 1 日起施行的《民事诉讼法（试行）》第 3 条规定："法律规定由人民法院审理的行政案件，适用本法规定。"这表明人民法院审理行政案件适用《民事诉讼法（试行）》规定的程序和制度，这标志着中国统一的行政诉讼制度的初步建立。

随后，一些涉及治安管理、交通运输、环境保护等的单行法律开始明确规定行政诉讼的相关内容。例如，1982 年通过的《海洋环境保护法》第 41 条规定："凡违反本法，造成或者可能造成海洋环境污染损害的，本法第五条规定的有关主管部门可以责令限期治理，缴纳排污费，支付消除污染费用，赔偿国家损失；并可以给予警告或者罚款。当事人不服的，可以在收到决定书之日起十五日内，向人民法院起诉。"这是有关环境行政诉讼的最早的、较为明确的规定。1984 年 11 月 1 日起实施的《水污染防治法》和 1985 年 4 月 1 日起实施的《海洋倾废管理条例》也作了类似规定。根据 1989 年 12 月 26 日起施行的《环境保护法》第 41 条的规定，有关环境污染危害的赔偿责任和赔偿金额的纠纷，可以根据当事人的请求，由环境保护行政主管部门或者其他依照法律规定行使环境监督管理权的部门处理；当事人对处理决定不服的，可以向人民法院起诉。这是首次在环境保护基本法里对环境行政诉讼进行明确规定。1990 年 10 月 1 日起开始实施的《行政诉讼法》对行政诉讼的受案范围、管辖、诉讼参加人、证据、起诉和受理、审理和判决等均作了明确规定，《行政诉讼法》的颁布实施标志着中国行政诉讼制度的全面建立。

（2）环境行政诉讼制度的发展与完善

为正确理解和适用《行政诉讼法》，1999 年 11 月 24 日，最高人民法院审判委员会第 1088 次会议通过了《最高人民法院关于执行〈中华人民共和国行政诉讼法〉若干问题的解释》，对执行《行政诉讼法》的若干问题作出了解释，对行政诉讼的受案范围和非受案范围、管辖、诉讼参加人、证据、起诉与受理、审理与判决、执行等作了进一步明确，这对《行政诉讼法》的具体运用具有重要指导意义。2002 年 6 月 4 日，最高人民法院审判委员会第 1224 次会议通过了《最高人民法院关于行政诉讼证据若干问题的规定》，这是中国第一部比较系统地对适用《行政诉讼法》关于证据问题作出规定的司法解释，该司法解释依法加大了对处于弱势一方的原告合法权益的保护力度，体现了行政诉讼证据制度的特色和保护弱者、追求实质上的法律平等的精神。[②] 为保证人民法院依法公正审理

---

① 参见江必新：《完善行政诉讼制度的若干思考》，载《中国法学》2013 年第 1 期。

② 参见《高法公布〈最高人民法院关于行政诉讼证据若干问题的规定〉》，https://www.china-court.org/article/detail/2002/07/id/8982.shtml，2021 年 6 月 30 日访问。

行政案件，切实保护公民、法人和其他组织的合法权益，最高人民法院审判委员会于2007年12月17日通过了《最高人民法院关于行政案件管辖若干问题的规定》，对行政诉讼案件的管辖问题作了进一步规定，这对于保护当事人诉权和实体权利具有重要意义。

为更好地将《行政诉讼法》贯彻运用于环境行政诉讼领域，2006年12月27日，原国家环境保护总局发布了《环境行政复议与行政应诉办法》，这是中国有关环境行政诉讼的第一部专门法规。该办法对环境行政应诉主体、环境行政应诉经费、环境行政应诉案件统计等作了具体规定并明确说明本办法未作规定的其他事项，适用《行政诉讼法》和其他有关法律法规的规定。2008年11月21日，原环境保护部通过了《环境行政复议办法》，《环境行政复议与行政应诉办法》同时废止。

2014年11月1日，十二届全国人大常委会十一次会议审议通过了《关于修改〈中华人民共和国行政诉讼法〉的决定》，这是《行政诉讼法》实施二十多年后完成首次大修，此次修改通过调整行政诉讼目的、延长起诉期限和扩大一并审理范围，大大强化了行政诉讼的权利救济和争议解决的功能。[①] 为正确适用修改的《行政诉讼法》，最高人民法院于2015年4月20日通过了《关于适用〈中华人民共和国行政诉讼法〉若干问题的解释》，对有关条款的适用问题作了具体阐释。2017年6月27日，十二届全国人大常委会二十八次会议审议通过了《关于修改〈中华人民共和国民事诉讼法〉和〈中华人民共和国行政诉讼法〉的决定》，此次修改正式将检察机关提起行政公益诉讼（包括环境行政公益诉讼）写入《行政诉讼法》，并明确规定了检察机关提起行政公益诉讼的案件范围。2018年2月8日，最高人民法院实施了《关于适用〈中华人民共和国行政诉讼法〉的解释》，对行政诉讼的受案范围、管辖、诉讼参加人、证据、期间与送达、起诉与受理、审理与判决、行政机关负责人出庭应诉、复议机关作共同被告、相关民事争议的一并审理、规范性文件的一并审查、执行等法律适用问题均作出了具体详尽的规定，这是对行政诉讼制度的进一步完善。

4.4.2 环境民事诉讼制度供给的历史演变

环境民事诉讼制度是指环境法主体因环境污染或资源破坏行为损害了自身的人身权、财产权、环境权等，依民事诉讼程序向人民法院提出诉讼请求，人民法院依法对其进行审理和裁判的法律制度。环境民事诉讼的种类一般包括：停止侵害之诉、排除妨碍之诉、消除环境污染破坏危险之诉、恢复环境质量原状之诉和环境损害赔偿之诉。环境民事诉讼制度是环保公众参与机制的重要组成部分，是解决环境纠纷的重要制度化渠道。由于环境民事诉讼制度是民事诉讼制度的内在构成，因此本部分将综合梳理民事诉讼制度包括环境民事诉讼制度的历史演变。

（1）民事诉讼制度的初创与停滞

1950年，中央人民政府法制委员会草拟了《诉讼程序试行通则（草案）》，该草案对中

---

① 参见杨伟东：《行政诉讼制度和理论的新发展——行政诉讼法修正案评析》，载《国家检察官学院学报》2015年第1期。

国的刑事诉讼活动和民事诉讼活动作出了基本规定,是中国第一部诉讼法草案,也是中国民事诉讼制度建设的开端。然而,由于该草案集刑事诉讼程序和民事诉讼程序于一体,加之其所设置的诉讼程序具有诸多不足之处,故未能获得通过。[①] 根据《中国人民政治协商会议共同纲领》和《中央人民政府组织法》,中央人民政府于 1951 年 9 月 4 日公布了《人民法院暂行组织条例》《中央人民政府最高人民检察署暂行组织条例》和《各级地方人民检察署组织通则》,这些法规确定了公开审判、巡回审判、陪审制等审判原则和制度,对检察机关参与民事诉讼提出了要求,这标志着中国民事诉讼制度的初步确立。

1954 年 9 月 20 日,一届全国人大通过了《宪法》,同时还审议通过了《人民法院组织法》和《人民检察院组织法》,这些法律对中国民事诉讼的原则和制度作了进一步规定,其中,《人民检察院组织法》明确规定了人民检察机关参与民事诉讼。1956 年 10 月 17 日,最高人民法院在总结中华人民共和国成立以来民事审判经验的基础上发布了《各级人民法院民事案件审判程序总结》,对案件的接受、审理案件前的准备工作、审理、裁判、上诉、再审、执行等民事案件审判程序作了较为全面系统的规定,但该文件没有对诉讼管辖作出规定。1957 年下半年开始,受“左”的思潮影响,民事诉讼法律制度建设陷入停滞状态,[②]主要表现在:《各级人民法院民事审判程序总结》没有得到认真执行,1957 年最高人民法院拟定的《民事案件审判程序(草案)》也没能获得通过。“文革”期间,民事诉讼法律制度建设遭到了极大破坏。

(2) 民事诉讼制度的恢复与环境民事诉讼制度的正式确立

党的十一届三中全会后,民事诉讼法律制度建设被列入国家法律制度建设的重要议程,正式进入全面恢复和发展阶段。为了适应民事审判的需要,最高人民法院于 1979 年 2 月 2 日发布了《人民法院审判民事案件程序制度的规定(试行)》,该规定的基本精神与其在 1956 年发布的《各级人民法院民事案件审判程序总结》的基本精神相同,只是在具体内容上作了一些补充,此外,该规定明确了案件管辖的原则,弥补了先前文件的不足。1979 年 7 月,五届全国人大二次会议通过了新的《法院组织法》等重要法律。1982 年 3 月 8 日,五届全国人大常委会二十二次会议通过了《民事诉讼法(试行)》,对民事诉讼相关的基本原则、管辖、审判组织、回避、诉讼参加人、证据、诉讼费用、普通程序、简易程序、审判监督程序等作出了具体详细的规定,这是中华人民共和国成立后制订的第一部民事诉讼法律。这部法律的颁布实施是中国民事诉讼制度建设的一个重要里程碑,标志着中国民事诉讼制度建设的全面恢复和发展。

为适应不断深化的社会主义经济体制改革需要,从 20 世纪 80 年代中期开始,中国立法机构开始了对试行的民事诉讼法的修改与完善工作,并于 1991 年 4 月 9 日七届全国人大四次会议通过了《民事诉讼法》。该法在许多方面作了重大修改与补充,使当事人依法行使诉讼权利和人民法院依法审理民事案件变得更为方便。之后,为了在审判实践中正确执行《民事诉讼法》,最高人民法院相继发布了一系列意见和规定,包括《关

---

① 参见《新中国成立后我国民事诉讼法制建设发展历程》,载《中国人大》2007 年第 19 期。

② 同上。

于适用《中华人民共和国民事诉讼法》若干问题的意见》(1992年)、《最高人民法院第一审经济纠纷案件适用普通程序开庭审理的若干规定》(1993年)、《第一审经济纠纷案件适用普通程序开庭审理的若干规定》(1993年)等。

1979年9月13日，《环境保护法(试行)》开始实施，其中提出对严重污染和破坏环境引起人员伤亡或者造成重大损失的责任人追究经济责任，这是中国环境保护基本法对环境民事诉讼的首次初步规定，成为环境民事诉讼的基本法律依据。根据1982年颁布的《海洋环境保护法》第42条的规定，因海洋环境污染受到损害的单位和个人对有关主管部门处理结果不服的，可以依照《民事诉讼法(试行)》规定的程序解决，也可以直接向人民法院起诉。这是中国环境保护单行法对环境民事诉讼的首次明确规定。1984年实施的《水污染防治法》、1988年实施的《大气污染防治法》等环境保护单行法也对环境民事诉讼作出了类似的相关规定。1989年12月26日，七届全国人大常委会十一次会议通过的《环境保护法》对环境民事赔偿进行了规定，这是首次在环境保护基本法中对环境民事诉讼相关事宜进行具体规定，标志着中国环境民事诉讼制度的正式确立。根据这些法律规定，环境纠纷当事人可以直接向人民法院提起民事诉讼，环境民事诉讼的程序则适用《民事诉讼法》的规定。

(3) 环境民事诉讼制度的发展与完善

1987年1月1日起实施的《民法通则》规定了提起环境民事诉讼的依据，该法第124条规定："违反国家保护环境防止污染的规定，污染环境造成他人损害的，应当依法承担民事责任。"针对环境侵权的特殊性，最高人民法院1992年7月14日发布的《关于适用《中华人民共和国民事诉讼法》若干问题的意见》和2001年12月6日通过的《关于民事诉讼证据的若干规定》对于环境污染损害赔偿诉讼的举证责任作出了特殊规定，即环境污染损害赔偿诉讼实行举证责任倒置原则。一系列环境保护单行法对环境民事诉讼相继作出了明确规定。

2009年12月26日，十一届全国人大常委会十二次会议通过的《侵权责任法》为环境民事诉讼提供了重要的实体法律依据，该法第八章对环境污染责任进行了系统规定，包括环境污染责任的归责原则、因果关系的推定、数人环境污染责任、第三人过错污染环境的赔偿责任。其中，归责原则规定，因污染环境造成损害的，污染者应当承担侵权责任，这解决了《民法通则》与《环境保护法》有关环境侵权责任认定的立法冲突。2015年施行的《环境保护法》第64条规定："因污染环境和破坏生态造成损害的，应当依照《中华人民共和国侵权责任法》的有关规定承担侵权责任"，关于环境损害赔偿诉讼的时效，新环保法维持了1989年《环境保护法》的规定。2015年6月1日，最高人民法院发布了《关于审理环境侵权责任纠纷案件适用法律若干问题的解释》，该司法解释明确规定："因污染环境造成损害，不论污染者有无过错，污染者应当承担侵权责任"，同时对数人环境污染责任的确定、环境侵权证据材料的提供等作出了较为系统的规定。此外，针对《环境保护法》关于环境损害赔偿诉讼的三年时效规定，该司法解释第17条规定："被侵权人提起诉讼，请求污染者停止侵害、排除妨碍、消除危险的，不受环境保护法第六十六条规定的时效期间的限制。"这一规定明确了不同种类的环境民事诉讼适用于不同的诉讼时效规定。

作为环境民事诉讼程序法律依据的《民事诉讼法》分别于 2007 年、2012 年、2017 年和 2021 年作了修订。其中,2012 年的修订是对《民事诉讼法》的第一次全面修改,这次修订主要包括:第一,新增立案不予受理,法院必须出具书面裁定,以维护当事人上诉权利;第二,新增第三人撤销之诉,以打击虚假诉讼;第三,扩大协议管辖的范围;第四,将电子数据纳入法定证据类型;第五,新增鉴定人拒不出庭将导致鉴定意见无效;第六,新增专家证人制度等。这些修订完善了起诉和受理程序及当事人举证制度,并进一步完善了审判监督程序和执行程序,这对于更好地保护当事人行使诉讼权利、保证人民法院正确及时审理民事案件具有十分重要的意义。① 2019 年 10 月 14 日,最高人民法院通过了《关于修改〈关于民事诉讼证据的若干规定〉的决定》,修改内容主要包括四个方面:第一,完善"书证提出命令"制度,扩展当事人收集证据的途径;第二,修改、完善当事人自认规则,更好地平衡当事人处分权行使和人民法院发现真实的需要;第三,完善当事人、证人具结和鉴定人承诺制度以及当事人、证人虚假陈述和鉴定人虚假鉴定的制裁措施;第四,补充、完善电子数据范围的规定,明确电子数据的审查判断规则。民事诉讼证据规定的修改能够更好地促进民事审判证据调查、审核、采信乃至民事诉讼程序操作的规范化。两部法律法规的修订完善了环境民事诉讼的程序法律依据,有利于畅通社会公众的民事诉讼渠道。

4.4.3　环境刑事诉讼制度供给的历史演变

环境刑事诉讼制度是指出于对人类共同环境利益的维护,特定主体依据相关法律程序向司法机关提起追究环境破坏行为主体刑事责任的诉讼请求,司法机关依法对诉讼案件予以受理和审判的制度。根据提起环境刑事诉讼的基础行为的性质,环境刑事诉讼可以分为:污染型环境刑事诉讼、破坏型环境刑事诉讼和职务型环境刑事诉讼。环境刑事诉讼的目的是查明环境犯罪事实,采用刑罚手段惩治犯罪主体,从而保护环境和公众的健康。因此,环境刑事诉讼制度也是环保公众参与机制的重要组成部分。由于环境刑事诉讼制度是刑事诉讼制度的内在构成,因此本部分将综合梳理刑事诉讼制度包括环境刑事诉讼制度的历史演变。

（1）刑事诉讼制度的初创与破坏

1951 年 9 月 4 日,中央人民政府委员会第十二次会议公布了《人民法院暂行组织条例》《中央人民政府最高人民检察署暂行组织条例》和《各级地方人民检察署组织通则》,对人民法院审判刑事案件的依据和管辖、最高人民检察署的职权、各级地方人民检察署的职权和组织等作出了基本规定。1954 年 9 月 21 日,一届全国人大一次会议通过了《人民法院组织法》和《人民检察院组织法》;同年,全国人大常委会三次会议通过了《拘留逮捕条例》,中央人民政府法制委员会拟定了《刑事诉讼条例（草案）》。1956 年 10 月

---

① 参见《新民诉法修改二十大亮点解读》,http://www.chinalawedu.com/new/201301/wangying20130125140150244 88100.shtml,2021 年 6 月 30 日访问。

17 日，最高人民法院发布了《各级人民法院刑事案件审判程序总结》。这些法律对独立审判、公开审判、回避、陪审、合议、两审终审和死刑复核等诉讼制度作出了规定，成为当时中国刑事诉讼活动的重要依据，标志着中国刑事诉讼制度的初步建立。

1957 年，随着反右斗争的扩大化和政治运动的不断兴起，刑事诉讼制度面临着巨大的挑战，在"文革"期间，刑事诉讼制度受到了毁灭性的打击。[①] 1975 年 1 月 17 日，四届全国人大一次会议通过了修改后的《宪法》（即"七五宪法"），"七五宪法"对审判的制度只字未提，并将"发动群众"批判重大反革命刑事案件的方式作为一项审判原则和制度固定下来，这是审判制度的严重倒退。

（2）刑事诉讼制度的恢复重建与环境刑事诉讼制度的正式确立

党的十一届三中全会后，随着执政党对社会主义法治建设认识的不断提高，刑事诉讼制度迎来了最佳的发展机遇。1979 年 7 月 1 日，五届全国人大二次会议通过了《刑事诉讼法》，这是中华人民共和国成立以来颁布的第一部刑事诉讼法，该法的颁布结束了中国刑事诉讼活动长期无法可依的状况，在中国民主与法治的建设历程中具有里程碑意义，[②]标志着刑事诉讼制度的恢复。同年 9 月，中共中央发布了《关于坚决保证刑法、刑事诉讼法切实实施的指示》，即著名的"中央 64 号文件"，该文件明确要求各级党委坚决保证《刑事诉讼法》的实施。之后，全国人大常委会陆续发布了一系列单行法规和决定，对陪审制度、审判组织、审判程序、办案期限、死刑复核权等问题作了补充和修改。其中影响较大的有 1983 年 9 月 2 日六届全国人大常委会二次会议通过的《关于迅速审判严重危害社会治安的犯罪分子的程序的决定》和 1984 年 7 月 7 日六届全国人大常委会六次会议通过的《关于刑事案件办案期限的补充规定》，这为进一步实施《刑事诉讼法》创造了条件。

1979 年实施的《环境保护法（试行）》首次确立了有关环境刑事诉讼的规定，随后，一系列环境保护和资源保护单行法都涉及了环境刑事诉讼制度。例如，1982 年颁布的《海洋环境保护法》、1984 年实施的《水污染防治法》和《森林法》、1986 年实施的《渔业法》、1988 年实施的《大气污染防治法》等法律也对环境刑事诉讼作出了类似规定。1989 年实施的《环境保护法》第 43 条规定："违反本法规定，造成重大环境污染事故，导致公私财产重大损失或者人身伤亡的严重后果的，对直接责任人员依法追究刑事责任。"环境保护基本法、环境保护和资源保护单行法的相关规定为环境刑事诉讼提供了实体法依据，标志着环境刑事诉讼制度的正式确立。

（3）环境刑事诉讼制度的完善

1996 年 3 月 17 日，八届全国人大四次会议审议通过了《关于修改〈中华人民共和国刑事诉讼法〉的决定》，对 1979 年《刑事诉讼法》作了重大修改与完善，主要包括：第一，

---

① 参见叶青、彭建波：《建国六十周年刑事诉讼法制的理论与实践》，载《华东政法大学学报》2010 年第 1 期。

② 梁欣：《从法制到法治——改革开放四十年刑事诉讼模式变迁》，载《人民法院报》2018 年 11 月 14 日第 5 版。

确立"未经人民法院依法判决,对任何人都不得确定有罪"的原则;第二,确立人民检察院依法对刑事诉讼实行法律监督的原则;第三,将律师介入诉讼的时间提前到侦查阶段;第四,将刑事被害人的法律地位由原来的诉讼参与人提升为诉讼当事人;第五,实现控审分离;等等。针对贯彻修正后的《刑事诉讼法》时出现的问题,1998 年 1 月 19 日,最高人民法院等六个国家机关发布了《关于刑事诉讼法实施中若干问题的规定》,对刑事诉讼的管辖、立案、回避、证据、期间和办案期限、移送起诉等进行了进一步规定,保障了《刑事诉讼法》的正确实施。1997 年 3 月 14 日,八届全国人大五次会议审议通过了修订后的《刑法》,增加了有关环境犯罪的条款,环境犯罪的类型包括:重大环境污染事故罪、擅自进口固体废物罪、非法捕捞水产品罪、非法采矿罪、盗伐林木罪等。1997 年《刑法》有关环境犯罪的规定是对环境刑事诉讼制度的重要完善,为环境刑事诉讼司法实践提供了至关重要的依据。

（4）环境刑事诉讼制度的深入发展

2010 年实施的《侵权责任法》对环境污染责任进行了专章规定,该法有关环境污染责任的归责原则、因果关系的推定、数人环境污染责任的确定、第三人过错污染环境的赔偿责任的确定等,克服了环境保护基本法、单行法和《刑事诉讼法》关于环境污染责任规定含糊与笼统的缺陷,提高了法律的可操作性,为环境刑事诉讼中的环境侵权责任认定奠定了重要的实体法依据。之后,作为环境刑事诉讼程序法依据的《刑事诉讼法》也进入深入发展阶段,十一届全国人大五次会议于 2012 年 3 月 14 日表决通过了《关于修改〈中华人民共和国刑事诉讼法〉的决定》,对《刑事诉讼法》进行了第二次修正,修改后的《刑事诉讼法》将"尊重和保障人权"明确写入总则,成为中国法治进程中的里程碑。为更好地贯彻《刑事诉讼法》,最高人民法院于 2012 年 12 月 20 日发布了《关于适用〈中华人民共和国刑事诉讼法〉的解释》,对《刑事诉讼法》各条款的具体运用进行了进一步解释;此外,最高人民法院等六机关于 2012 年 12 月 26 日联合发布了新的《关于实施刑事诉讼法若干问题的规定》,对刑事诉讼程序进行了进一步阐释。2014 年,党的十八届四中全会通过了《中共中央关于全面推进依法治国若干重大问题的决定》,提出"推进以审判为中心的诉讼制度改革",明确了刑事诉讼制度改革的根本方向。2018 年 10 月 26 日,十三届全国人大常委会六次会议通过了《关于修改〈中华人民共和国刑事诉讼法〉的决定》,对《刑事诉讼法》进行了第三次修正。此次修正主要包括以下内容:首先,完善《监察法》与《刑事诉讼法》的衔接;其次,建立刑事缺席审判制度;最后,完善认罪认罚从宽制度和增加速裁程序。① 2018 年《刑事诉讼法》的再修改对进一步完善环境刑事诉讼制度具有十分重要的意义。

为依法惩治有关环境污染的犯罪,最高人民法院会同最高人民检察院于 2013 年 6 月联合发布了《关于办理环境污染刑事案件适用法律若干问题的解释》,对环境污染犯罪的定罪量刑标准和有关法律适用问题作了明确规定,这对于推动社会公众通过刑事

---

① 参见梁欣:《从法制到法治——改革开放四十年刑事诉讼模式变迁》,载《人民法院报》2018 年 11 月 14 日第 5 版。

诉讼途径实现环境利益表达和救济、强化环境司法保护、推进生态文明建设发挥了十分重要的作用。但是，由于近年来环境污染犯罪又出现了一些新的情况和问题，为有效解决实际问题，最高人民法院和最高人民检察院于 2016 年又发布了新的《关于办理环境污染刑事案件适用法律若干问题的解释》。2016 年发布的新解释对污染环境罪的定罪量刑标准、环境污染共同犯罪的处理规则、环境污染关联犯罪的法律适用、监测数据的证据资格等作出了进一步全面、系统的规定，推动了环境刑事诉讼制度的深入发展。

4.4.4　环境公益诉讼制度供给的历史演变

环境公益诉讼制度是特定主体对国家机关、企事业单位及公民个人破坏环境、损害环境公共利益的违法行为提起诉讼，审判机关依法予以受理及审判的法律制度。[①] 环境公益诉讼制度作为中国最新发展的环保公众参与机制，对于保障环境公共利益与私人环境权益尤其维护环境纠纷案件中弱势群体的合法权益、提升公众参与环境保护的积极性具有极其重要的意义。环境公益诉讼制度包括环境行政公益诉讼制度、环境民事公益诉讼制度和环境刑事公益诉讼制度，由于中国目前尚未建立环境刑事公益诉讼制度，因此本部分在梳理环境公益诉讼制度供给的历史演变时只涉及环境行政公益诉讼制度和环境民事公益诉讼制度。

（1）环境公益诉讼制度的初创

环境公益诉讼制度是中国近几年来才崛起的一项新兴制度，《民事诉讼法》最早在法律上确立了环境民事公益诉讼制度。2012 年修正的《民事诉讼法》第 55 条规定："对污染环境、侵害众多消费者合法权益等损害社会公共利益的行为，法律规定的机关和有关组织可以向人民法院提起诉讼。"根据这项规定，"法律规定的机关和有关组织"可以向人民法院提起环境民事公益诉讼，这标志着中国环境民事公益诉讼制度的萌芽。[②]

2012 年《民事诉讼法》虽然初步建立了环境民事公益诉讼制度，但没有对其第 55 条所称的"法律规定的机关和有关组织"作出明确界定，致使该规定在现实的司法实践中并不具备可操作性。对此，2014 年修订的《环境保护法》在 2012 年《民事诉讼法》第 55 条的基础上，对环境民事公益诉讼制度作了进一步的规定，明确了"有关组织"的资格。该法第 58 条规定："对污染环境、破坏生态，损害社会公共利益的行为，符合下列条件的社会组织可以向人民法院提起诉讼：（一）依法在设区的市级以上人民政府民政部门登记；（二）专门从事环境保护公益活动连续五年以上且无违法记录。符合前款规定的社会组织向人民法院提起诉讼，人民法院应当依法受理。提起诉讼的社会组织不得通过诉讼牟取经济利益。"《环境保护法》有关环境公益诉讼的规定奠定了中国环境公益诉讼制度的基础，意味着中国已初步建立起环境公益诉讼制度，为环境公益诉讼制度在中国的推行提供了基本依据。

---

① 参见王树义等：《环境法前沿问题研究》，科学出版社 2012 年版，第 224 页。
② 参见王曦：《论环境公益诉讼制度的立法顺序》，载《清华法学》2016 年第 6 期。

（2）环境公益诉讼制度的发展

在 2012 年《民事诉讼法》和 2014 年《环境保护法》初步确立环境公益诉讼制度之后，为增加该制度的可执行性和可操作性，最高人民法院和最高人民检察院陆续出台了一系列司法解释。2014 年 12 月 8 日，最高人民法院审判委员会第 1631 次会议通过了《关于审理环境民事公益诉讼案件适用法律若干问题的解释》，该司法解释首次使用了"环境民事公益诉讼"的字样，对 2014 年《环境保护法》第 58 条所规定的"社会组织"和"设区的市级以上人民政府民政部门"进行了进一步阐释和明确，同时对环境民事公益诉讼案件的管辖、起诉、受理、审理等进行了具体规定，这进一步细化了环境民事公益诉讼制度。为更好地贯彻实施环境民事公益诉讼制度，最高人民法院、民政部和原环境保护部于 2014 年 12 月 26 日联合发布了《关于贯彻实施环境民事公益诉讼制度的通知》，该通知规定："人民法院受理和审理社会组织提起的环境民事公益诉讼，可根据案件需要向社会组织的登记管理机关查询或者核实社会组织的基本信息……有关登记管理机关应及时将相关信息向人民法院反馈"，"人民法院受理环境民事公益诉讼后，应当在十日内通报对被告行为负有监督管理职责的环境保护主管部门"，这些规定有利于环境公益诉讼中各部门间的有效协调和配合。2015 年 1 月 30 日，最高人民法院发布了《关于适用〈中华人民共和国民事诉讼法〉的解释》，对公益诉讼进行了专章规定，包括民事公益诉讼受理的要件、管辖、审理等。2015 年 6 月 1 日，最高人民法院发布了《关于审理环境侵权责任纠纷案件适用法律若干问题的解释》，旨在统一审理环境侵权责任纠纷案件的裁判标准，解决司法实践中环境污染责任归责原则、责任构成以及数人侵权责任划分等法律适用不统一等疑难问题，该解释为环境民事公益诉讼案件的审理提供了重要法律依据。

为鼓励环保社会组织提起环境公益诉讼，原环境保护部在 2015 年 7 月 13 日发布的《环境保护公众参与办法》中规定："环境保护主管部门可以通过提供法律咨询、提交书面意见、协助调查取证等方式，支持符合法定条件的环保社会组织依法提起环境公益诉讼。"为加强对国家利益和社会公共利益的保护，2015 年 7 月 1 日，十二届全国人大常委会十五次会议通过了《关于授权最高人民检察院在部分地区开展公益诉讼试点工作的决定》，该决定授权最高人民检察院在生态环境和资源保护、国有资产保护等领域开展提起公益诉讼试点。为贯彻落实党的十八届四中全会关于探索建立检察机关提起公益诉讼制度的改革要求，最高人民检察院于 2015 年 7 月 3 日发布了《检察机关提起公益诉讼改革试点方案》，对检察机关提起民事公益诉讼和行政公益诉讼的试点案件范围、诉讼参加人、诉前程序、提起诉讼、诉讼请求等进行了基本规定。2015 年 12 月 16 日，最高人民检察院通过了《人民检察院提起公益诉讼试点工作实施办法》，进一步规定了检察机关提起民事公益诉讼和行政公益诉讼的程序。

2017 年修订的《民事诉讼法》正式确立了人民检察院向人民法院提起环境民事公益诉讼的制度。该法第 55 条明确了"公益诉讼"的提法，并增加一款作为第 2 款，即"人民检察院在履行职责中发现破坏生态环境和资源保护、食品药品安全领域侵害众多消费者合法权益等损害社会公共利益的行为，在没有前款规定的机关和组织或者前款规定的机关和组织不提起诉讼的情况下，可以向人民法院提起诉讼。前款规定的机关或者组织提起诉讼的，人民检察院可以支持起诉。"至此，环境民事公益诉讼制度得到进一步丰富和完善。同年修订的《行政诉讼法》第 25 条增加了一款作为第 4 款，即"人民检察院在履行职责中发现生态环境和资源保护、食品药品安全、国有财产保护、国有土地使用权出让等领域负有监督管理职责的行政机关违法行使职权或者不作为，致使国家利益或者社会公共利益受到侵害的，应当向行政机关提出检察建议，督促其依法履行职责。行政机关不依法履行职责的，人民检察院依法向人民法院提起诉讼。"该规定确认了人民检察院提起行政公益诉讼的原告资格，正式确立了人民检察院向人民法院提起环境行政公益诉讼的制度。至此，中国环境公益诉讼制度形成了民事和行政二分的制度框架体系。

第五章

中国环保公众参与机制供给的现状描述

5.1 人大和政协机制供给的现状

5.1.1 人大机制供给的现状

人民代表大会制度作为中国的根本政治制度,具有强大而有效的民意表达、采集与整合功能,为公民的政治参与提供了基本的制度化渠道,为政治参与诉求和利益表达诉求提供了比较丰富的途径和方式。社会各阶层、群体能够通过各级人民代表进行有效的政治参与及国家治理,并进行体制内的充分利益表达与博弈。人民代表大会制度作为中国环保公众参与的最根本的制度载体,其机制供给主要包括环保公众参与主体、环保公众参与客体、环保公众参与程序。在描述环保公众参与程序时,本书将专注于公众参与渠道。

(1) 环保公众参与主体

人大机制中的环保公众参与主体包括两类:普通社会公众(或称选民)和人民代表。根据《全国人民代表大会和地方各级人民代表大会选举法》(简称《选举法》)第 3 条和第 4 条的规定,除了依照法律被剥夺政治权利的人,所有年满十八周岁的公民,都有权直接选举基层人民代表大会的代表。根据《全国人民代表大会和地方各级人民代表大会代表法》(简称《代表法》)第 2 条的规定,全国人民代表大会代表和地方各级人民代表大会代表,代表人民的利益和意志参加行使国家权力。由此可见,在人大机制中,选民通过选举进行直接参与,而各级人民代表大会代表则代表选民或普通社会公众进行利益表达,是选民的间接参与。为保障人大代表的利益表达与参与权利,《代表法》对人大代表履职作了各种保护性规定,包括发言权与表决权不受法律追究、未获本级人大主席团或本级人大常委会许可不受逮捕或者刑事审判、享受履职的时间与待遇保障、活动经费列入财政预算等。

(2) 环保公众参与客体

在人大机制中,环保公众参与客体包括全国人民代表大会及其常务委员会、地方各级人民代表大会及其常务委员会、各级人大代表,这些是普通社会公众实施公众参与的目标指向。人大代表既是环保公众参与的主体,也是环保公众参与的客体。当社会公众向人大代表反映意见和要求时,人大代表是公众参与客体;而当人大代表基于选民的利益诉求向人民代表大会及其常务委员会提出议案和建议时，人大代表是公众参与的主体。

根据《选举法》第9条，全国人民代表大会常务委员会和省级、设区的市级人民代表大会常务委员会主持本级人民代表大会代表的选举，基层人民代表大会代表的选举则由设立的选举委员会主持。根据《地方各级人民代表大会和地方各级人民政府组织法》（简称《组织法》）第8条、第9条和第10条的规定，地方各级人民代表大会行使的职权包括：讨论、决定本行政区域内的政治、经济、科教文卫、环境和资源保护等工作的重大事项，审查"一府两院"的工作报告，保障公民的人身权利、民主权利和其他权利等。根据《代表法》第4条的规定，人大代表应当与选民保持密切联系，听取和反映他们的意见和要求。由此可见，社会公众可以向各级人民代表大会及其常务委员会以及人大代表反映情况、提出意见、表达自身利益诉求，从而影响各级人民代表大会及其常务委员会的政策输出。

（3）环保公众参与渠道

各级人民代表大会及其常务委员会为社会公众提供了制度化的公众参与渠道，主要可以划分为直接公众参与渠道和间接公众参与渠道。直接公众参与渠道是社会公众直接向各级人民代表大会及其常务委员会表达利益诉求的中介和桥梁，主要包括选举和参与代表调研。选举是指选民直接选举基层人民代表大会的代表，参与代表调研是指社会公众参与人大代表在本级人民代表大会闭会期间所组织的各种听取、反映原选区选民或者原选举单位意见和要求的各种活动。

间接公众参与渠道是社会公众通过代表向各级人民代表大会及其常务委员会表达利益诉求，主要包括选举、罢免、审议、表决、质询、提出议案、提出建议、视察、专题调研等。此处的选举是指人大代表参加本级人民代表大会的各项选举；罢免是指各级人大代表有权提出针对本级立法机关、行政机关和司法机关领导人员的罢免案；审议是指各级人大代表在出席本级人民代表大会会议期间，参加审议各项议案、报告和其他议题并发表意见；表决是指各级人大代表参加本级人民代表大会的各项表决，包括投赞成票、反对票或弃权；质询是指各级人大代表有权依照法律规定的程序提出对本级人民政府及其所属各部门，以及人民法院、人民检察院的质询案；提出议案是指各级人大代表有权依照法律规定的程序向本级人民代表大会提出属于本级人民代表大会职权范围内的议案；提出建议是指各级人大代表有权向本级人民代表大会提出对各方面工作的明确具体的并反映实际情况和问题的建议、批评和意见；视察是指各级人大代表对本级或者下级国家机关和有关单位的工作进行视察，代表视察时可以向被视察单位提出建议、批评和意见；专题调研是指各级人大代表在本级人民代表大会闭会期间围绕经济社会发展和关系人民群众切身利益、社会普遍关注的重大问题开展专题调研。

5.1.2 政协机制供给的现状

中国共产党领导的多党合作和政治协商制度具有开放性和协商性的特点，在拓宽公众参与渠道、充分反映社会各阶层利益、扩大公民有序政治参与等方面具有独特的优势。它能够使各民主党派及社会各界人士广泛、深入地参与国家政治生活,对社会各阶层、各群体的意见、愿望和要求等利益诉求进行充分、系统的综合和表达,从而及时化解人民内部矛盾,有效避免各种非制度化参与所引发的社会震荡。该制度作为中国环保公众参与的基本制度载体,对畅通环保公众参与、实现和维护公众的环境权益具有重要意义。

(1)环保公众参与主体

政协机制中的环保公众参与主体包括普通社会公众和政协委员,其中政协委员是指中国人民政治协商会议全国委员会委员和地方委员会委员,包括各民主党派、无党派爱国人士、人民团体、少数民族人士和各界爱国人士等。根据 1995 年通过的《政协全国委员会关于政治协商、民主监督、参政议政的规定》(简称 1995 年《规定》)第 14 条的规定,政协委员要深入实际,积极反映自己所代表的党派、团体及有关方面群众的意见、建议与要求,因此普通社会公众可向政协委员表达其有关环境保护方面的利益诉求。根据《中国人民政治协商会议章程》(简称《章程》)第 33 条的规定,政协全国委员和地方委员在政协会议上有表决权、选举权和被选举权,对政协工作有批评权和建议权;根据 1989 年《政协全国委员会关于政治协商、民主监督的暂行规定》(简称 1989 年《暂行规定》)、1989 年《中共中央关于坚持和完善中国共产党领导的多党合作和政治协商制度的意见》(简称 1989 年《意见》)、2005 年《中共中央关于进一步加强中国共产党领导的多党合作和政治协商制度建设的意见》(简称 2005 年《意见》),人民政协是各党派、无党派爱国人士、各人民团体、各界代表人物参政议政的重要场所,同时也是反映社情民意的重要平台。为保障政协委员有效实施参与行为,1989 年《意见》规定了政协委员提出批评和发表意见的自由,并且要求在政协常委、政协领导班子、政协各专门委员会和政协机关中保证民主党派和无党派人士所占比例;1995 年《规定》再次强调了政协委员的民主权利和充分发表各种意见的权利。

(2)环保公众参与客体

在政协机制中,环保公众参与客体包括中国人民政治协商会议全国委员会和地方委员会以及政协委员。政协委员同样集环保公众参与主体与客体于一身。《章程》第 7 条和第 27 条规定:中国人民政治协商会议全国委员会和地方委员会要积极反映其所联系的群众的意见和要求,政协参加单位和个人可以通过政协会议和各级政协组织发表各种意见、提出批评和建议、参与讨论国家大政方针和地方性重大事务等。根据 1989 年《暂行规定》、1995 年《规定》和 2006 年颁发的《中共中央关于加强人民政协工作的意见》(简称 2006 年《意见》),人民政协履行政治协商、民主监督、参政议政职能的主要形式包括政协全国委员会的全体会议、常务委员会议、主席会议、常务委员专题座谈会、各专门委员会会议等。这些具体制度安排为公众在政协机制中的环保参与行为提供了目标指向,社会公众可向政协委员直接表达环境利益诉求,政协委员可向政协全国委员会和地方委员会反映其所代表和联系的群众的环境保护意见和要求。

(3)环保公众参与渠道

政协机制为社会公众的环保参与提供了基本的制度化参与渠道,也可以划分为直接参与渠道和间接参与渠道两种。根据《章程》、1989 年《暂行规定》、1995 年《规定》、1989 年《意见》、2005 年《意见》、2006 年《意见》，直接公众参与渠道包括两种途径，一是社会公众参与人民政协所选择的人民群众关心、党政部门重视的课题调查和研究；二是社会公众直接向政协委员反映自身的利益诉求。间接公众参与渠道是社会公众通过政协委员间接进行政治参与，主要途径包括政治协商、民主监督和参政议政。政治协商是人民政协通过政协全国委员会的全体会议、常务委员会议、协商座谈会等各种会议形式对国家和地方的大政方针及重要问题进行决策前协商和决策执行中协商；民主监督是人民政协全体会议、常委会议向党和政府提出建议案，各专门委员会提出建议或有关报告，委员视察、提案、举报，参与调查和检查等多种形式对国家宪法、法律、法规、重大方针政策的施行和国家机关及其工作人员的工作提出批评和建议；参政议政是人民政协通过调研报告、提案、建议案等形式针对政治、经济、文化和社会生活中的重要问题以及人民群众普遍关心的问题，向党和国家机关提出意见和建议。

5.2　行政机制供给的现状

5.2.1　环境信息公开制度供给的现状

环境信息公开是环保公众参与的前提和基础，因此环境信息公开制度是环保公众参与的重要制度保障。然而，由于环境信息公开本身并非环保公众参与行为，因此无法按照环保公众参与主体、环保公众参与客体、环保公众参与渠道（程序）的逻辑来描述环境信息公开制度供给的现状，因而本部分将遵循环境信息公开主体、环境信息公开范围、环境信息公开时限与方式的进路来具体阐述中国环境信息公开制度的供给现状。

（1）环境信息公开主体

环境信息公开主体是指负有环境信息公开义务的主体，根据《环境保护法》第五章"信息公开和公众参与"中的第 53 条、第 54 条和第 55 条的规定，环境信息公开主体主要包括各级环境保护行政主管部门、其他负有环境保护监督管理职责的部门、重点排污单位等。其中，各级环境保护行政主管部门包括国务院环境保护主管部门，省级、市级、县级人民政府环境保护主管部门；其他负有环境保护监督管理职责的部门具体包括农业、林业、水利、渔业、渔政、卫生、公安、工商、交通、国土、矿产、海事、海洋、海关、铁道、民航等行政主管部门。

（2）环境信息公开范围

环境信息公开分为政府环境信息公开和企业事业单位环境信息公开。政府环境信息公开分为主动公开和依申请公开，环境信息公开相关政策法规对依申请公开作了相关规范，包括申请信息公开的形式、环保部门对政府环境信息公开申请的答复情况，但没有规定依申请公开的范围。根据《环境保护法》第 54 条的规定，政府环境信息主动公开的范围包括环保政策法规，环境质量状况，环境统计信息，突发环境事件情况，污染物排放管理情况，城市环境综合整治情况，建设项目环境影响评价审批情况，环境保护行政许可、环境行政处罚、环境行政复议、环境行政诉讼和实施行政强制措施的情况,环保行政事业性收费情况,环境信访与投诉处理情况,环保部门的机构设置、工作职责及其联系方式,等等。

企业事业单位环境信息公开分为自愿公开和强制公开两种情况。企业环境信息自愿公开的范围包括企业环境保护方针、目标与成效,企业污染物排放与处置情况,企业环保投资情况,企业环保设施建设和运行情况,环保自愿协议,企业履行社会责任的情况等。根据《环境保护法》第 55 条,重点排污单位必须向社会公开(强制公开)的信息范围包括:排污信息、防治污染设施的建设和运行情况等。

(3)环境信息公开时限与方式

环境信息公开时限包括政府环境信息主动公开的时限、政府环境信息依申请公开的时限、企业事业单位环境信息强制公开的时限。根据《生态环境部政府信息公开实施办法》第 18 条的规定,属于主动公开的政府环境信息,应当自该政府环境信息形成或者变更之日起 20 个工作日内及时公开,法律、法规对政府环境信息公开期限另有规定的,从其规定。例如,《国家突发环境事件应急预案》(2014)规定,当地方环境保护主管部门研判可能发生突发环境事件时,地方人民政府或其授权的相关部门,应当及时通过电视、广播、互联网等多种渠道或方式发布预警信息,并通报可能影响到的相关地区。因此,突发环境事件信息的公开时限为"及时"。根据《生态环境部政府信息公开实施办法》第 25 条的规定,针对依申请公开的政府环境信息,能够当场答复的,环保部门应当当场答复,不能当场答复的,应当自收到申请之日起 20 个工作日内予以答复。

根据《生态环境部政府信息公开实施办法》第 17 条的规定,环境信息公开的方式主要包括传统媒介和新兴媒介,其中传统媒介包括广播,电视,报刊,公报,新闻发布会,环境公报,公告或者公开发行的信息专刊,信息公开服务和监督的热线电话,信息公开栏、信息亭、资料查阅室、行政审批大厅等场所;新兴媒介包括政府网站及其客户端等。

5.2.2　公众参与环境影响评价制度供给的现状

(1)环保公众参与主体

公众参与环境影响评价制度中的公众参与主体是指直接参与可能造成不良环境影响并直接涉及公众环境权益的专项规划的环境影响评价和依法应当编制环境影响报告书的建设项目的环境影响评价的社会公众,具体包括有关单位、专家、普通公民、法人和其他组织。根据《环境影响评价法》第 11 条和第 21 条与《环境影响评价公众参与办法》(简称《办法》)第 4 条的规定,专项规划的环境影响评价和建设项目的环境影响评价应当征求有关单位、专家和公众的意见。《办法》第 5 条进一步规定了建设单位环境影响评价的公众参与主体既包括环境影响评价范围内的公民、法人和其他组织,也包括环境影响评价范围之外的这些主体。《办法》还要求,对环境影响方面公众质疑性意见多的建设项目,建设单位应当组织开展深度公众参与。深度公众参与的公众范围为在环境方面可能受建设项目影响的公众代表。此外,针对核设施建设项目建造前的环境影响评价公众参与的公众范围,《办法》作了特别规定,即"堆芯热功率 300 兆瓦以上的反应堆设施和商用乏燃料后处理厂的建设单位应当听取该设施或者后处理厂半径15公里范围内公民、法人和其他组织的意见；其他核设施和铀矿冶设施的建设单位应当根据环境影响评价的具体情况，在一定范围内听取公民、法人和其他组织的意见"。

（2）环保公众参与客体

公众参与环境影响评价制度中的公众参与客体是指负责组织环境影响报告书编制过程的公众参与的机关和单位以及审批环境影响报告书的生态环境主管部门，具体包括专项规划编制机关、建设单位、环境影响报告书编制单位及其他单位、生态环境主管部门。根据《办法》第4条的规定，有关单位、专家和公众可以在规划草案报送审批前向专项规划编制机关提出对环境影响报告书草案的意见；《办法》第13条规定："公众可以通过信函、传真、电子邮件或者建设单位提供的其他方式，在规定时间内将填写的公众意见表等提交建设单位，反映与建设项目环境影响有关的意见和建议"；《办法》第6条规定："专项规划编制机关和建设单位可以委托环境影响报告书编制单位或者其他单位承担环境影响评价公众参与的具体工作"。因此，公众可以向环境影响报告书编制单位或专项规划编制机关和建设单位委托的其他单位反映对规划或建设项目环境影响报告书草案的意见。此外，公众还可以向生态环境主管部门表达利益诉求，根据《办法》第24条的规定，在生态环境主管部门受理和审批环境影响报告书的信息公开期间，社会公众可以向生态环境主管部门提出有关建设项目环境影响报告书审批的意见和建议。

为确保公众参与环境影响评价权利的有效行使，《办法》还对公众参与客体进行了约束性和惩戒性的规定：针对建设项目未充分征求公众意见的，生态环境主管部门应当责成建设单位重新征求公众意见，退回环境影响报告书；针对环境影响报告书编制过程中公众参与部分的弄虚作假行为，生态环境主管部门应将建设单位及其法定代表人或主要负责人失信信息记入环境信用记录，并向社会公开。

（3）环保公众参与渠道

公众参与环境影响评价制度为社会公众在环境影响评价领域进行利益表达、发表意见和建议提供了直接的制度化的公众参与渠道；其参与渠道主要包括两个类型：其一是公众获取环境影响评价相关信息的渠道；其二是公众反映对规划或建设项目环境影响报告书意见的渠道。根据《办法》第9条、第11条的规定，公众获取环境影响评价相关信息的渠道具体包括网络平台（建设单位网站、建设项目所在地公共媒体网站、建设项目所在地相关政府网站）、报纸（建设项目所在地公众易于接触的报纸）、广播、电视、微信、微博、海报、公告（建设项目所在地公众易于知悉的场所）、讲座等。《办法》第12条还规定："建设单位可以通过发放科普资料、张贴科普海报、举办科普讲座或者通过学校、社区、大众传播媒介等途径，向公众宣传与建设项目环境影响有关的科学知识，加强与公众互动。"根据《环境影响评价法》第11条、第21条和《办法》第4条、第13条、第14条的规定，公众反映对规划或建设项目环境影响报告书意见的渠道具体包括专项规划的编制机关和建设单位组织的专家论证会、听证会、公众座谈会，信函、传真、电子邮件等。

5.2.3　环境行政听证制度供给的现状

（1）环保公众参与主体

环境行政听证制度中的公众参与主体是指参与环境行政听证的公民、法人和其他组织等。根据《立法法》第 67 条的规定，环境行政立法听证中的公众参与主体包括"有关机关、组织、人民代表大会代表和社会公众"；根据 2010 年发布的《环境行政处罚听证程序规定》第 4 条和第 16 条的规定，环境行政处罚听证中的公众参与主体包括两类：一是与环境行政处罚案件有直接利害关系的"第三人"；二是与环境行政处罚案件无直接利害关系的公民、法人或其他组织。根据《行政许可法》第 47 条，《环境影响评价法》第 11 条、第 21 条，《环境保护行政许可听证暂行办法》第 4 条、第 6 条、第 7 条、第 15 条的规定，环境行政许可（包括公众参与环境影响评价）听证中的公众参与主体包括普通公民、专家、法人、建设项目所在地有关单位和居民、其他有关单位和社会公众、了解被听证的行政许可事项的单位和个人。

（2）环保公众参与客体

环境行政听证制度中的公众参与客体主要是指环境行政听证的组织者。根据《立法法》第 67 条对行政法规、重要行政管理的法律、行政法规草案的负责起草机关的规定，环境行政立法听证中的公众参与客体包括国务院环境保护行政主管部门、国务院法制机构。根据《环境行政处罚听证程序规定》第 3 条和第 7 条的规定，环境行政处罚听证中的公众参与客体是指拟作出环境行政处罚决定的环境保护主管部门。根据《环境影响评价法》第 11 条和第 21 条、《环境保护行政许可听证暂行办法》第 6 条和第 7 条的规定，公众参与环境影响评价听证中的公众参与客体包括专项规划的编制机关、应当编制环境影响报告书的建设项目的建设单位、环境保护行政主管部门。根据《环境保护行政许可听证暂行办法》第 2 条和第 3 条的规定，环境行政许可听证中的公众参与客体是指拟作出环境保护行政许可决定的县级以上人民政府环境保护行政主管部门。

（3）环保公众参与渠道

由于听证会本身就是环保公众参与渠道，如公众参与环境影响评价的渠道之一是听证会，因此本部分在描述环境行政听证制度中公众参与渠道的供给现状时，主要阐述环境行政听证的范围与程序（程序即环境行政听证的一系列步骤和顺序的总称）。根据《行政许可法》《环境保护行政许可听证暂行办法》《环境行政处罚听证程序规定》《立法法》《规章制定程序条例》，环境行政听证的范围包括生态环境立法、生态环境部门规章制定、环境保护行政许可、专项规划或建设项目的环境影响评价审批、环境行政处罚。

环境行政听证的程序具体包括：第一，环境行政听证的公告与通知。根据《环境保护行政许可听证暂行办法》第 17 条和第 20 条的规定，环境保护行政主管部门对其认为需要听证或依据法规应当组织听证的事项，应在听证举行的 10 日前通过报纸、网络或者布告等适当方式向社会公告；对涉及重大利益关系的环境保护行政许可同时申请人、利害关系人依法要求听证的事项，环境保护行政主管部门应当向行政许可申请人、利害关系人送达《环境保护行政许可听证告知书》。第二，环境行政听证的申请。根据《环境保护行政许可听证暂行办法》第 21 条、第 22 条和《环境行政处罚听证程序规定》第 18 条的规定，听证申请人应当在收到听证告知书后的规定期限内提出书面申请。第三，环境行政听证的审查及通知。根据《环境保护行政许可听证暂行办法》第 23 条、《环境行政处罚听证程序规定》第 19 条的规定，组织听证的环境保护行政主管部门应当对听证申请材料进行审查，并将听证通知书分别送达听证申请人和利害关系人。第四，环境行政听证会的举行。根据《环境保护行政许可听证暂行办法》第 28 条和《环境行政处罚听证程序规定》第 27 条的规定，环境行政听证会正式举行的程序包括：听证主持人宣布听证会场纪律，告知听证申请人、利害关系人的权利和义务，询问并核实听证参加人的身份，宣布听证开始；介绍听证案由，提出初步审查或处罚的意见、理由和证据；陈述和申辩，提出有关证据；质证、辩论；最后陈述；听证主持人宣布听证会结束。第五，核对环境行政听证的笔录或报告。根据《环境保护行政许可听证暂行办法》第 29 条和《环境行政处罚听证程序规定》第 35 条的规定，组织听证的环境保护行政主管部门应当对听证会全过程制作笔录，听证结束后，听证笔录应交听证申请人、利害关系人或陈述意见的案件调查人员、当事人、第三人审核无误后当场签字或者盖章。第六，作出环境行政听证的决定。根据《环境保护行政许可听证暂行办法》第 30 条和《环境行政处罚听证程序规定》第 36 条的规定，听证终结后，听证主持人应当及时将听证笔录报告本部门负责人，环境保护行政主管部门应当根据听证笔录，作出环境保护行政许可决定或环境行政处罚建议。

5.2.4　环境信访制度供给的现状

（1）环保公众参与主体

环境信访机制中的公众参与主体是指环境信访人，包括公民、法人和其他组织。根据《环境信访办法》第 2 条的规定，环境信访人是指采用书信、电话、走访等形式向各级环境保护行政主管部门反映环境保护情况，提出建议、意见或者投诉请求的公民、法人或者其他组织。为明确环境信访人参与环境保护的内容，《环境信访办法》第 16 条列出了环境信访人可以提出的环境信访事项，包括检举和揭发违反环保法规的行为，检举和揭发侵害公民、法人或者其他组织合法环境权益的行为，对环保工作提出意见、建议或要求，对生态环境部门及其工作人员提出批评、建议或要求。为促进环境信访人通过信访途径实现合理的环境公众参与，《环境信访办法》第 7 条规定了环境信访行为的奖励机制，即对环境保护工作有重要推动作用的环境信访行为，生态环境主管部门应当给予表扬或者奖励。

（2）环保公众参与客体

在环境信访机制中，公众参与客体包括各级人民政府、县级以上人民政府工作部门（包括信访工作机构和其他行政机构）、各级环境保护行政主管部门及其环境信访工作机构。各级环境保护行政主管部门及其环境信访工作机构具体包括县级环境保护行政主管部门及其设立或指定的环境信访工作机构，国务院、各省、自治区和设区的城市环境保护行政主管部门及其设立的独立的环境信访工作机构。根据《环境信访办法》第3条和第8条的规定,各级生态环境主管部门及其环境信访工作机构专门受理与处理环境信访事项。由此可见,环境信访机制中的公众参与客体具有一定的广泛性和多样性,为环保公众参与活动提供了多样化的指向对象。

为确保环境信访人信访行为的有效性,《环境信访办法》规定,任何组织和个人不得打击报复信访人,同时规定应当建立环境信访工作责任制、环境信访工作责任追究制和环境信访工作绩效考核制。《环境信访办法》第6条规定,各级环境保护行政主管部门应当将环境信访工作绩效纳入工作人员年度考核体系,对于失职、渎职行为实行责任追究制度。此外,《环境信访办法》还规定,对在环境信访工作中作出优异成绩的单位或者个人,由有关行政机关给予奖励,以此促进环境信访工作的有效开展,从而提高环境信访人信访行为的效能。

(3) 环保公众参与渠道

环境信访机制为社会公众参与环境保护提供了直接性的制度化参与渠道,即社会公众作为环境信访人可以直接向环保公众参与客体表达环境利益诉求,包括反映环境保护情况,提出建议、意见或者投诉请求。根据《环境信访办法》第2条的规定,环境信访的途径主要包括书信、电子邮件、传真、电话、走访等。为确保这些渠道和途径的畅通,《环境信访办法》第三章专门对畅通环境信访渠道作了相关规定,包括:第一,公布环境信访法规和环境信访工作机构相关信息,包括电子信箱、投诉电话、信访接待时间和地点等;第二,建立负责人信访接待日制度;第三,建立环境信访信息系统,包括全国环境信访信息系统和地方各级环境信访信息系统,环境信访工作机构应当及时、准确地将环境信访事项的基本要求、事实以及已受理环境信访事项的处理情况和结果等信息输入环境信访信息系统,以便于环境信访人查询。

5.2.5 环境行政复议制度供给的现状

(1) 环保公众参与主体

根据《行政复议法》第10条和《环境行政复议办法》第9条的规定,环境行政复议制度中的公众参与主体是指与被审查的环境具体行政行为有利害关系的环境行政复议申请人以外的公民、法人、其他组织或者其委托代理人,也即行政复议第三人,第三人可以被环境行政复议机构认定并通知参加行政复议,也可以自行申请参加,或是委托代理人代为参加环境行政复议。根据《环境行政复议办法》第20条的规定,环境行政复议第三人可以查阅被申请人提出的书面行政复议答复书和当初作出被申请复议的具体行政行为的证据、依据和其他有关材料。由于环境行政复议的申请人申请环境行政复议一般是为了维护其经济利益,因此本书未将环境行政复议申请人列为环保公众参与主体。

(2) 环保公众参与客体

环境行政复议制度中的公众参与客体是指受理环境行政复议申请的行政机关及其负责法制工作的机构,具体包括地方人民政府及其法制工作机构、环境保护行政主管部门及其法制工作机构。《环境行政复议办法》第4条规定:"依法履行行政复议职责的环境保护行政主管部门为环境行政复议机关。环境行政复议机关负责法制工作的机构（以下简称环境行政复议机构），具体办理行政复议事项。《行政复议法》第 3 条、《行政复议法实施条例》第 3 条和《环境行政复议办法》第 4 条详细列举了具体办理行政复议事项的法制工作机构（简称行政复议机构）应当履行的职责，包括受理行政复议申请、调查取证、拟定行政复议决定、督促行政复议申请的受理和行政复议决定的履行等。针对环境行政复议机关无正当理由不受理申请人依法提出行政复议申请的现象，《环境行政复议办法》第 17 条规定，上级环境保护行政主管部门应当责令其受理或直接受理。

为确保环境行政复议的公正性，根据《行政复议法实施条例》第 32 条、《环境行政复议办法》第 21 条的规定，环境行政复议机构审理行政复议案件，应当由 2 名以上行政复议人员参加。为提高环境行政复议工作的质量、效率和法治化水平，《行政复议法实施条例》第 4 条规定了专职行政复议人员所应具备的资格条件，随后在《行政复议法》第 3 条中规定："行政机关中初次从事行政复议的人员，应当通过国家统一法律职业资格考试取得法律职业资格。"此外，《行政复议法》《行政复议法实施条例》和《环境行政复议办法》对环境行政复议机关和环境行政复议机构的不作为、慢作为和乱作为，提出了相应的罚则，对积极作为则提出了奖励与表彰的规定。

（3）环保公众参与渠道

环境行政复议制度为社会公众参与环境保护提供了重要的制度化表达渠道。由于环境行政复议相关法规对于第三人申请参加行政复议的渠道没有作出具体规定，但明确规定了环境行政复议申请人申请环境行政复议的渠道，因此本书认为第三人的申请方式可以比照申请人。本书在此阐述申请人申请环境行政复议的渠道。根据《行政复议法》第 11 条，《行政复议法实施条例》第 18 条、第 19 条、第 20 条，《环境行政复议办法》第 12 条、第 13 条的规定，环境行政复议的申请方式包括书面申请和口头申请。其中，书面申请可以采取当面递交、邮寄、传真、电子邮件等方式提交行政复议申请书及有关材料；口头申请的行政复议，环境行政复议机关应当当场制作行政复议申请笔录并由申请人签字确认。关于环境行政复议的审查，根据《环境行政复议办法》第 22 条、《行政复议法》第 22 条、《行政复议法实施条例》第 33 条的规定，原则上采取书面审查的办法，如果行政复议机关负责法制工作的机构认为有必要时，可以实地调查核实证据；针对重大、复杂的案件，申请人提出要求或者环境行政复议机构认为必要时，可以采取听证的方式审理，听取申请人、被申请人和第三人的意见。

5.3　司法机制供给的现状

5.3.1　环境行政诉讼制度供给的现状

环境行政诉讼一般分为两类：一是公民、法人或者其他组织不服环境保护行政主管部门作出的过于严厉的行政强制措施、行政处罚和其他具体行政行为而提起的环境行政诉讼，这是最为常见的环境行政诉讼，如公民、法人或者其他组织对查封、扣押财产、环境行政处罚、征收排污费、拒发环保许可证等提起的行政诉讼。此类环境行政诉讼一般与社会公众的环境利益表达或环保参与无关。二是公民、法人或者其他组织因不满于环境保护行政主管部门或法律、法规、规章授权的组织作出的过于宽缓的行政强制措施和行政处罚以及环保部门的不作为而提起的环境行政诉讼。这类环境行政诉讼是公众环境利益表达或环保公众参与的基本方式,对救济和保护公众的环境权益具有更为积极、重要的现实意义。这类环境行政诉讼主要包括三种:第一,针对环境保护行政机关违法许可的开发建设行为造成公众环境权益的损害或将可能造成公众环境权益的极大损害,受害的公民、法人或者其他组织可依法提起撤销之诉;第二,针对环境行政机关或法律、法规、规章授权的组织拒绝履行环境保护的法定职责,对污染源应当实施限制而怠于行使其限制权,放任违法活动而造成公众环境权益的损害或将可能造成公众环境权益的极大损害,受害的公民、法人或者其他组织可依法提起要求履行之诉;第三,针对环境保护行政机关或法律、法规、规章授权的组织采取环保措施不当给受害公民、法人或者其他组织造成不应有的损失,受害公民、法人或者其他组织可依法向法院提起国家赔偿之诉。[①] 由于本书专注于环保公众参与机制的研究,因此在描述环境行政诉讼制度的供给现状时,将主要基于第二类环境行政诉讼。

(1)环保公众参与主体

环境行政诉讼制度中的环保公众参与主体是指因不满于环境保护行政主管部门或法律、法规、规章授权的组织作出的过于宽缓的行政强制措施和行政处罚,以及环保部门或被授权组织的不作为而提起环境行政诉讼或作为第三人申请参加或被通知参加环境行政诉讼的公民、法人或者其他组织。根据《行政诉讼法》第2条、第25条、第29条的规定,环境行政诉讼制度中的环保公众参与主体具体包括:第一,与环境行政行为有利害关系的公民、法人或者其他组织;第二,与环境行政行为有利害关系的公民近亲属;第三,与环境行政行为有利害关系的法人或者其他组织终止,承受其权利的法人或者其他组织;第四,人民检察院。针对没有诉讼行为能力的公民,《行政诉讼法》规定可由其法定代理人代为诉讼,此外,"当事人、法定代理人,可以委托一至二人作为诉讼代理人",可以被委托为诉讼代理人的人员包括:第一,律师、基层法律服务工作者;第二,当事人的近亲属或者工作人员;第三,当事人所在社区、单位以及有关社会团体推荐的公民。

(2)环保公众参与客体

环境行政诉讼制度中的环保公众参与客体是指受理环境行政诉讼申请的各级人民法院,具体包括基层人民法院、中级人民法院、高级人民法院和最高人民法院。根据《行政诉讼法》第三章和《最高人民法院关于行政案件管辖若干问题的规定》,基层人民法院管辖第一审环境行政诉讼案件。中级人民法院管辖下列第一审环境行政诉讼案件:第一,对国务院环保部门或者县级以上地方人民政府所作的环境行政行为提起诉讼的案件;第二,社会影响重大的共同诉讼、集团诉讼环境行政案件;第三,重大涉外或者涉及

---

① 参见柳青:《从公众环境权视角论环境行政诉讼制度构建》,湖南大学 2005 年硕士学位论文。

中国港澳台地区的环境行政诉讼案件；第四，本辖区内其他重大、复杂的环境行政诉讼案件；第五，其他法律规定由中级人民法院管辖的环境行政诉讼案件。高级人民法院管辖本辖区内重大、复杂的第一审环境行政诉讼案件，最高人民法院管辖全国范围内重大、复杂的第一审环境行政诉讼案件。

为确保环保公众参与主体的权利，《行政诉讼法》对环保公众参与客体作出了一系列约束性规定，包括：第一，对立案实行登记；第二，接收起诉状后出具书面凭证；第三，惩戒不遵守者，即针对不接收起诉状、接收起诉状后不出具书面凭证，以及不一次性告知当事人需要补正的起诉状内容的行为，上级人民法院应当责令改正并依法处分相关责任人员；第四，行政机关负责人出庭应诉，"被诉行政机关负责人应当出庭应诉。不能出庭的，应当委托行政机关相应的工作人员出庭"。

（3）环保公众参与渠道

环境行政诉讼制度也为社会公众参与环境保护提供了重要的制度化表达渠道。根据《行政诉讼法》第44条的规定，公民、法人或者其他组织可以通过两种渠道申请环境行政诉讼：一是直接渠道，即直接向人民法院提起环境行政诉讼；二是迂回渠道，即公民、法人或者其他组织先向行政机关申请环境行政复议，对复议决定不服再向人民法院提起环境行政诉讼。《行政诉讼法》第45条对间接渠道的申请期限作了规定，即"公民、法人或者其他组织不服复议决定的，可以在收到复议决定书之日起十五日内向人民法院提起诉讼。复议机关逾期不作决定的，申请人可以在复议期满之日起十五日内向人民法院提起诉讼。法律另有规定的除外"。第46条对直接渠道的申请期限作了规定，即"公民、法人或者其他组织直接向人民法院提起诉讼的，应当自知道或者应当知道作出行政行为之日起六个月内提出。法律另有规定的除外"。根据《行政诉讼法》第50条的规定，环境行政诉讼的起诉包括两种方式：书面起诉和口头起诉。

5.3.2 环境民事诉讼制度供给的现状

环境民事诉讼包括环境公益民事诉讼和环境私益民事诉讼，由于环境公益民事诉讼是环境公益诉讼的一个亚类，将在环境公益诉讼制度供给的现状描述中予以阐述，因此本部分只针对环境私益民事诉讼制度的供给现状予以分析。

（1）环保公众参与主体

根据《噪声污染防治法》等环境保护单行法，直接受到环境污染损害的单位或者个人可以向人民法院提起环境民事诉讼，因此环境民事诉讼制度中的环保公众参与主体是指直接受到环境污染损害的单位或者个人，具体包括环境民事诉讼的原告及其代理人、诉讼第三人。《民事诉讼法》第51条规定："公民、法人和其他组织可以作为民事诉讼的当事人。法人由其法定代表人进行诉讼。其他组织由其主要负责人进行诉讼。"第60条规定："无诉讼行为能力人由他的监护人作为法定代理人代为诉讼。"第61条规定："当事人、法定代理人可以委托一至二人作为诉讼代理人。"诉讼代理人可以为律师、基层法律服务工作者；当事人的近亲属或者工作人员；当事人所在社区、单位以及有关社会团体推荐的公民。《民事诉讼法》第56条规定："当事人一方人数众多的共同诉讼，可以由当事人推选代表人进行诉讼。"关于诉讼第三人,《民事诉讼法》第 59 条规定:第三人认为对诉讼当事人双方的诉讼标的有独立请求权的,有权提起诉讼;无独立请求权但同案件处理结果有法律上利害关系的,可以申请参加诉讼或由人民法院通知他参加诉讼。

(2) 环保公众参与客体

环境民事诉讼制度中的环保公众参与客体是指受理环境民事诉讼申请的各级人民法院,具体包括基层人民法院、中级人民法院、高级人民法院和最高人民法院。根据《民事诉讼法》,基层人民法院管辖第一审环境民事案件,中级人民法院管辖重大涉外环境民事案件、在本辖区有重大影响的环境民事案件和最高人民法院确定由中级人民法院管辖的环境民事案件,高级人民法院管辖在本辖区有重大影响的第一审环境民事案件,最高人民法院管辖在全国有重大影响的案件和认为应当由最高人民法院审理的案件。针对环境侵权民事诉讼的管辖,《民事诉讼法》第 29 条特别规定:"因侵权行为提起的诉讼,由侵权行为地或者被告住所地人民法院管辖。"《最高人民法院关于适用〈中华人民共和国民事诉讼法〉的解释》第 24 条进一步明确:"民事诉讼法第二十九条规定的侵权行为地,包括侵权行为实施地、侵权结果发生地。"

(3) 环保公众参与渠道

环境民事诉讼制度为受到环境污染损害的单位或者个人提供了重要的权利救济和权利表达的制度化渠道。公民、法人或者其他组织可以通过以下两种渠道申请环境民事诉讼:一是直接渠道,即直接向人民法院提起环境民事诉讼;二是迂回渠道,即先由生态环境主管部门或者其他政府职能部门调解环境纠纷,调解不成的,当事人再向人民法院提起环境民事诉讼。

5.3.3 环境刑事诉讼制度供给的现状

环境刑事诉讼包括环境刑事公益诉讼和环境刑事私益诉讼,由于中国目前尚未建立环境刑事公益诉讼制度,因此本部分只针对环境刑事私益诉讼制度的供给现状予以分析。

(1) 环保公众参与主体

环境刑事诉讼制度中的环保公众参与主体包括报案或者举报主体、自诉主体和公诉主体三类。根据《刑事诉讼法》第 110 条的规定,报案或者举报主体包括被害人以及任何单位和个人。《刑事诉讼法》第 114 条规定:"对于自诉案件,被害人有权向人民法院直接起诉。被害人死亡或者丧失行为能力的,被害人的法定代理人、近亲属有权向人民法院起诉。"因此,自诉主体包括:第一,刑事被害人,被害人有权通过直接向人民法院起诉追究被告人的刑事责任,以维护自身的合法权益;第二,被害人的近亲属;第三,被害人的法定代理人。根据《刑事诉讼法》第 169 条和第 176 条的规定,公诉主体包括各级人民检察院,对于依法应当追究刑事责任的案件,人民检察院应当向人民法院提起公诉。

（2）环保公众参与客体

环境刑事诉讼制度中的环保公众参与客体包括报案或者举报客体、自诉客体和公诉客体三类。根据《刑事诉讼法》第110条的规定，环境刑事案件的报案或者举报客体包括公安机关、人民检察院和人民法院。根据《刑事诉讼法》第19条、第112条、第114条的规定，环境刑事诉讼的自诉客体包括各级人民法院。根据《刑事诉讼法》有关管辖的规定，基层人民法院管辖第一审普通刑事案件，中级人民法院管辖危害国家安全、恐怖活动和可能判处无期徒刑、死刑的第一审刑事案件，高级人民法院管辖全省（自治区、直辖市）性的重大刑事案件，最高人民法院管辖全国性的重大刑事案件；此外，"刑事案件由犯罪地的人民法院管辖。如果由被告人居住地的人民法院审判更为适宜的，可以由被告人居住地的人民法院管辖"。《关于实施刑事诉讼法若干问题的规定》进一步明确："刑事诉讼法规定的'犯罪地'，包括犯罪的行为发生地和结果发生地。"根据《刑事诉讼法》第三章，环境刑事诉讼的公诉客体包括各级人民法院。

（3）环保公众参与渠道

环境刑事诉讼制度中的环保公众参与渠道包括报案或者举报的渠道、自诉渠道、公诉渠道三类。根据《刑事诉讼法》第111条的规定，报案或者举报的渠道包括书面和口头两种。根据《最高人民法院关于适用〈中华人民共和国刑事诉讼法〉的解释》第十章关于自诉案件第一审程序的规定，自诉需采用书面形式，即"提起自诉应当提交刑事自诉状；同时提起附带民事诉讼的，应当提交刑事附带民事自诉状"。根据《刑事诉讼法》第三章有关提起公诉的相关规定和《最高人民法院关于适用〈中华人民共和国刑事诉讼法〉的解释》第九章关于公诉案件第一审普通程序的规定，公诉程序包括审查起诉和提起公诉。审查起诉是指人民检察院对监察机关、公安机关移送起诉的案件进行审查，并应当在一个月以内作出是否提起公诉的决定；提起公诉是指人民检察院向人民法院提起公诉，并将案卷材料、证据移送人民法院。

5.3.4 环境公益诉讼制度供给的现状

（1）环保公众参与主体

中国已建立了环境民事公益诉讼制度和环境行政公益诉讼制度，因此环境公益诉讼制度中的公众参与主体包括环境民事公益诉讼主体和环境行政公益诉讼主体。提起环境民事公益诉讼主体是指法律规定的机关和有关组织，具体包括社会组织和检察机关。根据《环境保护法》第58条的规定，符合以下两个条件的社会组织可以提起环境民事公益诉讼：第一，依法在设区的市级以上人民政府民政部门登记；第二，专门从事环境保护公益活动连续五年以上且无违法记录。2015年实施的《最高人民法院关于审理环境民事公益诉讼案件适用法律若干问题的解释》第2条对《环境保护法》规定的社会组织进行了进一步界定："依照法律、法规的规定，在设区的市级以上人民政府民政部门登记的社会团体、民办非企业单位以及基金会等"；第4条对《环境保护法》规定的"专门从事环境保护公益活动"进行了阐释，即"社会组织章程确定的宗旨和主要业务范围是维护社会公共利益，且从事环境保护公益活动的"；第5条对"无违法记录"作了进一步明确,即"社会组织在提起诉讼前五年内未因从事业务活动违反法律、法规的规定受过行政、刑事处罚"。

根据《民事诉讼法》的规定,人民检察院在履行职责过程中发现破坏生态环境和资源等损害社会公共利益的行为,在没有符合条件的社会组织或者符合条件的社会组织不提起诉讼的情况下,可以向人民法院提起环境民事公益诉讼。根据《行政诉讼法》,人民检察院在履行职责中发现负有生态环境和资源保护监管职责的行政机关违法行使职权或者不作为,致使国家利益或者社会公共利益受到侵害的,应当督促行政机关依法履行职责,在行政机关不依法履行职责的情况下,人民检察院可依法向人民法院提起环境行政公益诉讼,因此提起环境行政公益诉讼的主体是各级检察机关。

（2）环保公众参与客体

环境公益诉讼制度中的环保公众参与客体包括环境民事公益诉讼客体和环境行政公益诉讼客体。根据《环境保护法》第 58 条和《民事诉讼法》第 58 条的规定,环境民事公益诉讼客体是人民法院。《最高人民法院关于审理环境民事公益诉讼案件适用法律若干问题的解释》第 6 条的规定,环境民事公益诉讼客体为中级以上人民法院,包括污染环境或破坏生态行为发生地的中级以上人民法院、损害结果地的中级以上人民法院和被告住所地的中级以上人民法院;在中级人民法院认为确有必要的情况下,可在报请高级人民法院批准后,将第一审环境民事公益诉讼案件交由基层人民法院审理。此外,《最高人民法院关于适用〈中华人民共和国民事诉讼法〉的解释》规定:"因污染海洋环境提起的公益诉讼,由污染发生地、损害结果地或者采取预防污染措施地海事法院管辖。"根据《行政诉讼法》第 25 条的规定,环境行政公益诉讼的客体也是人民法院。

（3）环保公众参与渠道

环境公益诉讼制度中的环保公众参与渠道包括提起环境民事公益诉讼的渠道、提起环境行政公益诉讼的渠道。根据《最高人民法院关于审理环境民事公益诉讼案件适用法律若干问题的解释》第 8 条的规定,提起环境民事公益诉讼应当以直接的书面形式进行;根据 2015 年最高人民检察院发布的《检察机关提起公益诉讼改革试点方案》,检察机关也应当以书面形式提起环境民事公益诉讼和环境行政公益诉讼,提交的材料包括公益诉讼起诉书、社会公共利益受到损害的初步证据和具体的诉讼请求。

第六章

中国环保公众参与机制需求的历史考察

6.1 研 究 设 计

6.1.1 制度需求的测量方法

制度需求是对尚未实现的新的制度安排的需求,包括需求指向和需求落点两个方面。其中,需求指向是指需要哪方面的制度安排,需求落点是指在哪方面具体需要什么样的制度安排。制度经济学提供了制度均衡分析的框架,界定了制度需求的含义并分析了制度需求的影响因素,然而遗憾的是,制度经济学并未提供制度需求的测量技术与方法。统观既有文献,使用制度需求(部分文献采用政策需求的表达方式)或制度均衡分析框架的学者们运用或初步探讨了以下几种测度制度需求内容和制度需求强度的方法。

(1)制度需求内容的测量方法

制度需求内容包括制度安排的需求指向和需求落点,既有文献运用或初步探讨了三种测量人们对制度安排的需求指向和需求落点的方法。

第一,议案查询法。议案又称提案,是指由具有提案权的机关或议员(代表)向国家议事机关(立法机关或国家权力机关)提出的属于议事机关职权范围内事项的议事原案,包括法律议案(简称法案)、预算案、决算案、国民经济和社会发展计划案、对内阁的不信任案、弹劾案、质询案以及有关全国性和地方性的重大事项的议案等。议案一般由三部分构成:案由、案据和方案。议案所提事项一般要求具有重要性、影响的普遍性和有待解决的紧迫性,并要求符合社会公众的意愿和要求,议案所提出的方案要具有适时性、必要性和可行性。因此,议案在一定程度上能够反映出公众的制度需求指向和需求落点。议案查询法是指研究人员通过查询一定时间区间内具有提案权的机关或议员(代表)向国家议事机关提出的各种议事原案,并将这些议事原案进行归类整理,从而构建人们的制度需求内容体系。在我国,议案与提案有所不同,议案由指定法律机关和人大代表提出,其内容必须属于本级人民代表大会或人大常委会职权范围内;而提案则由政协委员提出,提案是政协委员履行职责的重要形式。例如,张小芳在分析中国地方政府职能履行的法律需求时,就是通过考察 2017 年十二届全国人大五次会议公布的法律议案,统计出制度的需求指向。[①]

第二,学术探究法(academic inquiry approach)。学术探究法是指从已发表的众多学术研究成果中挖掘与整理制度需求内容。该方法一般能够比较有效地获取人们关于制度安排的需求指向和需求落点,主要原因有两点:一是大量学术研究成果是学者们基于严谨的社会调查获取的研究数据,对数据资料进行科学的统计检验和分析,并基于统计分析结果提出相应的政策建议。此外,这些研究成果还要经过学术刊物编辑和学界同行的严格评审才能得以最终发表,研究过程的严谨性和评审过程的严格性确保了研究成果的可靠和有效。[②] 通常情况下,对普通社会公众进行访谈难以直接获取他们的制度需求内容尤其是制度安排的需求落点,而学术研究者却能够通过对普通社会公众的背景资料、行为资料、态度和偏好等信息的调查和分析,总结归纳出社会公众的制度需求内容,因此学术研究成果中所提出的政策建议一般能够较好地反映被调查者也即社会公众的制度需求。二是针对同一主题的学术研究者往往拥有不同的学科背景和不同的知识结构,他们基于不同的学科视角和专业知识开展研究,能够对同一主题进行全方位、全景式透视,因而针对同一主题的相关学术研究成果能够多方面、多维度地反映社会公众多样化的制度需求内容。然而,该方法仅停留在规范分析阶段,尚未纳入实证分析与检验。

第三,媒介内容分析法。媒介是指大众传播媒介(简称大众传媒),主要包括报纸、杂志、广播、电视等传统媒介与互联网等新兴媒介。大众传媒是社会公众与政治决策者之间沟通的桥梁。一方面,大众传媒通过采访和报道等方式宣传政治决策者的观点与政策;另一方面,大众传媒通过新闻报道、新闻评论和意见调查等方式将社会公众的利益诉求包括制度需求传达给政治决策者。[③] 大众传媒就像一个社会雷达,因其广泛性、互动性与敏捷性等特点,能够及时地发现社会生活中存在的问题,反映公众丰富的意见和诉求,并促使决策者了解它们。因此,媒介内容是测量公众需求的一个有价值的信息来源,通过分析大众传媒的报道与评论能够了解社会公众针对特定主题的需求情况。尤其当不能通过调查公众意见或利益相关者以获取不同时间或不同地域的公众需求数据进行时间序列分析或截面分析时,媒介内容分析便成为有效的代理工具。[④]

媒介内容分析法与其他方法相比具有三个优势:一是对于任何公众感兴趣的主题,都可以运用该方法获取相关数据;二是数据可以事后搜集;三是基于媒介内容分析所获

---

① 参见张小芳:《地方政府职能履行的法律需求、供给及优化路径研究》,浙江大学 2018 年硕士学位论文。

② See Paul T., Colin P., Evaluation: Stakeholder-focused Criteria, *Social Policy & Administration*, 1996, 30(2).

③ See Oehl B., Schaffer L. M., Bernauer T., How to Measure Public Demand for Policies When There is No Appropriate Survey Data?, *Journal of Public Policy*, 2017, 37(2).

④ Ibid.

取的公众需求数据与民意调查数据相比在时间与主题方面更加精确，而且能够据此识别公众对具体的政策领域和政策工具的需求。① 赫布斯特研究发现，在 20 世纪 30 年代和 40 年代，美国 86％的国会议员依赖印刷媒体来测量公众情绪，1/4 的国会议员通过计算报纸社论来了解公众针对特定主题的观点和看法。② 倭洛、谢弗和伯诺尔构建了公众需求的三个测量指标，包括媒介显著性（media salience）、公众辩论的政治化（politicisation of the public debate）和观点评论（published opinion），并通过对 1995 年至 2010 年间《今日美国》(USA Today)和《纽约时报》(New York Times)中刊发的有关气候变化的文章的内容分析来获取三个指标的数据，以此测量公众针对气候变化的政策需求。倭洛、谢弗和伯诺尔还将媒介内容分析的数据与可获得的最好的民意调查数据进行比较，发现媒介内容分析数据可以作为公众需求的有效代理变量。③ 既有学术文献主要运用媒介内容分析法来测量社会公众对制度安排的需求指向，尚未将其运用于制度需求落点的实证测量。

（2）制度需求强度的测量方法

所谓制度需求强度，是指社会公众对特定制度安排内容需求的迫切程度，也即对特定制度安排的需求指向和需求落点的需求程度。制度需求强度越大表明社会公众越迫切需要某项制度安排，反之则表明社会公众不太需要某项制度安排。既有文献主要运用三种方法来测量人们的制度需求强度，包括满意度调查法、制度需求优先序调查法和媒介内容分析法。

第一，满意度调查法。该方法源于对制度均衡的含义界定和外在表现的阐释，根据李松龄和卢现祥的观点，制度均衡是指在制度需求和制度供给影响因素既定情况下，制度安排的供给等于或适应制度安排的需求，其外在表现为人们对既定制度安排和制度结构的一种满足状态或满意状态。④ 因而，可以通过测量人们对既定制度安排和制度结构的满意度来了解制度需求情况。满意度调查是测量制度需求程度的一种比较有效的方法，⑤例如，冯江涛运用顾客满意度指数模型来研究大学生对创新创业政策的满意度，并通过设计李克特量表来测量大学生创新创业群体对大学生创新创业各项政策内容的

① See Oehl B., Public Demand and Climate Change Policy Making in OECD Countries: From Dynamics of the Demand to Policy Responsiveness, https://doi.org/10.3929/ethz-a-010432416, visited at June 30th, 2016。

② See Herbst S., *Numbered Voices: How Opinion Polling has Shaped American Politics*, University of Chicago Press, 1993.

③ See Oehl B., Schaffer L. M., Bernauer T., How to Measure Public Demand for Policies When There is No Appropriate Survey Data?, *Journal of Public Policy*, 2016.

④ 参见李松龄：《制度、制度变迁与制度均衡》，中国财政经济出版社 2002 年版，第 185 页；卢现祥主编：《新制度经济学（第二版）》，武汉大学出版社 2011 年版，第 180 页。

⑤ See Eran V., Are You Being Served? The Responsiveness of Public Administration to Citizens' Demands: An Empirical Examination in Israel, *Public Administration*, 2000, 78(1).

满意度,以此了解大学生创新创业群体对大学生创新创业政策的需求强度。[①] 涂琼理也通过设计"很满意、较满意、一般、不太满意、很不满意"的李克特五点量表来测量农民专业合作社社员对专业合作社政府扶持政策的满意度,以此分析社员对专业合作社的各项政府扶持政策的需求程度。[②]

第二,制度需求优先序调查法。该方法在具体运用中采用了两种方式:一是将制度安排的具体需求指向和需求落点编制成问卷题项,并运用李克特五点量表法来调查人们对制度的需求强度,其中"1"表示非常不需要,"2"表示不需要,"3"表示可有可无,"4"表示需要,"5"表示非常需要。例如,张小芳将制度安排的具体需求指向编入地方政府职能履行的法律需求指标体系表,并采用李克特五点量表调查不同职业的公民对地方政府职能履行的法律需求强度。[③] 二是将制度安排的具体需求指向和需求落点编制成问卷题项,要求被调查者根据自身实际需求,在问卷题项中选出最需要的几项,并按照需求强度排序,其中排序第一位的是被调查者认为的第一需求政策,排序第二位的是被调查者认为的第二需求政策,以此类推,之后统计各问卷题项在几个位次上出现的频次,在第一位次上出现频次最多的题项即为人们最需要的制度安排,在第二位次上出现频次最多的题项即为人们次级需要的制度安排,在最后位次上出现频次最多的题项即为人们最不需要的制度安排。例如,王火根和饶盼结合农村的实际情况和国家部委以及江西省出台的相关农村新能源政策设计了 11 个政策子项作为问卷题项,并要求农户根据需要程度对这 11 个政策子项进行排序。统计结果显示,在第一位次上出现的政策子项按频次排列依次为资金补助使用新能源的家庭、对购买的新能源设备实行优惠、节能家电和节能灯具补贴,这三个政策子项即为农户最需要的能源技术扶持政策。[④]

第三,媒介内容分析法。媒介内容分析法不仅能够测量制度需求内容,而且能有效测量公众的制度需求强度。例如,倭洛、谢弗和伯诺尔构建的媒介显著性指标,即通过测量特定时间段内《今日美国》和《纽约时报》上刊发的气候变化相关文章数量占所有文章数量的百分比来测度公众对气候变化政策的需求强度;[⑤]沙尔高和沃格格桑运用谷歌

---

① 参见冯江涛:《供需平衡视角下的大学生创新创业政策满意度评估研究》,天津工业大学 2017 年硕士学位论文。

② 参见涂琼理:《农民专业合作社的政策扶持研究——基于政策需求与政策供给的分析框架》,华中农业大学 2013 年博士学位论文。

③ 参见张小芳:《地方政府职能履行的法律需求、供给及优化路径研究》,浙江大学 2018 年硕士学位论文。

④ 参见王火根、饶盼:《农户应用能源技术扶持政策需求优先序分析》,载《资源科学》2016 年第 3 期。

⑤ See Oehl B., Schaffer L. M., Bernauer T., How to Measure Public Demand for Policies When There is No Appropriate Survey Data?, *Journal of Public Policy*, 2017, 37(2).

搜索观察（Google Insights for Search）中搜索词的出现频率来测量公众议程；① 梅隆通过谷歌趋势（Google Trends）获取数据测量问题显著性，并将所获得的数据结果与公众意见调查数据相比较，发现两者显著相关。② 作为一种方兴未艾的研究数据来源，搜索引擎在学界的被关注度正不断提升。③ 正如有学者所言："我们并不是说谷歌趋势有助于预测未来，我们是说它可能有助于预测现在。"④

本书综合采纳学术探究法和媒介内容分析法来测量社会公众对环保公众参与机制的需求内容及需求强度的历史变迁，原因在于：第一，议案查询法需要查询具有提案权的机关或议员（代表）向国家议事机关提出的各种议事原案，在中国则需要查询国家机关和人大代表向人民代表大会提交的各种议事原案，由于历年相关数据获取难度较大，因此本书舍弃该方法。第二，由于学术研究成果一般能够多方面、多维度地反映社会公众多样化的制度需求指向和需求落点，而且中国学术研究成果的历年数据资料可以通过中国知网比较方便地获取；同时，由于媒介内容是测量公众需求的一个有价值的信息来源，通过分析大众传媒的报道与评论等能够了解社会公众的制度需求情况，而且中国知网中的报纸数据库能够提供历年各类报纸针对特定问题的报道和评论，因此本书综合运用学术探究法和媒介内容分析法，以期能够比较全面地获取历年社会公众对环保公众参与机制的需求内容。

同时，本书研究采纳制度需求优先序调查法来测量社会公众对环保公众参与机制需求内容和需求强度的现状。满意度调查法通常是针对既定制度安排和制度结构的满意度测评，而本书探究的是社会公众对尚未实现的新的制度安排的需求，满意度调查法无法实现该目的，而制度需求优先序调查法则能够满足本书的需要；媒介内容分析法通常能够有效测量社会公众关于制度需求指向的需求强度，但却很难测度公众对于制度需求落点的需求强度（搜索引擎难以提供制度需求落点的相关数据），而本书主要关注的是社会公众对环保公众参与机制的需求落点，因此本书采纳制度需求优先序调查法来测度制度需求强度。

6.1.2 中国环保公众参与机制需求内容及需求强度历史变迁的测量方法

由于本书研究中的制度需求指向是既定的，即中国环保公众参与相关的十一项具

① See Scharkow M., Vogelgesang J., Measuring the Public Agenda Using Search Engine Queries, *International Journal of Public Opinion Research*, 2011, 23(1).

② See Mellon J., Internet Search Data and Issue Salience: The Properties of Google Trends as a Measure of Issue Salience, *Journal of Elections, Public Opinion and Parties*, 2014, 24(1).

③ See Kahn M. E., Kotchen M. J., Business Cycle Effects on Concern about Climate Change: The Chilling Effect of Recession, *Climate Change Economics*, 2011, 2(3).

④ Choi H., Varian H., Predicting the Present with Google Trends, *Economic Record*, 2012, 88(S1).

体制度(包括人民代表大会制度、中国共产党领导的多党合作和政治协商制度、环境信息公开制度、公众参与环境影响评价制度、环境行政听证制度、环境信访制度、环境行政复议制度、环境行政诉讼制度、环境民事诉讼制度、环境刑事诉讼制度、环境公益诉讼制度),因此对于制度需求内容的测量将重点针对上述各项具体制度的需求落点。本书运用学术探究法和媒介内容分析法的具体过程如下:首先,从中国知网中的期刊数据库、会议数据库和报纸数据库检索并下载中国环保公众参与机制相关的文献资料;其次,对所检索与下载的所有文献资料进行阅读,从中提取出中国环保公众参与机制改革的政策建议作为制度需求分析的基本资料,并对其进行分类汇总;再次,将针对中国环保公众参与的人大机制、政协机制、行政机制和司法机制改革的具体政策建议条目作为测量制度需求落点的指标,将各具体政策建议条目的频数(即在文献中出现的次数)作为制度需求强度的测量指标;最后,根据各项具体制度需求落点与需求强度的统计结果,分析中国环保公众参与各具体机制需求的总体概况及其历史变迁。

6.1.2.1　中国知网数据库文献检索

(1)文献检索的原则

第一,时效性原则。制度需求往往具有一定的时效性,为确保所获取的制度需求资料的相对时效性,本书在中国知网检索了三个数据库,包括期刊数据库、会议数据库和报纸数据库(其中,期刊数据库和会议数据库能够提供学术研究成果的历年数据资料),这三个数据库相比图书数据库、博硕士论文数据库和成果数据库等,其文献刊发的时效性相对较强,能够在较大程度上反映文献刊发时间段内环保公众参与的制度需求情况。

第二,全面性原则。这一原则体现在两个方面:第一,检索数据库的相对全面性。本书没有局限于检索单个文献数据库,而是全面检索了中国知网中三个时效性较强的数据库,包括期刊数据库、会议数据库和报纸数据库。第二,检索文献类目的相对全面性。既有文献中有的是关于特定环保公众参与的制度需求,有的则是综合研究环保公众参与制度并提出多方面的制度需求。为全面获取既有文献(包括学术期刊、报纸和会议论文)中所提出的环保公众参与的制度需求,本书检索了十个方面的文献类目,包括环保公众参与的八项制度(具体包括人民代表大会制度、中国共产党领导的多党合作和政治协商制度、环境信息公开制度、公众参与环境影响评价制度、环境行政听证制度、环境信访制度、环境行政复议制度、环境诉讼制度)、公众参与环境保护和环境利益表达。公众参与环境保护和环境利益表达的相关文献通常针对一个或几个方面的制度提出政策建议,因而将这两方面的相关文献纳入分析能够更全面地反映环保公众参与的制度需求。

第三,相关性原则。本书所检索与下载的文献必须与环保公众参与的制度需求相关,也即文献中应当提出环保公众参与机制改革的政策建议,因此在输入检索条件后,如果检索结果中出现大量与环保公众参与制度需求无关或呈较弱关系的条目,则在原检索条件基础上增加检索词目,以确保检索结果的较高相关性。例如,在报纸数据库中检索关于环境诉讼制度需求的文献，先以主题"环境"并含"诉讼"为检索条件，检索结果出现大量诸如"南京环境资源法庭首次在湖畔开庭""广西高院开庭审理重大环境污染公益诉讼案"等与环保公众参与制度需求无关的文献条目，因此将原检索条件修改为主题"环境"并含"诉讼制度"重新进行检索。

第四，权威性原则。这一原则主要应用于期刊数据库检索。如果针对特定检索条件的检索时间段内的文献条目数量过多（如超过三千条），则在文献来源类别中选择权威学术期刊，包括核心期刊、中文社会科学引文索引（CSSCI）期刊和中国科学引文数据库（CSCD）期刊。例如，在期刊数据库中检索关于公众参与环境保护的制度需求文献，先以主题"公众参与"并含"环境"（时间段为 2004—2019 年）为检索条件，检索结果为5959 条文献，因此增加检索条件，在文献来源类别中选择核心期刊、CSSCI 期刊和CSCD 期刊，重新检索结果为 1630 条文献。

第五，就多原则。就多原则体现在三个方面：第一，早期文献检索的就多原则。部分制度需求的检索结果虽然为几千条文献，但从文献的发表年份来看，大部分集中于某一时间之后，因此针对刊发于该时间之前的文献，则采取就多原则而非权威性原则，检索时在文献来源类别中选择"全部期刊"。例如，在期刊数据库中检索关于人民代表大会制度需求的文献，先以主题"人民代表大会制度"并且摘要"人民代表大会制度"为检索条件，检索结果为3414 条文献，从文献发表年份看，大部分文献刊发于 1992 年之后，刊发于 1991 年及以前的期刊文献只有 114 条。因此，在文献来源类别中选择"全部期刊"，以确保相关文献在各年份的分布。第二，检索条件选择的就多原则。由于以"主题"为检索条件所检索出的文献结果数量远远多于以"篇名"为检索条件的文献数量，因此在以"篇名"为检索条件的结果数量较少时，将检索条件修改为"主题"。以人民代表大会制度需求的检索为例，先以篇名"人民代表大会制度"并且摘要"人民代表大会制度"（时间段为 1992—2019 年，文献来源类别为核心期刊、CSSCI 期刊和 CSCD 期刊）为检索条件，检索结果只有 159 条文献，于是将"篇名"检索条件修改为"主题"，其他条件不变，最后出现 443 条检索结果。第三，检索词汇选择的就多原则。在选择检索词汇时，本书尽量选择检索结果出现较多的词汇。例如，在期刊数据库中检索关于环境诉讼制度需求的文献，先以篇名"环境诉讼"（时间段为 2002 年及以前，文献来源类别为全部期刊）为检索条件，检索结果只有 10 条，于是将篇名的检索词汇"环境诉讼"拆开，修改为篇名"环境"并含"诉讼"，其他条件不变，最后出现 78 条检索结果，结果中包含了环境行政诉讼、环境民事诉讼、环境公益诉讼等多种环境诉讼相关文献。

（2）文献检索的具体条件与结果

本书文献检索类目、文献检索数据库类型、具体检索条件、文献语种选择和最终的检索结果如表 6.1 所示。

表 6.1　中国环保公众参与机制需求文献检索条件与检索结果

文献类目	文献数据库类型	检索条件	文献语种	检索结果（篇）
公众参与环境保护	期刊数据库	主题"公众参与"并含"环境"；文献刊发时间：2003 年及以前；来源类别：全部期刊	中文文献	442
		主题"公众参与"并含"环境"；文献刊发时间：2004—2019 年；来源类别：核心期刊、CSSCI 期刊、CSCD 期刊	中文文献	1630
	报纸数据库	主题"公众参与"并含"环境"	中文文献	1467
	会议数据库	主题"公众参与"并含"环境"	中文文献	580
	文献检索结果小计			4119
环境利益表达	期刊数据库	主题"利益表达"并含"环境"；来源类别：全部期刊	中文文献	106
	报纸数据库	主题"利益表达"并含"环境"	中文文献	3
	会议数据库	主题"利益表达"并含"环境"	中文文献	5
	文献检索结果小计			114
人民代表大会制度	期刊数据库	主题"人民代表大会制度"并且摘要"人民代表大会制度"；文献刊发时间：1991 年及以前；来源类别：全部期刊	中文文献	114
		主题"人民代表大会制度"并且摘要"人民代表大会制度"；文献刊发时间：1992—2019 年；来源类别：核心期刊、CSSCI 期刊、CSCD 期刊	中文文献	443
	报纸数据库	主题"人民代表大会制度"	中文文献	428
	会议数据库	主题"人民代表大会制度"	中文文献	192
	文献检索结果小计			1177
政治协商制度	期刊数据库	篇名"政治协商制度"；来源类别：全部期刊	中文文献	507
	报纸数据库	题名"政治协商制度"	中文文献	293
	会议数据库	篇名"政治协商"	中文文献	28
		篇名"政协"并且全文"政治协商"	中文文献	89
	文献检索结果小计			917
环境信访制度	期刊数据库	主题"信访制度"；来源类别：核心期刊、CSSCI 期刊、CSCD 期刊	中文文献	371
	报纸数据库	主题"信访制度"	中文文献	305
	会议数据库	主题"信访制度"	中文文献	51
	文献检索结果小计			727
环境信息公开制度	期刊数据库	篇名"政府信息公开制度"；来源类别：全部期刊	中文文献	283
		篇名"环境信息公开"；来源类别：全部期刊	中文文献	271
	报纸数据库	题名"环境信息公开"	中文文献	148
	会议数据库	主题"环境信息公开"	中文文献	106
	文献检索结果小计			808

（续表）

文献类目	文献数据库类型	检索条件	文献语种	检索结果（篇）
公众参与环境影响评价制度	期刊数据库	摘要"公众参与环境影响评价"；来源类别：全部期刊	中文文献	171
	报纸数据库	主题"公众参与环境影响评价"	中文文献	64
	会议数据库	主题"公众参与环境影响评价"	中文文献	117
	文献检索结果小计			352
环境行政听证制度	期刊数据库	篇名"行政听证"；来源类别：全部期刊	中文文献	315
	报纸数据库	主题"行政听证"	中文文献	38
	会议数据库	主题"行政听证"	中文文献	20
	文献检索结果小计			373
环境行政复议制度	期刊数据库	篇名"行政复议制度"；来源类别：全部期刊	中文文献	292
		篇名"环境行政复议"；来源类别：全部期刊	中文文献	17
	报纸数据库	题名"行政复议制度"	中文文献	32
		题名"环境行政复议"	中文文献	12
	会议数据库	篇名"行政复议"	中文文献	48
	文献检索结果小计			401
环境诉讼制度	期刊数据库	篇名"环境"并含"诉讼"；来源类别：全部期刊；文献刊发时间：2002年及以前	中文文献	78
		篇名"环境"并含"诉讼"；来源类别：核心期刊、CSSCI期刊、CSCD期刊；文献刊发时间：2003—2019年	中文文献	583
		篇名"行政诉讼制度"并含"环境"；来源类别：全部期刊	中文文献	256
		篇名"民事诉讼制度"并含"环境"；来源类别：全部期刊	中文文献	252
		篇名"刑事诉讼制度"并含"环境"；来源类别：全部期刊	中文文献	253
	报纸数据库	主题"环境"并含"诉讼制度"	中文文献	403
		题名"行政诉讼制度"	中文文献	33
		题名"民事诉讼制度"	中文文献	123
		题名"刑事诉讼制度"	中文文献	152
	会议数据库	篇名"环境"并含"诉讼"	中文文献	207
		篇名"行政诉讼"并含"制度"	中文文献	25
		篇名"民事诉讼"并含"制度"	中文文献	37
		篇名"刑事诉讼"并含"制度"	中文文献	32
	文献检索结果小计			2434
文献检索结果总计				11422

6.1.2.2　文献编码

本书中的文献编码是指对检索与下载的中国环保公众参与机制需求相关的文献资料进行阅读，从中提取出环保公众参与机制改革的政策建议，并以此作为制度需求分析的基本资料，对其进行汇总分类。

（1）文献编码的原则

第一，客观性原则。本书采取人工编码方式，编码员在从文献中提取环保公众参与机制改革的政策建议时严格遵循客观性原则，也即编码员要从文献中原原本本地提取文献作者所提出的政策建议，不能主观地对原作者的政策建议进行归纳总结，以此确保本书制度需求分析基础资料的"原本性"。

第二，具体性原则。文献作者在提出环保公众参与机制改革的政策建议时，通常会在较宏观的标题下提出更为具体的政策建议。编码员在提取政策建议时严格遵循具体性原则，也即要提取具体的政策建议而非宏观的建议。例如，在文献《公众参与和环境规制对环境治理的影响——基于省级面板数据的分析》中的"结论与启示"部分，作者提出了三条政策建议，其中第二条政策建议中的"畅通公众参与渠道，加强对公众参与的制度保障"属于较为宏观的建议，而"完善环境决策听证会、环境诉讼等制度"则属于较为具体的政策建议，编码员提取时应当提取后者。

第三，可靠性原则。可靠性是指基于相同的测试程序，通过对重复试验得出的数据进行比较，计算出产生相同结果的程度。就文本分析而言，它通常指两个或以上的研究人员将既有材料中的相同文本经过分类得到结论的相似程度。一般认为，编码的可靠性检验水平须达到80%及以上的一致性方可认为是能够接受的。[①] 共有10位编码员参与本书政策建议的提取工作，为确保编码的可靠性和不同编码员编码结果的一致性，本书编码过程如下：首先，在遵循客观性和具体性原则的基础上，10位编码员同时对10篇文献进行独立编码，将各自提取的政策建议列表，编码完成后由负责人比较不同编码员的编码结果，并组织编码员对编码过程和编码结果中所出现的问题进行讨论；然后，10位编码员对另外10篇文献进行独立编码，并再次讨论编码过程和编码结果，该过程持续直至取得编码员对政策建议提取相关问题的共识；接着，负责人将10位编码员分为五组，每组两人，五组分别对不同的10篇文献进行独立编码，编码完成后检验每组两人编码结果的一致性，如果一致性低于80%，也即两人所提取的政策建议条目与内容的一致性低于80%，则该组再选择10篇文献继续进行编码，直至两人编码结果的一致性达到80%及以上；最后，在编码结果一致性达标后，负责人将检索与下载的环保公众参与机制需求相关的文献平均分配给10位编码员，由10位编码员完成所有政策建议的提取工作。

---

① 参见李钢等编：《公共政策内容分析方法：理论与应用》，重庆大学出版社2007年版，第17页。

（2）文献编码的结果

初次文献编码的结果如表 6.2 第 2 列所示，总计编码数量为 15421 条。由于公众参与环境保护和环境利益表达相关文献通常是针对一个或几个方面的环保公众参与机制提出政策建议，因此需要对这两类文献的初次编码结果进行再次分类，将政策建议条目具体划分到环保公众参与机制各类型中。此外，编码员在初次编码时对文献中一些一般性的并非直接涉及制度改革的建议也进行了编码。如针对环境信访制度改革的建议，即"作为政府工作人员在接待公众时应主动积极地了解对方，对对方的感觉和意见、要求表现出极大的兴趣；要设法观察公众的感觉，鼓励他或帮助他寻求解决问题的途径"，该建议是针对政府信访部门工作人员的工作态度，与环境信访机制改革并非直接相关，因此对初次编码结果进行复次检验时，将这类政策建议条目删除，以确保编码结果与研究主题的相关性，编码复次检验的结果如表 6.2 第 3 列所示。在复次检验过程中进一步发现，部分编码员将一些虽是制度改革相关但并非环保公众参与机制改革直接相关的政策建议也纳入编码结果。如针对环境刑事诉讼制度改革的建议，即"完善律师辩护制度，修改刑事诉讼法时认真研究借鉴律师法规定的内容，明确规定犯罪嫌疑人在侦查阶段可以委托律师作为辩护人，对律师会见在押的犯罪嫌疑人、被告人，律师阅

表 6.2　中国环保公众参与机制需求文献编码结果

环保公众参与机制类型	初次提取政策建议数量（条）	复次提取政策建议数量（条）	最终提取政策建议数量（条）
人大机制	1765	500	489
政协机制	876	254	249
环境信息公开制度	869	579	566
公众参与环境影响评价制度	269	461	444
环境行政听证制度	978	836	836
环境信访制度	842	567	561
环境行政复议制度	761	597	585
环境行政诉讼制度	637	432	423
环境民事诉讼制度	1065	343	340
环境刑事诉讼制度	521	355	237
环境公益诉讼制度	1257	715	712
公众参与环境保护	5478	（已分类到各具体环保公众参与机制类型中）	（已分类到各具体环保公众参与机制类型中）
环境利益表达	103	（已分类到各具体环保公众参与机制类型中）	（已分类到各具体环保公众参与机制类型中）
总计数量（条）	15421	5639	5442

卷,律师提供法律援助等作出明确的、操作性较强的规定",该条政策建议虽然与环境刑事诉讼制度改革有关,但明显重在保护环境刑事诉讼中侵犯公众环境利益的被告的权利,与本书所关注的环境刑事诉讼制度中的环保公众参与主体、环保公众参与客体、环保公众参与程序等均非直接相关,因此负责人与编码员针对复次检验结果进行了最终的过滤与筛查,删除与环保公众参与机制改革不相关的政策建议条目,以确保编码结果与本书主题的适恰性,最终编码结果也即最终提取的政策建议条目数量如表 6.2 最后一列所示。

此外,需要特别说明的是,环保公众参与机制的构成要素包括环保公众参与主体、环保公众参与客体、环保公众参与程序(渠道与方式),由于环保公众参与方式主要是个体的选择,因此文献资料中提取出的环保公众参与机制改革的政策建议鲜少有关于环境利益表达方式的。此外,由于人大机制、政协机制、公众参与环境影响评价制度、环境行政听证制度、环境信访制度、环境行政复议制度、环境行政诉讼制度、环境民事诉讼制度、环境刑事诉讼制度、环境公益诉讼制度既是环保公众参与的具体机制安排,同时也是环保公众参与的制度化渠道,因此环保公众参与渠道包括两种类型:环保公众参与的具体机制以及各具体机制内部的渠道。由于既有文献资料中提取出的环保公众参与具体机制改革的政策建议一般是在环保公众参与程序中涉及或隐含在各具体机制内部的公众参与渠道,因此本书在描述各具体机制的总体制度需求落点和需求强度以及历史变迁时,将从环保公众参与主体、环保公众参与客体、环保公众参与渠道三个方面来进行。

6.2　人大和政协机制需求的历史考察

6.2.1　人大机制需求的历史考察

(1) 人大机制需求的历史概况

最终有 489 条政策建议条目反映了社会公众历年对环保公众参与的重要制度——人大机制的需求落点与需求强度。其中,32 条来源于会议数据库,68 条来源于报纸数据库,389 条来源于期刊数据库;有关环保公众参与主体——普通社会公众(或称选民)和人民代表的政策建议条目数量为 77 条,有关环保公众参与客体——全国人民代表大会及其常务委员会、地方各级人民代表大会及其常务委员会的政策建议条目数量为 124 条,有关环保公众参与渠道——人大机制所涉的直接渠道和间接渠道的政策建议条目数量为 288 条。

在有关普通社会公众(或称选民)和人民代表的政策建议中,公众的制度需求落点主要包括:优化人大代表结构、完善代表履职服务与约束制度、健全代表履职权益保障制度、实行代表专职制、健全人大代表学习培训制度。其中,制度需求强度最高的落点是优化人大代表结构,其次为完善代表履职服务与约束制度。在有关全国和地方各级人民代表大会及其常务委员会的政策建议中,公众的制度需求落点主要包括:减少各级人大代表名额、理顺人大与党委的关系、建立健全人大下属的专门委员会、加强人大组织建设、健全人大及其常委会的议事程序和工作制度、优化人大常委会组成人员结构等。其中,制度主要具体落点按需求强度从高到低依次为:实现人大常委会成员专职化,完善各级人大及其常委会的议事规则和工作制度,不断优化人大常委会组成人员的年龄结构、知识结构和专业结构等。在有关人大机制所涉的环保公众参与渠道的政策建议中,公众的制度需求落点主要包括:完善人大代表监督检查制度、健全人大代表的选举制度、建立代表向选民述职评议制度和人大常委会委员向代表述职评议制度、健全人大常委会组成人员联系人大代表制度和人大代表联系群众制度、完善罢免和质询制度、完善人大审议表决制度、完善人大代表视察调研制度、完善代表议案建议提交与处理程序等。其中,制度主要具体落点按需求强度从高到低依次为:制定监督法以明确规定各级人大行使监督权的具体权限和程序、改进和完善人民代表选举制度和工作机制、在人民代表选举中引入竞争机制、健全常委会组成人员联系代表制度及代表联系群众制度、扩大各级人大代表直接选举的范围等。有关人大机制的制度需求落点及其需求强度(具体测量指标为该项制度需求落点在文献中出现的频次)具体如表 6.3、表 6.4 和表 6.5 所示。

表 6.3　人大机制中环保公众参与主体的制度需求落点及需求强度

序号	制度需求落点	制度需求落点的具体细化	制度需求强度（条）
1	优化人大代表结构	适度降低党政领导干部和国有企事业单位管理人员在人大代表中所占比例,提高基层人大代表特别是一线工人、农民、知识分子代表比例	16
		改善人大代表结构	10
		人大代表中应当增加法律、经济、财政、政治、科技、文化等各类专家比例,取消荣誉性代表	4
2	完善代表履职服务与约束制度	健全代表履职评价考核机制和激励约束机制	9
		完善人大代表小组活动等工作制度	5
		建立代表履职服务制度,包括专家委员会制度、志愿服务人员制度、助理制度	3
3	健全代表履职权益保障制度	制定保障人大代表地位、权利与权益的法规,保障人大代表的知情权、会内发言、表决不受追究的免责权、享受职务补贴权,依法履职权等	12
4	实行代表专职制	逐步实行人大代表专职化	11
5	健全人大代表学习培训制度	健全人大代表系统学习和培训制度	7
总计			77

表 6.4　人大机制中环保公众参与客体的制度需求落点及需求强度

序号	制度需求落点	制度需求落点的具体细化	制度需求强度（条）
1	减少各级人大代表名额	在确保人大代表必要的代表性的前提下,削减代表数量和控制代表规模	10
2	建立健全人大下属的专门委员会	适当增加人大下属的专门委员会的设置,建立健全专委会工作制度,强化专门委员会的职能与职权	10
3	加强人大组织建设	加强人大组织建设,优化人大与其常委会之间的关系,设立专门的人事管理常设机构,适当增加人大常委会机关法定人员编制	11
4	健全人大及其常委会的议事程序和工作制度	完善各级人大及其常委会的议事规则和工作制度	20
4	健全人大及其常委会的议事程序和工作制度	适当延长人民代表大会的会期	7
4	健全人大及其常委会的议事程序和工作制度	健全人民代表大会全体会议制度和会议辩论制度	2
5	优化人大常委会组成人员结构	提高人大常委会专职委员比例,逐步实现人大常委会成员专职化	24
5	优化人大常委会组成人员结构	不断优化人大常委会组成人员的年龄结构、知识结构和专业结构	18
5	优化人大常委会组成人员结构	增加各级人大常委会的人员编制	1
6	理顺人大与党委的关系	明确规范同级党委与同级人大及其常委会、人大常委会机关中的党组与人大常委会机关的关系	11
6	理顺人大与党委的关系	建立人大常委会、党委、政府成员之间相互交流的机制	3
7	其他方面	筹建人大工作的专业学校	1
7	其他方面	把地方组织法分为两部并行的法律,一部是地方各级人大组织法,一部是地方各级政府组织法	1
7	其他方面	把地区改为州,州设人民代表大会,使其成为名副其实的一级政权	1
7	其他方面	强化人大现有职能,包括立法职能、议事职能、监督职能	1
7	其他方面	明确地方各级人大常委会的法律地位	1
7	其他方面	建立和完善人大常委会及其组成人员履职评价机制	1
7	其他方面	建议现在全国人大的换届时间不变,省人大换届的时间在全国人大换届前一年进行,州和设区的市人大换届时间在省人大换届前一年进行,县级人大换届的时间在州和设区的市人大换届前一年进行	1
总计			124

表 6.5　人大机制中环保公众参与渠道的制度需求落点及需求强度

序号	制度需求落点	制度需求落点的具体细化	制度需求强度（条）
1	完善人大代表监督检查制度	制定监督法,明确规定各级人大行使监督权的具体权限和程序	39
1	完善人大代表监督检查制度	应当在各级人大常委会里设立专门的监督委员会,强化人大的监督功能	12
1	完善人大代表监督检查制度	设立专门的宪法委员会,建立违宪审查机制	5
1	完善人大代表监督检查制度	人大及其常委会设专门的人事监察机构	1
1	完善人大代表监督检查制度	扩大人大监督工作的透明度	1

（续表）

序号	制度需求落点	制度需求落点的具体细化	制度需求强度（条）
2	健全人大代表的选举制度	改进和完善人民代表选举制度（包括制定"中华人民共和国选举法"）和工作机制	38
		把竞争机制引入人民代表选举中，建立社会主义竞选制度	29
		修改选举法，扩大各级人大代表直接选举的范围	22
		健全候选人提名制度，适度减少政党、团体单独或联合提名人数	10
		坚持和完善差额选举制度，扩大差额比例，增强差额选举的刚性	6
		逐步实行城乡按相同人口比例选举人大代表	3
		逐步实行地域选举与界别选举相结合的制度	8
		建立选举年制度	1
3	建立述职评议制度	建立人大代表向选民述职及选民评议代表的制度	8
		建立人大常委会组成人员向人大代表述职评议制度	1
4	完善人大常委会组成人员联系人大代表、人大代表联系群众制度	健全人大常委会组成人员联系代表制度、完善代表联系群众制度	23
		建立人大活动的公开制度，建立与完善公民旁听人大会议及人大常委会会议的程序与方法	10
		建立健全代表联络机构，建立代表接待日制度和代表接受选民委托制度	6
		建立健全邀请代表列席人大常委会会议和旁听有关会议制度	4
		对关系人民群众切身利益的重大立法事项，应通过举行听证会的方式听取公众意见	3
		在人大设立民意测验机构和信访机构，提高人大信访制度的地位	2
5	完善罢免和质询制度	完善罢免、撤换人大代表的法律程序	8
		完善人大代表和人大常委会组成人员提出罢免案、质询案的相关程序	5
		发挥选民对代表的监督罢免作用，增强有关操作程序的刚性	3
		建立代表行为惩戒制度，对代表的违法、渎职和不作为等行为进行惩戒	1
6	完善人大审议表决制度	完善人大会议审议和表决议案制度及讨论决定重大事项制度	14
		修改组织法和选举法中的有关规定，逐步废除弃权制度	2
7	完善人大代表视察调研制度	建立和完善人大常委会组成人员、人大代表定期和不定期视察、调研和检查工作的制度	11
		确立人大代表调查研究的经费保障机制	1

序号	制度需求落点	制度需求落点的具体细化	制度需求强度（条）
8	完善代表议案建议提交与处理程序	完善代表议案及建议提交、讨论与处理等程序	9
9	其他	赋予人大特别司法权，并将人大特别调查权具体化	1
		建立代表回避制度	1
总计			288

（2）人大机制需求的历史变迁

第一，人大机制中，环保公众参与主体相关制度需求的历史发展大致可以划分为两个阶段。第一阶段为1987年至2008年，此阶段需求强度最高的制度落点是优化人大代表结构，具体包括：降低党政领导干部和国有企事业单位管理人员在人大代表中所占比例、科学界定人大代表的界别、扩大一线群众代表比例等。此外，健全人大代表履职权益保障制度、实行人大代表专职制、健全人大代表系统学习和培训制度也成为较高的制度需求落点。此阶段对完善人大代表履职服务与约束制度也有一定的需求，但呈强度较弱的态势。第二阶段为2009年至2019年，此阶段健全人大代表履职服务与约束机制的制度需求与优化人大代表结构的制度需求并列为强度最高的制度落点；完善代表履职权益保障制度（具体表现为建立健全向人大代表通报政情等制度措施）、实现人大代表从兼职逐步向专职转型在此阶段也保持了中等程度的需求强度，而健全人大代表学习培训制度在此阶段的制度需求强度几乎为零。

第二，人大机制中，环保公众参与客体相关制度需求的历史发展大致可以划分为四个阶段：第一阶段为1990年以前，制度需求主要集中于优化人大常委会组成人员结构、理顺人大与同级党委的关系；同时，健全人大及其常委会的议事程序和工作制度、明确地方各级人大常委会的法律地位、加强人大的组织建设、建立健全人大下属的专门委员会也成为公众的制度需求落点。第二阶段为1991年至1995年，此阶段制度需求强度最高的是健全人大及其常委会的议事程序和工作制度，其次为加强人大组织建设以及优化人大常委会组成人员结构，最后为理顺人大与党委的关系和建立健全人大下属的专门委员会。由于1996年至2001年间，针对人大机制中环保公众参与客体——各级人大及其常委会的制度需求在学术文献和媒介内容中未曾体现，因此第三阶段为2002年至2009年，此阶段制度需求强度最高的是优化人大常委会组成人员结构、健全人大及其常委会议事程序和工作制度，减少各级人大代表名额在该阶段上升为强度较高的制度需求落点，规范党委与人大的关系、完善人大的组织机构建设也呈现较高的需求强度，扩大人大下属的专门委员会的职权、强化人大现有职能也成为需求落点，但需求强度较低。第四阶段为2010年至2019年，此阶段制度需求强度最高的落点依然为优化人大常委会组成人员结构，其次为健全人大及其常委会议事程序和工作制度、健全人大下属的专门委员会的设置与工作规则，最后为理顺人大与党委及"一府两院"的关系、建立和完善人大常委会及其组成人员履职评价机制。

第三，人大机制所涉的环保公众参与的直接渠道和间接渠道制度需求的历史发展大致可以划分为以下四个阶段：第一阶段为 1986 年至 1990 年，制度需求主要集中于完善选举制度（包括扩大直接选举的范围、完善差额选举制度、改进代表候选人提名方式与介绍方式）、提高人大议政的开放程度、建立代表和选民与人大机构的双方联系制度。此外，建立和完善代表视察调研制度、建立人大监督制度和程序、完善代表罢免制度、建立代表向选民或选举单位报告工作的制度、赋予全国人大或人大常委会弹劾权和特别司法权也成为人大机制的制度需求落点。第二阶段为 1991 年至 2000 年，此阶段制度需求强度最高的是完善人大的监督检查制度，包括设立专门的监督委员会、制定监督法、完善各级人大代表监督检查机制、扩大人大监督工作的透明度等；制度需求强度稍弱的为健全选举制度，包括引入竞争机制、明确代表候选人的资格、健全候选人提名制度和介绍制度、适当减少党政和团体联合提名的比例、逐步实行地域选举与界别选举相结合制度、缩小农村每一代表与城市每一代表所代表的人口数的比例；制度需求强度较弱的落点包括完善代表议案办理制度、实行代表召回制度、健全和完善表决制度、建立代表向选民报告工作制度、建立代表阅读文件制度等。第三阶段为 2001 年至 2010 年，完善选举制度在此阶段再次成为制度需求强度最高的落点，完善代表议案建议提交与处理程序、完善人大会议审议议案和表决议案制度在此阶段成为较高的制度需求落点，而健全代表罢免和质询制度、完善人大监督制度、健全公众旁听人大会议制度与代表列席人大常委会会议和旁听有关会议制度在此阶段依然具有较高的制度需求。第四阶段为 2011 年至 2019 年，在此阶段，健全选举制度依然为强度最高的制度需求落点，具体包括建立代表候选人与选民见面制度和竞选机制、扩大直接选举范围和差额选举范围、改革选区划分模式、加强选举立法等；此外，完善人大常委会组成人员联系人大代表和人大代表联系群众制度（实行代表接待日制度、建立健全代表联络机构等）在此阶段上升为强度次高的制度需求落点。健全人大监督制度的需求强度也较高，具体表现为强化人大监督权力与细化人大监督程序。

6.2.2　政协机制需求的历史考察

（1）政协机制需求的概况

有关政协机制最终提取的 249 条政策建议条目反映了社会公众历年对环保公众参与的制度安排——政协机制的需求落点与需求强度，其中，32 条来源于报纸数据库，98 条来源于期刊数据库，119 条来源于会议数据库；有关环保公众参与主体——政协委员的政策建议条目数量为 72 条，有关环保公众参与客体——中国人民政治协商会议全国委员会和地方委员会的政策建议条目数量为 7 条，有关环保公众参与渠道——政协机制所涉的直接渠道和间接渠道的政策建议条目数量为 170 条。

在有关政协委员的政策建议中，公众的制度需求落点主要包括：完善政协委员遴选机制，优化政协界别设置，健全政协委员履职机制，加强民主党派自身建设，建立民主党派成员实职安排机制，实现政协委员职业化等。其中，制度需求强度最高的具体落点是扩大人民政协政治协商主体的界别设置。在有关中国人民政治协商会议全国委员会和地方委员会的政策建议中，公众的制度需求落点主要包括：明确政协法律地位、提高政协独立性和加强政协组织建设。其中,制度需求强度最高的具体落点是:进一步明确人民政协法律地位,增强人民政协制度效力。在有关政协机制所涉环保公众参与渠道的政策建议中,公众的制度需求落点主要包括:完善参政议政机制、健全民主监督机制、完善政治协商机制、健全政协(委员)知情制度等。其中,制度需求强度较高的具体落点依次包括:大力推进多党合作和政治协商的制度化、规范化、程序化,完善政协委员监督检查制度,丰富、创新和细化人民政协政治协商的内容和形式,完善政协委员提案、视察、调研等一系列参政议政的制度措施,把政治协商制度纳入党委和政府的决策程序。有关政协机制的制度需求落点及其需求强度具体如表 6.6、表 6.7 和表 6.8 所示。

表 6.6　政协机制中环保公众参与主体的制度需求落点及需求强度

序号	制度需求落点	制度需求落点的具体细化	制度需求强度(条)
1	优化政协界别设置	扩大人民政协政治协商主体的界别设置,补充新的社会阶层作为界别的代表	17
2	建立民主党派成员实职安排机制	建立民主党派成员在人大、政府、政协和各级司法机关的实职安排机制	8
3	健全政协委员履职机制	加强对政协委员的培训力度,提升其履职水平	7
		建立政协委员履职绩效考评制度	6
		制定政协委员行使民主权利的保护措施	4
		加大政协机关干部与党政机关干部的双向交流	3
4	完善政协委员遴选机制	创新政协委员推选方法,引入选举机制	11
		推行委员聘用制度,从那些具有履职能力的非委员代表人士和普通公民中聘请编外委员	1
5	加强民主党派自身建设	加强民主党派自身的组织建设和制度建设	9
6	实现政协委员职业化	实现政协委员职业化与最终的专职化	2
7	其他	进一步发挥民主党派成员、无党派人士在政协中的作用	3
		进一步明确民主党派的性质	1
总计			72

表 6.7　政协机制中环保公众参与客体的制度需求落点及需求强度

序号	制度需求落点	制度需求落点的具体细化	制度需求强度(条)
1	明确政协法律地位	进一步明确人民政协法律地位,增强人民政协制度效力	2
2	提高政协独立性	加速体制改革,提高政协独立性	1
3	加强政协组织建设	加强政协领导班子建设	1
		加强政协机关建设	1
		探索和完善政协工作机制建设	1
		在各级政协常设机关设立环保机构,专事环保监督工作	1
总计			7

表6.8 政协机制中环保公众参与渠道的制度需求落点及需求强度

序号	制度需求落点	制度需求落点的具体细化	制度需求强度（条）
1	完善参政议政机制	完善政协委员提案、视察、调研等一系列参政议政的制度措施	22
2	健全民主监督机制	完善政协委员监督检查制度	35
		建立执政党和国家机关吸纳、落实、反馈来自政协意见、批评和建议的制度	5
3	完善政治协商机制	大力推进多党合作和政治协商的制度化、规范化、程序化	39
		丰富、创新和细化人民政协政治协商的内容和形式	28
		把政治协商制度纳入党委和政府的决策程序	14
		建立对协商结果的督办落实、追踪与反馈机制	8
4	健全政协（委员）知情制度	完善党委、政府情况通报制度	6
		扩大政协委员参政议政的知情范围，建立政府同政协的联系制度	2
5	建立健全政协联系群众制度	健全政协联系群众、反映社情民意信息的工作制度	6
6	其他	发挥政协参加单位作用，搭建利益诉求和表达联动平台	2
		建立和完善党委、政府和政协联动的工作机制	2
		建立民主党派内部信息互通机制	1
总计			170

（2）政协机制需求的历史变迁

第一，政协机制中，环保公众参与主体相关制度需求的历史发展大致可以划分为两个阶段。第一阶段为1990年至2007年，此阶段需求强度最高的制度落点是建立民主党派成员在人大、政府、政协和各级司法机关的实职安排机制，其次为加强民主党派自身的组织建设和制度建设。此阶段对健全政协委员履职机制也具有一定的制度需求，即制定政协委员行使民主权利的保护措施和建立委员履行职能考评制度，但呈需求强度较弱的态势。第二阶段为2009年至2019年，此阶段优化政协界别设置、完善政协委员遴选机制和健全政协委员履职机制并列为强度最高的制度落点，在健全政协委员履职机制的需求中，强度最高的具体落点包括加强对政协委员的培训力度、建立政协委员履职绩效考评制度。此阶段对实现政协委员职业化也提出了一定的需求。

第二，政协机制所涉环保公众参与直接渠道和间接渠道的制度需求的历史发展大致可以划分为两个阶段。第一阶段为1990年至2005年，制度需求主要集中于健全民主监督机制和完善参政议政机制，此阶段对完善政治协商机制也具有一定的制度需求，但需求强度相对较弱；此外，第一阶段未出现针对公众参与直接渠道的制度需求，对间接渠道——民主监督、参政议政、政治协商的制度需求主要集中于建立健全相关的制度安排，制度需求较为笼统。第二阶段为2005年至2019年，这一阶段制度需求强度最高的是完善政治协商机制,其次为健全民主监督机制,此阶段社会公众对完善政协的参政议政机制也具有一定的制度需求,但其需求强度远远低于前两者;在具体制度需求落点方面,这一阶段呈现多样化的发展态势,社会公众不仅对推进政治协商、民主监督和参政议政的制度化具有笼统需求,而且将需求扩展至更为细化、具体的制度安排,主要包括丰富、创新和细化人民政协政治协商的内容和形式,把政治协商制度纳入党委和政府的决策程序,拓展民主监督的新途径与新形式,拓宽人民政协参政议政的渠道和空间等。此外,社会公众在这一阶段对公众参与直接渠道呈现一定的制度需求,具体表现为:要求建立健全政协联系群众制度,包括搭建政协委员与人民群众的互动平台、健全政协反映社情民意信息的工作制度、探索社会公众直接参与政协工作的途径和方式等。

由于政协机制中环保公众参与客体相关制度需求非常少,未呈现明显的历史变迁,因此不作阶段划分阐释。

6.3　行政机制需求的历史考察

6.3.1　环境信息公开制度需求的历史考察

(1) 环境信息公开制度需求的概况

有关环境信息公开制度最终提取了 566 条政策建议条目,这些政策建议反映了社会公众历年对环境信息公开制度的需求落点与需求强度。其中,101 条来源于报纸数据库,346 条来源于期刊数据库,119 条来源于会议数据库;有关环境信息公开主体的政策建议条目数量为 192 条,有关环境信息公开范围的政策建议条目数量为 144 条,有关环境信息公开时限与方式的政策建议条目数量为 84 条,还有 22 条政策建议是关于立法明确公众的环境知情权,72 条政策建议在总体上是关于建立健全环境信息公开制度,52 条政策建议是关于制定信息公开法或环境信息公开法。

在有关环境信息公开主体的政策建议中,公众的制度需求落点主要包括:加强环境信息公开主体的能力建设,建立健全环境信息公开激励机制,明确并扩大环境信息公开义务主体,建立健全环境信息公开考核制度、社会评议制度和责任追究制度、完善环境信息公开的领导机制与管理机制。其中,制度需求强度最高的具体落点是建立健全环境信息公开责任追究制度,其次为建立健全环境信息公开工作的领导机制和环境信息收集、整理与公开的管理机制,再次为建立健全具有可操作性的环境信息公开考核制度和社会评议制度,具体如表 6.9 所示。

在有关环境信息公开范围的政策建议中,公众的制度需求落点主要包括:明确并扩大环境信息公开范围、规范环境信息公开之例外。其中,制度需求强度最高的具体落点是:进一步明确和扩大政府环境信息、企业环境信息和产品环境信息的公开范围与公开程度,具体如表 6.10 所示。

在有关环境信息公开时限与方式的政策建议中,公众的制度需求落点主要包括:丰富环境信息公开方式、健全环境信息公开平台、增强环境信息公开的时效性和完整性、健全环境信息公开程序、建立健全环境信息数据库。其中，制度需求强度最高的具体落点是：拓宽环境信息公开渠道，充分利用新闻发布会、政府公报、广播、电视、报纸、信息公开栏、互联网等媒体途径公开环境信息；其次为建立健全环境信息公开平台，包括政府环境信息公开平台和工矿、企业环境信息公开平台，具体如表 6.11 所示。

表 6.9　环境信息公开主体的制度需求落点及需求强度

序号	制度需求落点	制度需求落点的具体细化	制度需求强度（条）
1	加强环境信息公开主体的能力建设	进行信息公开的专门培训，加强环境信息公开机构及其工作人员的能力建设	4
2	建立健全环境信息公开激励机制	建立健全企业环境信息公开的激励机制，包括政策优惠和技术支持	10
		建立政府环境信息公开的表彰与奖励机制	3
3	明确并扩大环境信息公开义务主体	明确政府相关部门、企业、媒体在环境信息公开中应承担的责任和义务	11
		扩大环境信息披露的企业范围，将上市公司、公用事业特许经营企业、对环境造成严重影响的企业以及环境敏感型企业等列入强制信息披露的范围	11
		将政府环境信息公开的主体范围扩展为履行环保职责的所有政府部门	9
		赋予法律法规授权的非政府组织公开一定的政府环境信息的资格	7
		将环境信息公开的主体进一步扩大到与环境有关的任何公共机构	2
4	建立健全环境信息公开考核制度、社会评议制度和责任追究制度	建立健全环境信息公开责任追究制度	78
		建立健全具有可操作性的环境信息公开考核制度和社会评议制度	25
5	完善环境信息公开的领导机制与管理机制	建立健全环境信息公开工作的领导机制和环境信息收集、整理与公开的管理机制	32
	总计		192

表 6.10　环境信息公开范围的制度需求落点及需求强度

序号	制度需求落点	制度需求落点的具体细化	制度需求强度（条）
1	规范环境信息公开之例外	尽快建立环境信息公开负面清单制度，明确依法不应公开的环境信息的范围	26
2	明确并扩大环境信息公开范围	进一步明确和扩大政府环境信息、企业环境信息和产品环境信息的公开范围与公开程度	118
	总计		144

表 6.11 环境信息公开时限与方式的制度需求落点及需求强度

序号	制度需求落点	制度需求落点的具体细化	制度需求强度（条）
1	丰富环境信息公开方式	拓宽环境信息公开渠道，充分利用新闻发布会、政府公报、广播、电视、报纸、信息公开栏、互联网等媒体途径公开环境信息	44
2	健全环境信息公开平台	建立健全环境信息公开平台，包括政府环境信息公开平台和工矿、企业环境信息公开平台	23
3	增强环境信息公开的时效性和完整性	强化环境信息公开时效性与完整性的硬约束	10
4	健全环境信息公开程序	健全环境信息公开的程序	4
5	建立健全环境信息数据库	建立全国环境信息系统与国家和地方环境污染动态监测数据库	3
		总计	84

（2）环境信息公开制度需求的历史变迁

第一，环境信息公开主体相关制度需求的历史发展大致可以划分为三个阶段。第一阶段为 2003 年至 2009 年，此阶段需求强度最高的制度落点是建立健全环境信息公开考核制度、社会评议制度和责任追究制度，其次为完善环境信息公开的领导机制与管理机制，再次为明确并扩大环境信息公开义务主体。第二阶段为 2010 年至 2013 年，在这一阶段，需求强度最高的制度落点依然是建立健全环境信息公开考核制度、社会评议制度和责任追究制度，且较第一阶段其需求强度明显增强，其次是明确并扩大环境信息公开义务主体，再次则为完善环境信息公开的领导机制与管理机制、建立健全环境信息公开激励机制。第三阶段为 2014 年至 2019 年，此阶段的制度需求强度排序与第一阶段相同，明确并扩大环境信息公开义务主体和建立健全环境信息公开激励机制这两项制度需求落点，由第二阶段的较高需求强度降低到与第一阶段相同的较低强度。

第二，由于环境信息公开范围的制度需求落点只有两项：规范环境信息公开之例外、明确并扩大环境信息公开范围，且后者的需求强度远远高于前者，这导致环境信息公开范围相关制度需求的历史发展没有呈现明显的阶段特征。

第三，环境信息公开时限与方式相关制度需求的历史发展大致可以划分为两个阶段。第一阶段为 2001 年至 2010 年，在这一阶段，丰富环境信息公开方式、健全环境信息公开平台并列为需求强度最高的制度落点。第二阶段为 2011 年至 2019 年，此阶段需求强度最高的制度落点是丰富环境信息公开方式，且其强度较第一阶段提高了 2.5 倍；其次为健全环境信息公开平台，该制度落点的需求强度较第一阶段有微弱提升。在这一阶段，社会公众对增强环境信息公开的时效性和完整性、健全环境信息公开程序呈现新的制度需求，且增强环境信息公开的时效性和完整性的制度需求强度仅次于健全环境信息公开平台。

6.3.2 公众参与环境影响评价制度需求的历史考察

（1）公众参与环境影响评价制度需求的概况

关于公众参与环境影响评价制度，本书最终提取了 444 条相关政策建议条目，这些政策建议反映了社会公众历年对环保公众参与的重要行政机制——公众参与环境影响评价制度的需求落点与需求强度,其中,58 条来源于会议数据库,90 条来源于报纸数据库,296 条来源于期刊数据库;有关公众参与环境影响评价的主体——社会公众(具体包括有关单位、专家、普通公民、法人和其他组织等)的政策建议条目数量为 75 条,有关公众参与环境影响评价客体(具体包括专项规划编制机关、建设单位、环境影响报告书编制单位及其他单位、生态环境主管部门)的政策建议条目数量为 63 条,有关公众参与环境影响评价的渠道(包括公众获取环境影响评价相关信息的渠道、公众反映对规划或建设项目环境影响报告书意见的渠道)的政策建议条目数量为 273 条,此外还有 33 条政策建议是从总体上考量建立或完善公众参与环境影响评价制度,且尤其关注制定环境影响评价公众参与的技术导则。

在有关公众参与环境影响评价主体的政策建议中,公众的制度需求落点主要包括:加强公众的环境影响评价教育、立法明确参与人群范围的划定方式、明确并扩大环境影响评价参与的公众范围、明确并细化公众参与环境影响评价的权利与义务等。其中,制度需求强度最高的具体落点是从法律上明确公众在规划和建设项目立项、建设和后续运行中的知情权、参与权、监督权、建议权、救济权,同时明确其所应负担的责任和义务;其次为拓宽环境影响评价公众参与主体的范围,再次为将受环境影响评价项目间接影响的人和对项目感兴趣的人也纳入环境影响评价参评主体的范围。

在有关公众参与环境影响评价客体的政策建议中,公众的制度需求落点主要包括:建立健全公众意见采纳的反馈与公示机制、明确相关机构公众参与环境影响评价的责任和义务、建立健全约束性与惩戒性措施、加强对环境影响评价文件公众参与内容的技术审查、明确环境影响评价公众参与结果与项目可行性关系等。其中,制度需求强度最高的具体落点是建立健全规划部门和建设单位、环境影响评价编制单位以及审批单位对公众意见的反馈机制及对公众意见采纳情况的社会公示机制,其次为明确地方政府、建设单位、环境影响评价单位、评估机构、审批部门及其他相关部门在环境影响评价公众参与中的职责。

公众参与环境影响评价的渠道包括两类:公众获取环境影响评价相关信息的渠道、公众反映对规划或建设项目环境影响报告书意见的渠道。在有关公众获取环境影响评价相关信息的渠道和程序的政策建议中,公众的制度需求落点主要包括:明确环境影响评价信息公开范围与程度、丰富环境影响评价信息公开途径、明确并延长环境影响评价信息公开期限、建立强制信息公开制度、细化环境影响评价信息公开内容、立法保障公众获取环境影响评价信息等。其中,制度需求强度最高的需求落点是明确环境信息公开范围与程度,其次为丰富环境影响评价信息公开途径,再次为细化环境影响评价信息公开内容。在有关公众反映对规划或建设项目环境影响报告书意见的渠道的政策建议中,公众的制度需求落点主要包括:丰富和完善环境影响评价公众参与方式、将听证制度作为环境影响评价公众参与的必经程序、建立健全环境影响评价公众参与的救济途径、明确并扩展公众参与环境影响评价的对象和范围、明确规定并优化公众参与的程序、细化公众参与的内容、引入环境影响评价公众参与的外部监督机制等。有关公众参与环境影响评价主体、客体、渠道相关制度的需求落点及其需求强度具体如表 6.12、表

6.13 和表 6.14 所示。

表 6.12 公众参与环境影响评价主体的制度需求落点及需求强度

序号	制度需求落点	制度需求落点的具体细化	制度需求强度（条）
1	加强公众的环境影响评价教育	充分利用媒体向公众宣传普及环境影响评价参与的相关知识，以此增强公众对环境影响评价的关注程度和参与意识	8
2	立法明确参与人群范围的划定方式	立法明确环境影响评价中公众参与的具体群体，并确定选择环境影响评价公众参与主体的具体标准	5
3	明确并扩大环境影响评价参与的公众范围	拓宽环境影响评价公众参与主体的范围，要有不同团体、不同阶层的参与者	14
		立法明确规定非政府环境保护组织可以参与环境影响评价	9
		扩大环境影响评价参评主体的范围，既要包括评价范围内直接受影响的人群和社会团体，也要包括受项目间接影响的人和对项目感兴趣的人	11
4	明确并细化公众参与环境影响评价的权利与义务	从法律上明确公众在规划和建设项目立项、建设和后续运行中的知情权、参与权、监督权、建议权、救济权，同时明确其所应担负的责任和义务	23
5	其他	听证会的参与者应严格限于公众，而有关单位、专家的意见可以通过座谈会、论证会形式听取	1
		确立国家鼓励公众参与的法律制度和激励机制	2
		公众参与环境影响评价的主体应严格限定为受项目环境影响范围内的公众	2
总计			75

表 6.13 公众参与环境影响评价客体的制度需求落点及需求强度

序号	制度需求落点	制度需求落点的具体细化	制度需求强度（条）
1	建立健全公众意见采纳的反馈与公示机制	建立健全规划部门和建设单位、环境影响评价编制单位以及审批单位对公众意见的反馈机制及对公众意见采纳情况的社会公示机制	30
2	明确相关机构公众参与环境影响评价的责任和义务	明确地方政府、建设单位、环境影响评价单位、评估机构、审批部门及其他相关部门在环境影响评价公众参与中的职责	10
3	建立健全约束性与惩戒性措施	明确政府部门、建设单位和环境影响评价组织阻碍或作假公众参与等违法行为的追责条款	8
		建立健全环境影响评价报告书行政审批结果公示制度和违规审批的责任追究机制	3
		明确规定建设单位不考虑公众意见的法律责任承担机制	1

（续表）

序号	制度需求落点	制度需求落点的具体细化	制度需求强度（条）
4	明确环境影响评价公众参与结果与项目可行性关系	明确环境影响评价公众参与结果与规划或建设项目可行性之间的关系	3
5	加强对环境影响评价文件公众参与内容的技术审查	加强生态环境主管部门对环境影响评价文件公众参与内容的技术审查	3
6	加强环境影响评价审批部门建设	加强环境影响评价审批部门建设，增强环境影响评价审批部门职能	2
7	强化环境影响评价公众参与组织建设	强化环境影响评价公众参与组织建设，由没有利害关系的第三人组织环境影响评价的公众参与	3
	总计		63

表6.14　公众参与环境影响评价渠道的制度需求落点及需求强度

类别	序号	制度需求落点	制度需求落点的具体细化	制度需求强度（条）
公众反映对规划或建设项目环境影响报告书意见的渠道	1	丰富和完善环境影响评价公众参与方式	实现环境影响评价公众参与方式的多元化，并完善细化各类公众参与方式	36
	2	将听证制度作为环境影响评价公众参与的必经程序	将听证制度作为环境影响评价公众参与必经程序	6
	3	建立健全环境影响评价公众参与的救济途径	针对公众参与权的被限制或者剥夺，赋予公众提起行政复议、行政诉讼或民事诉讼的救济权利	12
			明确公众对环境影响评价参与意见未被采纳或未采纳理由的说明不满意情况下的行政救济和司法救济途径	12
	4	明确并扩展公众参与环境影响评价的对象和范围	实现环境影响评价公众参与的"全阶段参与"和"全过程参与"	60
			将建设项目、专项规划、综合规划、政策、立法、战略规划等均纳入公众参与环境影响评价的范围	7
			将公众参与环境影响评价的范围扩大到所有环境影响评价报告文件，包括报告书、报告表以及登记表	4
	5	明确规定并优化公众参与环境影响评价的程序	完善公众参与环境影响评价的具体程序和操作规则，详细规定公众调查的对象选取、时间和范围等	34
			建立健全公众参与环境影响评价的听证会程序	11
	6	细化公众参与的内容	根据项目的类型和层次、环境影响的程度和范围进行分类，并据此规定不同的公众参与形式和调查内容	10
			规范与细化环境影响评价公众参与调查问卷的格式、内容与有效回收比例	6
			设计环境影响评价公众参与过程控制点，在环境影响评价不同阶段设计不同的公众调查内容	2

（续表）

类别	序号	制度需求落点	制度需求落点的具体细化	制度需求强度（条）
	7	引入环境影响评价公众参与的外部监督机制	加强环境影响评价中公众参与的外部监督	5
	8	其他	将环境影响评价中专家意见排除出公众意见的范畴，让公众意见与专家意见处于并列的地位	1
			建立信息解释制度，使公众在全面了解环境信息的基础上对环境作出充分合理的评价	1
公众获取环境影响评价信息的渠道	9	明确环境影响评价信息公开范围与程度	建立全阶段、全过程、全覆盖的环境影响评价信息公开机制	28
	10	丰富环境影响评价信息公开途径	《环境影响评价法》应明确要求规划或建设单位、环境影响评价机构通过现场公示公告、网络媒体、电话传真、政府公报、报刊、广播、电视等多种途径相结合的方式公开环境影响评价信息	16
	11	细化环境影响评价信息公开内容	进一步规范细化环境影响评价各环节有关信息公告的格式和内容，并采用公众便于理解的语言	9
	12	建立强制信息公开制度	建立强制性的环境影响评价信息披露制度	6
	13	明确并延长环境影响评价信息公开期限	延长环境影响评价信息公告的时间期限	5
	14	立法保障公众获取环境影响评价信息	将环境信息公开的条款加入《环境影响评价法》，立法保障环境影响评价信息的公开	2
总计				273

（2）公众参与环境影响评价制度需求的历史变迁

第一，公众参与环境影响评价主体相关制度需求的历史发展大致可以划分为两个阶段。第一阶段为2000年至2013年，此阶段需求强度最高的制度落点是明确并扩大参与环境影响评价的公众范围，要有不同团体、不同阶层的参与者，尤其要立法明确规定非政府环境保护组织可以参与环境影响评价。此外，参与环境影响评价的公众既要包括评价范围内直接受影响的人群和社会团体，也要包括受项目间接影响的人和对项目感兴趣的人。强度稍弱的制度落点是明确并细化公众参与环境影响评价的权利与义务；同时，该阶段对加强公众的环境影响评价教育也有一定的制度需求。第二阶段为2013年至2019年，此阶段需求强度最高的制度落点是明确并细化公众参与环境影响评价的权利与义务，而明确并扩大环境影响评价参与的公众范围成为需求强度次高的制度落点，该阶段对立法明确环境影响评价参与人群范围的划定方式提出了一定的制度需求。

第二，公众反映对规划或建设项目环境影响报告书意见的渠道相关制度需求的历史发展大致可以划分为三个阶段。第一阶段为1996年至2003年，此阶段需求强度最高的制度落点是丰富和完善环境影响评价公众参与方式,其次为明确并扩展公众参与环境影响评价的对象和范围以及明确规定并优化公众参与环境影响评价的程序,这一阶段对建立健全环境影响评价公众参与的救济途径具有一定的需求,但呈微弱态势。第二阶段为 2004 年至 2012 年,在这一阶段,明确并扩展公众参与环境影响评价的对象和范围成为需求强度最高的制度落点,其次为明确规定并优化公众参与环境影响评价的程序,再次为建立健全环境影响评价公众参与的救济途径,该阶段对丰富和完善环境影响评价公众参与方式的制度需求较第一阶段需求强度明显降低,而对依环境影响评价层次选择公众参与方式呈现新的制度需求。第三阶段为 2013 年至 2019 年,此阶段需求强度最高的制度落点延续第二阶段,依然为明确并扩展公众参与环境影响评价的对象和范围,其次依然为明确规定并优化公众参与环境影响评价的程序,再次为丰富和完善环境影响评价的公众参与方式,这一阶段对细化环境影响评价公众参与的内容和建立健全环境影响评价公众参与的救济途径也保持了一定的制度需求,但强度相对较弱。

第三,公众获取环境影响评价信息的渠道相关制度需求的历史发展大致可以划分为两个阶段。第一阶段为 1997 年至 2008 年,此阶段需求强度最高的制度落点是明确环境影响评价信息公开范围与程度,该阶段对丰富环境影响评价信息公开途径和细化环境影响评价信息公开内容也具有一定的制度需求,但强度相对较弱。第二阶段为 2009 年至 2019 年,该阶段需求强度最高的制度落点是丰富环境影响评价信息公开途径,其次为明确环境影响评价信息公开范围与程度,再次为细化环境影响评价信息公开内容,这一阶段对建立强制环境影响评价信息公开制度和明确并延长环境影响评价信息公开期限呈现新的制度需求,但需求强度相对较弱。

由于公众参与环境影响评价客体相关制度需求落点较为均匀地分布在研究期内,未呈现明显的阶段演化特征,因此无法对其进行制度需求的历史变迁描述。

6.3.3　环境行政听证制度需求的历史考察

（1）环境行政听证制度需求的概况

关于环境行政听证制度,本书研究最终提取了 836 条相关政策建议条目,这些政策建议反映了社会公众历年对环保公众参与的重要行政机制——环境行政听证制度的需求落点与需求强度。其中,48 条来源于会议数据库,32 条来源于报纸数据库,756 条来源于期刊数据库;有关环境行政听证的主体——参与环境行政听证的公民、法人和其他组织等的政策建议条目数量为 119 条,有关环境行政听证的客体——环境行政听证组织者的政策建议条目数量为 203 条,有关环境行政听证范围与程序的政策建议条目数量为453 条,此外还有 61 条政策建议是从总体上对建立健全环境行政听证制度的考量。

在有关环境行政听证主体的政策建议中,公众的制度需求落点主要包括:明确并扩大行政听证参加人范围、建立健全听证代表产生机制、明确听证当事人及参加人的权利与义务、保障听证参与人的代表性与专业性、明确并扩大行政听证申请人范围、明确并扩大行政听证当事人范围、完善听证代表人制度等。其中,制度需求强度最高的落点是明确并扩大行政听证参加人范围,其次为建立健全听证代表产生机制,再次为明确听证当事人及参加人的权利与义务,具体如表 6.15 所示。

表 6.15　环境行政听证主体的制度需求落点及需求强度

序号	制度需求落点	制度需求落点的具体细化	制度需求强度(条)
1	明确并扩大行政听证参加人范围	明确并扩大环境行政听证参加人的范围	37
2	建立健全听证代表产生机制	建立科学、合理、公正、公开的环境行政听证代表产生机制	32
3	明确听证当事人及参加人的权利与义务	明确环境行政听证当事人及参加人在听证程序中的各项权利与义务	12
4	保障听证参与人的代表性与专业性	保障环境行政听证参与人的代表性与专业性	11
5	明确并扩大行政听证申请人范围	明确并扩大环境行政听证申请人的范围	8
6	明确并扩大行政听证当事人范围	明确并扩大环境行政听证当事人的范围	6
7	完善听证代表人制度	在总体上完善环境行政听证代表人制度	3
8	保障听证代表的各项权利	切实保障环境行政听证代表的各项权利	2
9	确立听证代表意见的法律地位	确立环境行政听证代表意见的法律地位	2
10	建立健全听证代理人制度	建立健全环境行政听证代理人制度	2
11	确立公民的听证权	在宪法中确立公民的听证权	2
12	建立健全听证权利救济机制	建立健全环境行政听证参加人的听证权利救济机制	1
13	建立公听代表人制度	建立环境行政公听代表人制度	1
总计			119

在有关环境行政听证客体的政策建议中,公众的制度需求落点包括:建立健全环境行政听证主持人制度、完善环境行政听证组织建设、设立专门的"听证专项基金"、建立环境行政听证组织者与决策者分离制度。其中,制度需求强度最高的落点是建立健全环境行政听证主持人制度,该项制度需求落点又可以具体化为 12 项次级落点,其中需求强度较高的具体落点包括:建立健全保持听证主持人独立性与中立性制度、明确听证主持人的权责、明确规定听证主持人的任职资格和条件、健全听证主持人的选任制度、建立健全听证主持人的回避制度,具体如表 6.16 所示。

在有关环境行政听证范围与程序的政策建议中,公众的制度需求落点包括:明确并扩大行政听证的适用范围、完善听证笔录制度与案卷排他制度、建立健全环境行政听证程序、完善听证会信息公开机制、丰富环境行政听证方式、明确听证的法律效力等。其中,制度需求强度最高的落点是明确并扩大行政听证的适用范围,其次为建立健全环境行政听证程序,再次为完善听证笔录制度与案卷排他制度,具体如表 6.17 所示。

表 6.16　环境行政听证客体的制度需求落点及需求强度

序号	制度需求落点	制度需求落点的具体细化	制度需求强度（条）
1	建立健全环境行政听证主持人制度	建立健全保持听证主持人独立性与中立性制度	50
		明确听证主持人的权责	29
		明确规定听证主持人的任职资格和条件	20
		健全听证主持人的选任制度	14
		建立健全听证主持人的回避制度	13
		实现听证主持人专业化与职业化	9
		建立健全听证主持人资格考试制度与培训制度	9
		建立健全禁止听证主持人单方面接触制度	6
		建立听证主持人的法律责任追究制度	6
		建立听证主持人权益保障制度	2
		立法规定听证主持人的含义与数量等	1
		在总体上建立健全听证主持人制度	31
2	完善环境行政听证组织建设	明确环境行政听证组织机构	5
		明确规定环境行政听证组织者的职权职责	3
		将环境行政听证组织者具体化	2
		完善环境行政听证组织建设	1
3	设立专门的"听证专项基金"	在行政经费中设立专门的"听证专项基金"，专款专用	1
4	建立环境行政听证组织者与决策者分离制度	建立行政听证组织者与决策者分离制度	1
总计			203

表 6.17　环境行政听证范围与程序的制度需求落点及需求强度

序号	制度需求落点	制度需求落点的具体细化	制度需求强度（条）
1	明确并扩大行政听证的适用范围	扩大环境具体行政行为的听证范围，将环境抽象行政行为也纳入行政听证的适用范围	188
2	完善听证笔录制度与案卷排他制度	立法明确规定行政听证笔录的法律效力，明确与完善"案卷排他"原则	83
3	建立健全环境行政听证程序	完善行政听证监督救济制度	39
		完善行政听证程序法律制度建设	19
		建立健全行政听证回应制度	5
		完善行政听证的申请程序	4
		完善行政听证举证责任分配制度	4
		完善行政听证的公告与通知制度	3
		完善行政听证决定制度	3
		完善行政听证会正式举行程序	2
		实行简易听证程序	1
		完善听证证人制度	1
		建立健全行政听证证据制度	1
		在总体上建立健全环境行政听证程序	39

（续表）

序号	制度需求落点	制度需求落点的具体细化	制度需求强度（条）
4	完善听证会信息公开机制	建立健全听证前、听证过程和听证结果的信息公开机制	28
5	丰富环境行政听证方式	实行正式听证与非正式听证、事前听证与事后听证等多种形式并存的听证方式	24
6	明确听证的法律效力	明确听证结果对行政决定的法律效力	4
7	建立针对新证据的再次听证制度	明确针对新证据再次组织听证的规定	2
8	明确行政听证的排除适用范围	立法明确列举环境行政听证的排除适用范围	2
9	建立"异地听证"机制	建立环境行政"异地听证"机制	1
总计			453

（2）环境行政听证制度需求的历史变迁

第一，环境行政听证主体相关制度需求的历史发展大致可以划分为两个阶段。第一阶段为1997年至2007年，此阶段需求强度最高的制度落点是明确并扩大行政听证参加人范围。该阶段对建立健全听证代表产生机制、明确并扩大行政听证申请人范围、明确并扩大行政听证当事人范围、保障听证参与人的代表性与专业性、明确听证当事人及参加人的权利与义务等也有一定的制度需求，但其强度相对较弱。第二阶段为2008年至2018年，此阶段需求强度占优势支配地位的制度落点是建立健全听证代表产生机制，其他具有较高需求强度的制度落点包括明确并扩大行政听证参加人范围、保障听证参与人的代表性与专业性、明确听证当事人及参加人的权利与义务。该阶段对明确并扩大行政听证申请人与当事人范围、确立听证代表意见的法律地位等也具有一定的制度需求。

第二，环境行政听证客体相关制度需求的历史发展大致可以划分为四个阶段。第一阶段为1996年至2003年，此阶段占绝对主导地位的制度需求落点是建立健全保持听证主持人独立性与中立性制度。该阶段对明确听证主持人的权责、明确规定听证主持人的任职资格和条件也呈现微弱需求。第二阶段为2004年至2007年，此阶段的制度需求呈现多样化的发展态势，其中有关听证主持人制度的具体需求落点包括：明确听证主持人的权责、明确规定听证主持人的任职资格和条件、建立健全保持听证主持人独立性与中立性制度、建立健全听证主持人的回避制度。此外，该阶段对完善环境行政听证组织建设也呈现较高的制度需求。同时，健全听证主持人的选任制度、建立健全禁止听证主持人单方面接触制度、建立健全听证主持人资格考试制度与培训制度、实现听证主持人专业化与职业化在这一阶段也呈现一定的制度需求。第三阶段为2008年至2012年，这一阶段的制度需求与第一阶段具有相似的特征，即建立健全保持听证主持人独立性与中立性制度在需求强度序列中占绝对支配地位，而其他方面的制度需求则呈零星分布状态。第四阶段为2013年至2019年，该阶段的制度需求特征与第二阶段类似，呈现"百花齐放、百家争鸣"的态势，其中制度需求强度较高的落点依次为明确听证主持人的权责、建立健全保持听证主持人独立性与中立性制度、明确规定听证主持人的任职资格和条件。

第三，环境行政听证范围与程序的制度需求强度总计为453条，其中明确并扩大行政听证的适用范围这一制度需求落点的强度为188条，建立健全环境行政听证程序、完善听证笔录制度与案卷排他制度这两项制度需求落点的需求强度分别为121条和83条，由于这三项制度需求落点在需求强度排序中占据绝对主导地位，且在研究期内呈现较为均匀的分布态势，因此并未呈现明显的阶段演化特征。

6.3.4　环境信访制度需求的历史考察

（1）环境信访制度需求的概况

关于环境信访制度，本书研究最终提取了561条相关政策建议条目，这些政策建议反映了社会公众历年对环保公众参与的重要行政机制——环境信访制度的需求落点与需求强度。其中，106条来源于会议数据库，82条来源于报纸数据库，373条来源于期刊数据库。有关环境信访的主体——环境信访人的政策建议条目数量为26条，有关环境信访的客体——各级人民政府、县级以上人民政府工作部门（包括信访工作机构和其他行政机构）、各级环境保护行政主管部门及其环境信访工作机构的政策建议条目数量为229条，有关环境信访渠道和程序的政策建议条目数量为243条，此外还有63条政策建议是从总体上对加快信访立法、完善信访监督职能、完善信访制度、重新定位信访制度的功能进行考量。

在有关环境信访主体的政策建议中，公众的制度需求落点包括：明确信访人的权利与义务、建立健全信访人的救助机制、建立信访代理制度、健全信访人责任追究机制、明确并放宽信访人提出的信访事项范围、健全信访人的安全保障机制。其中，制度需求强度最高的具体落点是明确信访人在信访过程中的各项权利与义务、建立健全信访人的社会救助机制和司法救助机制；其次为建立信访代理制度，由信访代理人或代理机构帮助或者代理信访人开展权利救济，具体如表6.18所示。

表6.18　环境信访主体的制度需求落点及需求强度

序号	制度需求落点	制度需求落点的具体细化	制度需求强度（条）
1	建立健全信访人的救助机制	建立健全信访人的社会救助机制和司法救助机制	7
2	明确信访人的权利与义务	明确信访人在信访过程中的各项权利与义务	7
3	建立信访代理制度	建立信访代理制度，由信访代理人或代理机构帮助或者代理信访人开展权利救济	5
4	健全信访人责任追究机制	健全信访人违法信访行为的责任追究机制	3
5	明确并放宽信访人提出的信访事项范围	明确并放宽信访人提出的信访事项范围	2
6	健全信访人的安全保障机制	完善信访人在信访过程中的安全保障机制	2
总计			26

在有关环境信访客体的政策建议中,公众的制度需求落点主要包括:促进信访机构改革、健全信访工作责任追究机制、健全信访工作考核机制、规范与加强信访机构职权、明确划分各级信访部门职能和权限、加强信访队伍建设、健全信访工作的监督机制等。其中,制度需求强度最高的落点是促进信访机构改革,其次为健全信访工作责任追究机制,具体如表 6.19 所示。

表 6.19 环境信访客体的制度需求落点及需求强度

序号	制度需求落点	制度需求落点的具体细化	制度需求强度(条)
1	促进信访机构改革	整合信访工作机构,建立"人民代表大会监督专员"制度;或在各级人大及其常委会设立"信访局"或"信访委员会"	50
		撤销信访机构,将其职能并入其他政府机构或社会组织	20
		建立各级政府及职能部门派驻的信访一体化服务中心,实行一站式信访接待	4
		精简中央信访机构,加强省市两级信访机构,弱化乃至取消县区和乡镇两级信访机构	2
		建立省级信访机构的垂直管理模式	1
		提高国家信访局的设置级别	1
2	健全信访工作责任追究机制	建立健全信访工作的责任追究机制	35
3	健全信访工作考核机制	健全信访工作的考评机制	32
4	规范与加强信访机构职权	规范和加强信访机构职权,赋予信访工作机构公开调查权、调解权、裁决权等更多的实体性权利	22
5	明确划分各级信访部门职能和权限	明确划分中央和地方各级信访机构之间以及各级党委、人大、政府信访机构之间的权力和责任界限	16
6	加强信访队伍建设	进一步强化信访队伍建设,通过考试、引进、培训等方式提高信访工作人员的素质	15
7	健全信访工作的监督机制	建立健全信访工作督查督办机制	15
8	建立健全信访信息汇集与共享机制	整合现有的信访资源,建立信访信息汇集处理机制和信访事项信息共享机制	7
9	增强信访机构间的沟通与协调	增强各级各类信访机构之间的沟通与协调	4
10	明确信访机构的法律地位	明确信访机构的法律地位	2
11	其他	设立信访法庭	1
		信访机构中设立专门办理环境案件的专案组	1
		组建信访难题专项工作组	1
	总计		229

在有关环境信访渠道的政策建议中，公众的制度需求落点主要包括：丰富和完善信访途径，完善信访程序制度，建立健全信访接待机制，明确信访处理的事项范围，建立健全信访终结机制，健全信访信息公开机制，建立信访与行政复议、诉讼、调解的衔接机制，建立健全信访听证制度，建立信访处理持续跟踪制度和信访处理结果反馈制度，引入第三方解决信访疑难事项等。其中，制度需求强度最高的具体落点是丰富和完善网上信访与传统信访的各种渠道，其次为完善信访问题的提出、受理、办理和督察等一系列法律程序，再次为建立健全信访接待机制，包括律师参与接访制度、领导干部信访接待日制度、领导干部下访制度等，具体如表 6.20 所示。

表 6.20　环境信访渠道的制度需求落点及需求强度

序号	制度需求落点	制度需求落点的具体细化	制度需求强度（条）
1	丰富和完善信访途径	丰富和完善网上信访与传统信访的各种渠道	58
2	完善信访程序制度	完善信访问题的提出、受理、办理和督察等一系列法律程序	39
3	建立健全信访接待机制	建立健全信访接待机制，包括律师参与接访制度、领导干部信访接待日制度、领导干部下访制度等	28
4	明确信访处理的事项范围	明确信访机构对信访问题的受理范围	19
5	建立健全信访终结机制	建立健全信访终结机制，明确信访终结的范围与标准	18
6	健全信访信息公开机制	健全信访事项处理、进展和结果相关的信息公开机制	17
7	建立信访与行政复议、诉讼、调解的衔接机制	建立信访与行政复议、诉讼、调解的衔接机制	29
8	建立健全信访听证制度	将听证制度引入信访工作	12
9	建立信访处理持续跟踪制度和信访处理结果反馈制度	建立信访处理持续跟踪制度和信访处理结果反馈制度	12
10	引入第三方解决信访疑难事项	建立信访疑难事项专案制度，引入第三方裁决和公示机制	6
11	其他	建立恶意信访防范机制	1
		建立健全信访问题排查与化解机制	2
		建立领导干部包案处理重大信访问题的制度	1
		协调救济型信访与监督型信访之间的关系	1
总计			243

（2）环境信访制度需求的历史变迁

第一，由于环境信访主体相关制度需求强度总计为 26 条，制度需求落点包括六个方面，且各制度需求落点较为均匀地分布在研究期内（2004 年至 2017 年），并未呈现明显的阶段特征，因此对环境信访主体相关制度需求的历史发展无法分阶段阐述。

第二，环境信访客体相关制度需求的历史发展大致可以划分为两个阶段。第一阶段为 2000 年至 2009 年,此阶段需求强度最高的制度需求落点是促进信访机构改革,包括建立人大之下的一元信访机构、撤销信访机构、将各类信访机构整合为独立统一的信访机构;需求强度稍弱的制度需求落点为健全信访工作的责任追究机制。加强信访队伍建设、明确划分各级信访部门职能和权限、规范与加强信访机构职权、健全信访工作考核机制,这四项制度需求落点的需求强度较为相当,都弱于前两项。第二阶段为 2010 年至 2019 年,该阶段的制度需求呈现多样化的发展态势,且各制度需求落点的需求强度均较第一阶段有所提高,其中需求强度最高的依然是促进信访机构改革,但对信访机构改革的方向呈现多样化的需求;需求强度稍弱的则变更为健全信访工作考核机制,之后是健全信访工作责任追究机制、规范与加强信访机构职权。此阶段对明确信访机构的法律地位等也呈现一定的制度需求,但强度微弱。

第三,环境信访渠道相关制度需求的历史发展大致可以划分为三个阶段。第一阶段为 2000 年至 2007 年,此阶段需求强度最高的制度需求落点是丰富和完善信访途径、建立健全信访接待机制。该阶段对完善信访程序制度、建立信访处理持续跟踪制度和信访处理结果反馈制度、建立健全信访听证制度等也具有一定的制度需求,但强度较弱。第二阶段为 2008 年至 2012 年,该阶段各制度需求落点的需求强度均较第一阶段有较大提高,其中需求强度最高的制度需求落点依然是丰富和完善信访途径,其次则为完善信访程序制度,再次为建立信访与行政复议、诉讼、调解的衔接机制,建立健全信访接待机制,健全信访信息公开机制和明确信访处理的事项范围。该阶段对建立健全信访终结机制呈现新的制度需求,且需求强度较高。第三阶段为 2013 年至 2019 年,此阶段只有建立信访与行政复议、诉讼、调解的衔接机制的制度需求较第二阶段有微弱提升,建立信访处理持续跟踪制度和信访处理结果反馈制度、完善信访程序制度、建立健全信访终结机制三项制度需求强度与第二阶段不相上下,其他制度需求落点的需求强度均较第二阶段有大幅下降,并回落到第一阶段的需求强度水平。

6.3.5　环境行政复议制度需求的历史考察

（1）环境行政复议制度需求的概况

关于环境行政复议制度,本书研究最终提取了 585 条相关政策建议条目,其中 53 条来源于会议数据库,55 条来源于报纸数据库,477 条来源于期刊数据库;有关环境行政复议的主体——环境行政复议第三人的政策建议条目数量为 13 条,有关环境行政复议的客体——受理环境行政复议申请的行政机关及其负责法制工作的机构的政策建议条目数量为 223 条,有关环境行政复议渠道的政策建议条目数量为 309 条,此外还有 40 条政策建议是从总体上对健全环境行政复议制度和明确环境行政复议的性质与功能定位的考量。

在有关环境行政复议主体的政策建议中,公众的制度需求落点主要包括:保障行政复议申请人权益、建立健全行政复议赔偿制度、建立健全律师代理制度、扩大行政复议申请人范围。其中,制度需求强度最高的落点是建立健全律师代理制度,其次是扩大行政复议申请人范围,具体如表 6.21 所示。

表 6.21　环境行政复议主体的制度需求落点及需求强度

序号	制度需求落点	制度需求落点的具体细化	制度需求强度（条）
1	建立健全律师代理制度	为保障环境行政复议申请人权益,应增设律师代理制度	7
2	扩大行政复议申请人范围	扩大公众进行环境行政复议的资格,赋予非环境具体行政行为直接相对人行政复议申请资格	3
3	保障行政复议申请人权益	切实保障行政复议申请人的各项程序权利	1
		赋予申请人对复议委员会委员的优先选择权	1
4	建立健全行政复议赔偿制度	完善行政复议赔偿制度	1
总计			13

在有关环境行政复议客体的政策建议中,公众的制度需求落点主要包括:加强环境行政复议机构建设、加强环境行政复议队伍建设与管理、建立健全行政复议监督体制、调整和完善行政复议管辖制度、建立健全行政复议责任追究机制、推行相对集中行政复议权、明确行政复议机关的司法豁免权、明确行政复议机构及其工作人员的职责权限等。其中,制度需求强度最高的落点是加强环境行政复议机构建设,该需求落点又可具体化为三个方面:建立独立于政府组成部门而又归属于政府的行政复议机构,使其成为政府的一个独立组成部门;建立健全保障环境行政复议机构及其工作人员独立性制度;对现有行政复议机构进行适当调整,推动行政复议机构规范化建设。制度需求强度稍弱的落点是加强环境行政复议队伍建设与管理。建立健全行政复议监督体制、调整和完善行政复议管辖制度则又弱于前项,具体如表 6.22 所示。

表 6.22　环境行政复议客体的制度需求落点及需求强度

序号	制度需求落点	制度需求落点的具体细化	制度需求强度（条）
1	加强环境行政复议机构建设	建立独立于政府组成部门而又归属于政府的行政复议机构,使其成为政府的一个独立组成部门	74
		建立健全保障环境行政复议机构及其工作人员独立性制度	26
		对现有行政复议机构进行适当调整,推动行政复议机构规范化建设	13
2	加强环境行政复议队伍建设与管理	切实加强环境行政复议队伍建设与管理,建立行政复议人员的任职资格和后续培训制度	52
3	建立健全行政复议监督体制	设立行政复议的监督机构,构建行政复议监督体系	16
4	调整和完善行政复议管辖制度	调整和完善行政复议管辖制度	13
5	建立健全行政复议责任追究机制	建立健全行政复议机关履行行政复议职责的责任追究机制	7

（续表）

序号	制度需求落点	制度需求落点的具体细化	制度需求强度（条）
6	推行相对集中行政复议权	打破条块设置，相对集中行政复议权	7
7	明确行政复议机关的司法豁免权	明确规定行政复议机关是否具有司法豁免权	7
8	明确行政复议机构及其工作人员的职责权限	立法明确各级行政复议机关及其工作人员的职责权限	3
9	其他	将行政复议工作经费依法纳入本级财政预算	2
		建立被申请人受案制度	1
		探索建立行政复议机关行政应诉主导机制	1
		强化行政复议决定的强制执行	1
	总计		223

在有关环境行政复议渠道的政策建议中，公众的制度需求落点主要包括：完善行政复议程序、明确并扩大行政复议受理范围、理顺行政复议与行政诉讼的关系、建立健全行政复议与信访工作协调机制、畅通行政复议渠道、实现行政复议方式的多元化、取消原级复议和行政终局裁决制度等。其中，制度需求强度最高的落点是完善行政复议程序，该需求落点又可具体化为十个方面，其中需求强度最高的具体落点是实行准司法化的行政复议审理程序，建立以听证审理为主、书面审理为辅的审理方式。制度需求强度稍弱的落点是明确并扩大行政复议受理范围，具体如表 6.23 所示。

表 6.23 环境行政复议渠道的制度需求落点及需求强度

序号	制度需求落点	制度需求落点的具体细化	制度需求强度（条）
1	完善行政复议程序	实行准司法化的行政复议审理程序，建立以听证审理为主、书面审理为辅的审理方式	82
		在总体上完善行政复议程序	33
		建立健全行政复议回避制度	14
		完善行政复议证据制度	12
		建立健全行政复议公开机制，增强行政复议的公开性与透明度	8
		建立环境行政复议案件的简易程序	7
		改革行政复议决策机制	5
		建立行政复议的书面告知制度	2
		建立健全重大疑难案件专家咨询制度	1
		明确行政复议的申请时效规定	3

（续表）

序号	制度需求落点	制度需求落点的具体细化	制度需求强度（条）
2	明确并扩大行政复议受理范围	明确并扩大行政复议的受理范围,将抽象行政行为、行政机关内部行政行为、行政不作为、民事争议进一步纳入行政复议范围	85
3	理顺行政复议与行政诉讼的关系	构建行政复议与行政诉讼的有效衔接机制	42
4	建立健全行政复议与信访工作协调机制	建立健全行政复议与信访工作的衔接协调机制	4
5	畅通行政复议渠道	畅通并增加申请人提出环境行政复议的渠道	4
6	实现行政复议方式的多元化	实现行政复议方式的多元化发展	3
7	取消原级复议和行政终局裁决制度	取消《行政复议法》确立的原级复议和行政终局裁决制度	2
8	其他	改革行政复议的救济制度	1
		完善行政复议申请的类型	1
总计			309

（2）环境行政复议制度需求的历史变迁

第一,由于环境行政复议主体相关制度需求强度总计为 13 条,制度需求落点包括四个方面,且各制度需求落点较为均匀地分布在研究期内（2004 年至 2015 年）,并未呈现明显的阶段特征,因此对环境行政复议主体相关制度需求的历史发展无法分阶段阐述。

第二,环境行政复议客体相关制度需求强度总计为 223 条,其中加强环境行政复议机构建设、加强环境行政复议队伍建设与管理、建立健全行政复议监督体制这三项制度需求落点需求强度分别为 113 条、52 条、16 条,这三项制度需求落点的需求强度之和占环境行政复议客体相关需求强度的 81.2％,其他制度需求落点的需求强度总计占比 18.8％,且各需求落点较为均匀地分布在研究期内（1987 年至 2019 年）,并未呈现明显的阶段特征,因此对环境行政复议客体相关制度需求的历史发展也无法分阶段阐述。

第三,环境行政复议渠道相关制度需求强度总计为 309 条,其中完善行政复议程序、明确并扩大行政复议受理范围、理顺行政复议与行政诉讼的关系这三项制度需求落点需求强度分别为 167 条、85 条、42 条,这三项制度需求落点的需求强度之和占环境行政复议渠道相关需求强度的 95.1％,其他制度需求落点的需求强度总计占比 4.9％,且三项主要制度需求落点较为均匀地分布在研究期内（1990 年至 2019 年）,并未呈现明显的阶段特征,因此对环境行政复议渠道相关制度需求的历史发展也无法分阶段阐述。

6.4　司法机制需求的历史考察

6.4.1　环境行政诉讼制度需求的历史考察

（1）环境行政诉讼制度需求的概况

关于环境行政诉讼制度,本书最终提取了 423 条相关政策建议条目,其中 18 条来源于会议数据库,51 条来源于报纸数据库,354 条来源于期刊数据库;有关环境行政诉讼的主体——提起环境行政诉讼或作为第三人申请参加或被通知参加环境行政诉讼的公民、法人或者其他组织的政策建议条目数量为 41 条,有关环境行政诉讼的客体——受理环境行政诉讼申请的各级人民法院的政策建议条目数量为 133 条,有关环境行政诉讼渠道的政策建议条目数量为 234 条,此外还有 15 条政策建议是从总体上健全环境行政诉讼制度和明确《行政诉讼法》的立法宗旨。

在有关环境行政诉讼主体的政策建议中,公众的制度需求落点主要包括:放宽环境行政诉讼的原告资格、明确环境行政诉讼原告的权利范围、健全环境行政诉讼第三人制度、建立健全诉讼代理人制度、明确环境行政诉讼当事人的义务等。其中,制度需求强度最高的落点是放宽环境行政诉讼的原告资格,其次为明确环境行政诉讼原告的权利范围,具体如表 6.24 所示。

表 6.24　环境行政诉讼主体的制度需求落点及需求强度

序号	制度需求落点	制度需求落点的具体细化	制度需求强度（条）
1	放宽环境行政诉讼的原告资格	放宽环境行政诉讼的原告资格	25
2	明确环境行政诉讼原告的权利范围	明确环境行政诉讼原告的权利范围	7
3	健全环境行政诉讼第三人制度	完善行政诉讼第三人制度,适当放宽行政诉讼第三人的条件	3
4	建立健全诉讼代理人制度	建立健全诉讼代理人制度	2
5	明确环境行政诉讼当事人的义务	明确环境行政诉讼当事人的义务	2
6	建立原告保护制度	建立严格的原告保护制度	1
7	设立环境行政诉讼原告奖励制度	建议法院设立环境行政诉讼原告奖励制度	1
	总计		41

在有关环境行政诉讼客体的政策建议中,公众的制度需求落点主要包括:设立行政法院或行政法庭,改革环境行政诉讼管辖制度,实现法院人事权、财政权、审判权的独立,提高环境司法人员素质与职务保障,改革环境行政审判方式,建立生态环保法院或设置环保法庭,强化环境行政判决的执行力度等。其中,制度需求强度最高的落点是设

立行政法院或行政法庭，其次为改革环境行政诉讼管辖制度，具体如表 6.25 所示。

表 6.25　环境行政诉讼客体的制度需求落点及需求强度

序号	制度需求落点	制度需求落点的具体细化	制度需求强度（条）
1	设立行政法院或行政法庭	建立独立的行政法院系统或设立行政法庭	29
2	改革环境行政诉讼管辖制度	改革行政诉讼管辖制度，提高行政诉讼案件的管辖级别，构建异地管辖和跨区域管辖机制	20
3	实现法院人事权、财政权、审判权的独立	实现法院人事权、财政权、审判权的独立	18
4	提高环境司法人员素质与职务保障	通过培训、考核等方式提高环境司法人员素质，同时构建环境司法人员职务保障	17
5	改革环境行政审判方式	不断改革完善环境行政审判方式	16
6	建立生态环保法院或设置环保法庭	建立生态环保法院或设置环保法庭，推进环境资源审判专门化	11
7	强化环境行政判决的执行力度	重构行政判决制度，强化环境行政判决的执行力度	10
8	完善环境行政诉讼费用制度	不断健全环境行政诉讼费用制度，包括收费范围、收费标准、征收措施及监督机制等	6
9	强化法院的职权调查	强化法院的职权调查	4
10	其他	改善党对法院的领导方式和领导体制	1
		增设诉讼保全和先予执行制度	1
总计			133

在有关环境行政诉讼渠道的政策建议中，公众的制度需求落点主要包括：明确并扩大环境行政诉讼的受案范围、健全环境行政诉讼程序规范、建立环境行政诉讼调解机制与和解机制、健全环境行政诉讼的监督机制、明确举证责任的归属、延长环境行政诉讼时效、简化和扩充被告制度、完善环境行政复议前置程序、完善环境行政诉讼的类型、建立行政首长出庭应诉机制等。其中，制度需求强度最高的落点是明确并扩大环境行政诉讼的受案范围，其次为健全环境行政诉讼程序规范，具体如表 6.26 所示。

表 6.26　环境行政诉讼渠道的制度需求落点及需求强度

序号	制度需求落点	制度需求落点的具体细化	制度需求强度（条）
1	明确并扩大环境行政诉讼的受案范围	明确并扩大环境行政诉讼的受案范围，将抽象行政行为纳入行政诉讼范围，并增加合理性审查原则	105
2	健全环境行政诉讼程序规范	健全环境行政诉讼起诉、立案登记、审判等程序规范	39
3	建立环境行政诉讼调解机制与和解机制	在环境行政诉讼中引入调解机制与和解机制	20

序号	制度需求落点	制度需求落点的具体细化	制度需求强度（条）
4	健全环境行政诉讼的监督机制	健全环境行政诉讼的监督机制	14
5	明确举证责任的归属	完善行政诉讼举证责任的分配，环境行政机关对其环境行政行为的合法性负举证责任	14
6	延长环境行政诉讼时效	适当延长环境行政诉讼的时效	8
7	简化和扩充被告制度	简化和扩充行政诉讼被告制度	8
8	完善环境行政复议前置程序	在环境行政诉讼中，实行强制性行政复议前置	7
9	完善环境行政诉讼的类型	增加与完善环境行政诉讼的类型	6
10	建立行政首长出庭应诉机制	建立行政首长出庭应诉机制，强化行政机关首长的法律责任	5
11	建立行政诉讼期间停止环境行政行为执行制度	建立行政诉讼期间停止环境行政行为执行制度	2
12	健全环境司法鉴定制度	健全和完善环境司法鉴定制度，为诉讼当事人收集环境诉讼证据提供条件	2
13	增加案件审查过程的透明度	增加审查过程的透明度	1
14	其他	扩充行政审判中法律适用依据的范围	1
		确立行政判例法制度	1
		改革法律解释体制	1
总计			234

（2）环境行政诉讼制度需求的历史变迁

第一，环境行政诉讼主体相关制度需求强度总计为 41 条，其中放宽环境行政诉讼的原告资格、明确环境行政诉讼原告的权利范围这两项制度需求落点需求强度分别为 25 条和 7 条，这两项制度需求落点的需求强度之和占环境行政诉讼主体相关需求强度的 78%，且较为均匀地分布在研究期内（1987 年至 2017 年），并未呈现明显的阶段特征，因此对环境行政诉讼主体相关制度需求的历史发展无法分阶段阐述。

第二，环境行政诉讼客体相关制度需求的历史发展大致可以划分为三个阶段。第一阶段为 1986 年至 1998 年，此阶段需求强度最高的制度需求落点是设立行政法院或行政法庭，其次为提高环境司法人员素质与职务保障，再次为实现法院人事权、财政权、审判权的独立。该阶段对建立生态环保法院或设置环保法庭、改革环境行政诉讼管辖制度、改革环境行政审判方式、强化法院的职权调查四项制度安排也呈现一定的制度需求，但强度微弱。第二阶段为 1999 年至 2007 年，此阶段需求强度最高的制度需求落点依然是设立行政法院或行政法庭,但需求强度较第一阶段有所下降。该阶段需求强度稍弱的制度落点包括提高环境司法人员素质与职务保障,改革环境行政审判方式,实现法院人事权、财政权、审判权的独立,强化环境行政判决的执行力度,其中前三项制度落点均较第一阶段有所提高,第四项强化环境行政判决的执行力度为该阶段新出现的制度需求。完善环境行政诉讼费用制度也是该阶段新的制度需求。第三阶段为 2008 年至 2019 年,此阶段需求强度最高的制度需求落点为改革环境行政诉讼管辖制度,其强度较第一阶段和第二阶段有明显提升;其次为建立生态环保法院或设置环保法庭,该需求落点在第一阶段的需求强度微弱,在第二阶段的需求强度为零,但在第三阶段其强度陡然提升;再次为实现法院人事权、财政权、审判权的独立,设立行政法院或行政法庭,改革环境行政审判方式,这三项制度需求强度相当。此阶段对提高环境司法人员素质与职务保障、强化环境行政判决的执行力度等也有一定的需求,但强度较弱。

第三,环境行政诉讼渠道相关制度需求的历史发展大致可以划分为三个阶段。第一阶段为 1986 年至 2004 年,此阶段需求强度最高的制度需求落点是明确并扩大环境行政诉讼的受案范围,该需求落点在该阶段的制度需求序列中占据绝对优势地位;其次为健全环境行政诉讼程序规范;再次为健全环境行政诉讼的监督机制、明确举证责任的归属和延长环境行政诉讼时效,但这几项需求落点的需求强度较需求强度最高的需求落点相差甚远。该阶段对建立行政诉讼调解机制与和解机制、完善行政复议前置程序、完善环境行政诉讼的类型等也具有一定的制度需求,但强度较弱。第二阶段为 2005 年至 2012 年,此阶段需求强度最高的制度需求落点依然是明确并扩大环境行政诉讼的受案范围,且其需求强度较第一阶段有较大提高;其次为建立行政诉讼调解机制与和解机制,其需求强度与第一阶段相比也有显著提升;再次为健全环境行政诉讼程序规范,其需求强度与第一阶段相比有微弱提高。此外,完善行政复议前置程序、简化和扩充被告制度两项制度需求落点较第一阶段也有所提高,该阶段对建立行政首长出庭应诉机制也呈现新的制度需求。第三阶段为 2013 年至 2019 年,此阶段需求强度最高的两个制度需求落点是明确并扩大环境行政诉讼的受案范围和健全环境行政诉讼程序规范,其中明确并扩大环境行政诉讼的受案范围的需求强度较前两个阶段显著下降,而健全环境行政诉讼程序规范的需求强度较前两个阶段显著提升。该阶段需求强度稍弱的为建立行政诉讼调解机制与和解机制、健全环境行政诉讼的监督机制、明确举证责任的归属。该阶段对简化和扩充被告制度、健全环境司法鉴定制度、完善环境行政诉讼的类型等也有一定制度需求,但强度微弱。

6.4.2 环境民事诉讼制度需求的历史考察

(1) 环境民事诉讼制度需求的概况

关于环境民事诉讼制度,本书最终提取了 340 条相关政策建议条目,其中 22 条来源于会议数据库,88 条来源于报纸数据库,230 条来源于期刊数据库;有关环境民事诉讼的主体——直接受到环境污染损害的单位或者个人的政策建议条目数量为 95 条,有关环境民事诉讼的客体——受理环境民事诉讼申请的各级人民法院的政策建议条目数量为 70 条,有关环境民事诉讼渠道的政策建议条目数量为 171 条。此外,还有 4 条政策建议在总体上与完善环境民事诉讼制度有关。

在有关环境民事诉讼主体的政策建议中,公众的制度需求落点主要包括:赋予和保障当事人自主选择诉讼方式的权利,明确检察机关在环境民事诉讼中应承担的权力、责任与义务,明确环境民事诉讼当事人和第三人的范围及其权利,放宽环境民事诉讼的原告资格与条件,完善环境民事诉讼法律援助制度和社会救助制度,设立环境民事诉讼原告奖励制度,完善环境侵权民事责任的分担机制等。其中,制度需求强度最高的落点是赋予和保障当事人自主选择诉讼方式的权利,其次为明确检察机关在环境民事诉讼中的权力、责任与义务,再次为明确环境民事诉讼当事人和第三人的范围及其权利,各需求落点如表 6.27 所示。

表 6.27　环境民事诉讼主体的制度需求落点及需求强度

序号	制度需求落点及其具体细化(两者相同)	制度需求强度 (条)
1	赋予和保障当事人自主选择诉讼方式的权利	28
2	明确检察机关在环境民事诉讼中应承担的权力、责任与义务	18
3	明确环境民事诉讼当事人和第三人的范围及其权利	16
4	放宽环境民事诉讼的原告资格与条件	14
5	完善环境民事诉讼法律援助制度和社会救助制度	12
6	设立环境民事诉讼原告奖励制度	3
7	完善环境侵权民事责任的分担机制	3
8	明确界定提起附带环境民事诉讼的范围	1
	总计	95

在有关环境民事诉讼客体的政策建议中,公众的制度需求落点主要包括:改革环境民事诉讼管辖制度、加强环境资源审判队伍专业化建设、实现环境资源民事案件的专业化审判、建立健全环境民事诉讼审判制度、明确法院及时告知的义务等。其中,制度需求强度最高的落点是改革环境民事诉讼管辖制度,其次为加强环境资源审判队伍专业化建设,再次为实现环境资源民事案件的专业化审判,各需求落点按制度需求强度降序排列如表 6.28 所示。

在有关环境民事诉讼渠道的政策建议中,公众的制度需求落点主要包括:健全环境民事诉讼赔偿制度、完善刑事附带民事诉讼的相关规定、建立刑民分审制、完善环境民事诉讼调解机制与和解机制、完善环境民事诉讼财产保全措施、明确附带民事诉讼的时效、明确并扩大环境民事诉讼的受案范围、完善环境侵权诉讼鉴定制度、改革诉讼费用制度等。其中,制度需求强度最高的落点是健全环境民事诉讼赔偿制度,其次为完善刑事附带民事诉讼的相关规定,再次为建立刑民分审制和完善环境民事诉讼调解机制与和解机制,各需求落点按制度需求强度降序排列如表 6.29 所示。

表 6.28 环境民事诉讼客体的制度需求落点及需求强度

序号	制度需求落点	制度需求落点的具体细化	制度需求强度（条）
1	改革环境民事诉讼管辖制度	完善环境民事诉讼案件地域管辖	25
		健全环境民事诉讼案件管辖权异议制度	
		完善环境民事诉讼案件级别管辖	
		构建跨区域管辖机制	
		明确环境民事诉讼案件移送程序	
2	加强环境资源审判队伍专业化建设	加强环境资源审判队伍专业化建设，提高环境司法人员素质与职务保障	23
3	实现环境资源民事案件的专业化审判	建立生态环保法院或设置环保法庭，实现环境资源民事案件的专业化审判	12
4	建立健全环境民事诉讼审判制度	建立健全环境民事诉讼审判制度	5
5	明确法院及时告知的义务	法院应告知被害人有权提起附带民事诉讼	3
6	其他	明确人民法院受理附带民事诉讼的范围	1
		明确生态损害索赔案件的信息共享规则	1
	总计		70

表 6.29 环境民事诉讼渠道的制度需求落点及需求强度

序号	制度需求落点	制度需求落点的具体细化	制度需求强度（条）
1	健全环境民事诉讼赔偿制度	扩大环境民事诉讼请求赔偿损失的范围和明确赔偿标准	63
2	完善刑事附带民事诉讼的相关规定	完善刑事附带民事诉讼的相关规定，避免与民事诉讼相冲突	35
		明确并扩大刑事附带民事诉讼的范围	
3	建立刑民分审制	建立刑民分审制，确立刑事与民事诉讼发生交叉时民事诉讼的独立地位	18
4	完善环境民事诉讼调解机制与和解机制	在环境民事诉讼中引入和完善调解机制与和解机制	17
5	完善环境民事诉讼财产保全措施	完善环境民事诉讼财产保全措施，赋予并保障公安、检察机关的财产保全权	9
6	明确附带民事诉讼的时效	明确刑事附带民事诉讼中民事诉讼的时效	8
7	明确并扩大环境民事诉讼的受案范围	明确并扩大环境民事诉讼受案范围	5
8	完善环境侵权诉讼鉴定制度	完善环境侵权诉讼鉴定制度	5
9	改革诉讼费用制度	改革环境民事诉讼费用制度	4
10	明确举证责任的归属	明确举证责任的归属，减轻受害人的举证负担	3
11	加大环境资源审判公众参与和司法公开力度	加大环境资源审判公众参与和司法公开力度	2
12	完善环境民事诉讼期间制度	完善环境民事诉讼期间制度	2
	总计		171

（2）环境民事诉讼制度需求的历史变迁

第一，环境民事诉讼主体相关制度需求的历史发展大致可以划分为两个阶段。第一阶段为 1994 年至 2008 年，此阶段需求强度占绝对主导地位的制度需求落点是赋予和保障当事人自主选择诉讼方式的权利，其次为放宽环境民事诉讼的原告资格与条件，再次为完善环境民事诉讼法律援助制度和社会救助制度。此阶段对明确环境民事诉讼当事人和第三人的范围及其权利、完善环境侵权民事责任的分担机制、设立环境民事诉讼原告奖励制度也有一定的制度需求，但强度相对较弱。第二阶段为 2009 年至 2019 年，明确环境民事诉讼当事人和第三人的范围及其权利与明确检察机关在环境民事诉讼中的权力、责任和义务并列为此阶段需求强度最高的制度需求落点，且其强度较第一阶段有明显提升。该阶段需求强度稍弱的为赋予和保障当事人自主选择诉讼方式的权利，但其强度较之第一阶段明显下降；之后是放宽环境民事诉讼的原告资格与条件、完善环境民事诉讼法律援助制度和社会救助制度，这两项制度需求落点的需求强度与第一阶段持平。此阶段对完善环境侵权民事责任的分担机制、明确界定提起附带环境民事诉讼者的范围未呈现制度需求。

第二，环境民事诉讼客体相关制度需求的历史发展大致可以划分为两个阶段。第一阶段为 1986 年至 2012 年，此阶段需求强度占主导地位的制度需求落点是改革环境民事诉讼管辖制度和加强环境资源审判队伍专业化建设。该阶段对明确法院及时告知的义务、建立健全环境民事诉讼审判制度、明确人民法院受理附带民事诉讼的范围、实现环境资源民事案件的专业化审判也呈现一定的制度需求，但强度较弱。第二阶段为 2013 年至 2019 年，此阶段需求强度最高的制度需求落点是实现环境资源民事案件的专业化审判，且其强度较第一阶段大幅提升；其次为改革环境民事诉讼管辖制度和加强环境资源审判队伍专业化建设，但其强度较第一阶段明显下降。此阶段对建立健全环境民事诉讼审判制度和明确生态损害索赔案件的信息共享规则也有一定的制度需求，但强度微弱。此外，该阶段对明确法院及时告知的义务未呈现制度需求。

第三，环境民事诉讼渠道相关制度需求的历史发展大致可以划分为两个阶段。第一阶段为 1986 年至 2005 年，此阶段需求强度占主导地位的制度需求落点是健全环境民事诉讼赔偿制度，其次为完善环境刑事附带民事诉讼的相关规定，再次为建立刑民分审制。该阶段对加大环境资源审判公众参与和司法公开力度、完善环境民事诉讼期间制度、完善环境民事诉讼财产保全措施、完善环境民事诉讼调解机制与和解机制、明确并扩大环境民事诉讼受案范围、改革诉讼费用制度和明确举证责任的归属也有微弱的制度需求。第二阶段为 2006 年至 2019 年，此阶段需求强度占主导地位的制度需求落点依然是健全环境民事诉讼赔偿制度，且其强度较第一阶段大幅提升；其次为完善环境刑事附带民事诉讼的相关规定、完善环境民事诉讼调解机制与和解机制，其中完善环境民事诉讼调解机制与和解机制的制度需求强度较第一阶段大幅提升；再次为建立刑民分审制，但较第一阶段其强度有所下降。该阶段对明确附带民事诉讼的时效和完善环境侵权诉讼鉴定制度呈现新的制度需求，且强度较高。

6.4.3 环境刑事诉讼制度需求的历史考察

（1）环境刑事诉讼制度需求的概况

关于环境刑事诉讼制度，本书最终提取了237条相关政策建议条目，其中44条来源于会议数据库，89条来源于报纸数据库，104条来源于期刊数据库；有关环境刑事诉讼主体的政策建议条目数量为27条，有关环境民事诉讼的客体——各级公安机关、人民检察院和人民法院的政策建议条目数量为37条，有关环境刑事诉讼渠道的政策建议条目数量为173条。

在有关环境刑事诉讼主体的政策建议中，公众的制度需求落点包括六个方面：明确并保障环境刑事诉讼被害人的权利和地位、保障律师执业权利、完善环境刑事诉讼法律援助制度、放宽环境刑事诉讼的原告资格与条件、设立原告奖励制度、完善环境刑事诉讼举报制度。其中，制度需求强度占绝对主导地位的落点是明确并保障环境刑事诉讼被害人的权利，该项制度需求落点的需求强度占环境刑事诉讼主体相关制度需求强度总和的63%，具体如表6.30所示。

表6.30 环境刑事诉讼主体的制度需求落点及需求强度

序号	制度需求落点及其具体细化（两者相同）	制度需求强度（条）
1	明确并保障环境刑事诉讼被害人的权利和地位	17
2	保障律师执业权利	4
3	完善环境刑事诉讼法律援助制度	3
4	放宽环境刑事诉讼的原告资格与条件	1
5	设立原告奖励制度	1
6	完善刑事诉讼举报制度	1
总计		27

在有关环境刑事诉讼客体的政策建议中，公众的制度需求落点包括六个方面：加强环境资源审判队伍专业化建设、建立环保审判庭或生态环保法院、完善环境资源案件管辖制度、明确审判委员会的权限并完善审判委员会的审判机制、建立审判委员会委员的回避制度、扩大合议庭权力。其中，制度需求强度最高的落点是加强环境资源审判队伍专业化建设，其次为建立环保审判庭或生态环保法院，这两项制度需求落点的需求强度总计占环境刑事诉讼客体相关制度需求强度总和的78.4%，具体如表6.31所示。

在有关环境刑事诉讼渠道的政策建议中，公众的制度需求落点主要包括：完善环境刑事诉讼证据搜集和审查制度、加强环境刑事诉讼的司法监督、完善环境刑事简易程序办案机制、完善检察机关起诉制度、完善证人出庭作证制度、完善环境司法鉴定制度、完善环境刑事诉讼赔偿制度、完善环境刑事诉讼证据开示制度等。其中，制度需求强度最高的落点是完善环境刑事诉讼证据搜集和审查制度，其次为加强环境刑事诉讼的司法监督,再次为完善环境刑事简易程序办案机制,各需求落点如表6.32所示。

表 6.31 环境刑事诉讼客体的制度需求落点及需求强度

序号	制度需求落点及其具体细化(两者相同)	制度需求强度(条)
1	加强环境资源审判队伍专业化建设,提高环境司法人员素质与职务保障	19
2	建立环保审判庭或生态环保法院,推进环境司法专门化	10
3	完善环境资源案件管辖制度	4
4	明确审判委员会的权限,完善审判委员会的审判机制	2
5	建立审判委员会委员的回避制度	1
6	扩大合议庭权力,将讨论决定案件的权力分配给合议庭	1
	总计	37

表 6.32 环境刑事诉讼渠道的制度需求落点及需求强度

序号	制度需求落点	制度需求落点的具体细化	制度需求强度(条)
1	完善环境刑事诉讼证据搜集和审查制度	完善环境刑事诉讼证据搜集和审查制度	26
		完善侦查机关对于环境刑事诉讼侦查取证的工作机制	
2	加强环境刑事诉讼的司法监督	加强对环境刑事侦查和诉讼过程的监督	21
3	完善环境刑事简易程序办案机制	完善环境刑事简易程序办案机制	16
4	完善检察机关起诉制度	完善检察机关起诉制度,明确检察机关的权利和义务	15
5	完善证人出庭作证制度	完善证人出庭作证制度,建立证人保护工作机制	13
6	完善环境司法鉴定制度	完善环境司法鉴定制度	12
7	完善环境刑事诉讼赔偿制度	明确环境刑事诉讼案件赔偿的标准和范围,健全赔偿磋商程序	9
8	完善环境刑事诉讼证据开示制度	完善环境刑事诉讼证据开示制度	9
9	完善环境刑事诉讼辩护制度	完善环境刑事诉讼辩护制度	8
10	完善刑罚裁量标准和认罪认罚从宽制度	完善刑罚裁量标准和认罪认罚从宽制度	7
11	优化环境刑事诉讼庭前会议制度	优化环境刑事诉讼庭前会议制度	5
12	明确环境刑事诉讼撤回起诉和不起诉的程序规范	明确环境刑事诉讼撤回起诉和不起诉的程序规范	4

序号	制度需求落点	制度需求落点的具体细化	制度需求强度（条）
13	建立健全环境刑事诉讼中的推定制度	建立健全环境刑事诉讼中的推定制度	3
14	健全书面审理制度	完善环境刑事诉讼开庭审理与书面审理制度	5
15	明确并扩大环境刑事诉讼的受案范围	明确并扩大环境刑事诉讼的受案范围	3
16	完善环境刑事附带民事诉讼的规定	完善环境刑事附带民事诉讼的规定	3
17	改革环境刑事诉讼费用制度	改革环境刑事诉讼费用制度	3
18	完善环境刑事诉讼审级制度	完善环境刑事诉讼审级制度	2
20	其他	构建新型的诉侦、诉审、诉辩关系	1
		加强环境执法与刑事诉讼联动机制	1
		建立法官主导下的职权主义与当事人主义相结合的混合式交叉询问模式	1
		健全"三审合一"的审判模式	1
		明确陪审制度的适用范围	1
		强化环境司法与环境行政间的程序衔接	1
		实现环境公益诉讼和刑事诉讼的衔接配合	1
		推进协商性司法与恢复性司法	1
		拓宽公众参与环境刑事司法审判的渠道	1
总计			173

（2）环境刑事诉讼制度需求的历史变迁

第一，环境刑事诉讼主体相关制度需求的历史发展大致可以划分为两个阶段。第一阶段为1991年至2006年，此阶段的制度需求落点包括保障律师执业权利、明确并保障环境刑事诉讼被害人的权利和地位、完善环境刑事诉讼法律援助制度和完善环境刑事诉讼举报制度，但各需求落点的总体需求强度很低。第二阶段为2007年至2018年，该阶段制度需求强度占绝对主导地位的是明确并保障环境刑事诉讼被害人的权利和地位，此阶段对保障律师执业权利、放宽环境刑事诉讼的原告资格与条件、设立原告奖励制度、完善环境刑事诉讼法律援助制度也呈现微弱的制度需求。

第二，环境刑事诉讼客体相关制度需求的历史发展大致可以划分为两个阶段。第一阶段为2000年至2010年，此阶段需求强度占绝对主导地位的制度需求落点是加强环境资源审判队伍专业化建设，该阶段对扩大合议庭权力、明确审判委员会的权限并完善审判委员会的审判机制也有一定的制度需求，但强度微弱。第二阶段为2011年至2019年，该阶段对建立环保审判庭或生态环保法院呈现新的制度需求，并与加强环境资源审判队伍专业化建设在此阶段并列为需求强度最高序列，这一阶段对完善环境资源案件管辖制度和建立审判委员会委员的回避制度也呈现新的制度需求。

　　第三,环境刑事诉讼渠道相关制度需求的历史发展大致可以划分为三个阶段。第一阶段为 1990 年至 2006 年,此阶段需求强度最高的制度需求落点是加强环境刑事诉讼的司法监督、完善环境刑事诉讼证据搜集和审查制度,其次为完善环境司法鉴定制度,再次为明确环境刑事诉讼撤回起诉和不起诉的程序规范、完善检察机关起诉制度。该阶段对完善证人出庭作证制度、健全书面审理制度等也呈现微弱的制度需求。第二阶段为 2007 年至 2014 年,各项制度需求落点的需求强度在该阶段均较第一阶段有所提升,其中需求强度最高的制度需求落点是加强环境刑事诉讼的司法监督,其次为完善检察机关起诉制度。这一阶段对完善环境刑事诉讼赔偿制度、完善环境刑事诉讼审级制度、完善刑罚裁量标准和认罪认罚从宽制度呈现新的制度需求。第三阶段为 2015 年至 2019 年,该阶段制度需求落点呈现多样化发展态势,加强环境执法与刑事诉讼联动机制、健全"三审合一"的审判模式、实现环境公益诉讼和刑事诉讼的衔接配合等均是这一阶段呈现的新的制度需求。优化环境刑事诉讼庭前会议制度和改革环境刑事诉讼费用制度也在这一阶段呈现新的较高的制度需求;此阶段需求强度最高的落点是完善环境刑事诉讼证据搜集和审查制度,其次为完善环境刑事简易程序办案机制,这两项制度需求落点的需求强度较第一阶段和第二阶段均显著提升。

6.4.4　环境公益诉讼制度需求的历史考察

（1）环境公益诉讼制度需求的概况

　　关于环境公益诉讼制度,本书最终提取了 712 条相关政策建议条目,其中 214 条来源于会议数据库,199 条来源于报纸数据库,299 条来源于期刊数据库。有关环境公益诉讼的主体,包括提起环境民事公益诉讼主体和提起环境行政公益诉讼主体的政策建议条目数量为 345 条;有关环境公益诉讼的客体,包括环境民事公益诉讼的客体和环境行政公益诉讼的客体(也即受理环境公益诉讼申请的中级以上人民法院)的政策建议条目数量为 53 条;有关环境公益诉讼渠道的政策建议条目数量为 172 条。此外,还有 142 条政策建议是从总体上关于建立健全环境公益诉讼制度的考量。

　　在有关环境公益诉讼主体的政策建议中,公众的制度需求落点主要包括:放宽环境公益诉讼的原告资格、建立环境公益诉讼的激励机制、明确并规范检察机关在环境公益诉讼中的地位与权利、培育环境公益诉讼主体、建立防范环境公益诉讼权滥用机制、健全环境公益诉讼的法律援助机制、设置对滥用环境公益诉讼权的惩罚机制等。其中,制度需求强度最高的落点是放宽环境公益诉讼的原告资格,该制度需求落点的需求强度占环境公益诉讼主体需求强度总和的 47%;其次是建立环境公益诉讼的激励机制,该制度需求落点的需求强度占总和的 30%;再次为明确并规范检察机关在环境公益诉讼中的地位与权利,各需求落点按制度需求强度降序排列如表 6.33 所示。

　　在有关环境公益诉讼客体的政策建议中,公众的制度需求落点主要包括:建立生态环保法院或设立专门环保法庭、明确环境公益诉讼的受案范围与管辖、改革并完善环境公益诉讼案件审判体制、加强环境资源审判队伍专业化建设、赋予法院受理公益诉讼案件的权利和义务等。其中,制度需求强度最高的落点是建立生态环保法院或设立专门环保法庭，其次为明确环境公益诉讼的受案范围与管辖，这两项制度需求落点的需求强度占环境公益诉讼客体需求强度总和的 66%，各需求落点按制度需求强度降序排列如表 6.34 所示。

表 6.33　环境公益诉讼主体的制度需求落点及需求强度

序号	制度需求落点	制度需求落点的具体细化	制度需求强度（条）
1	放宽环境公益诉讼的原告资格	放宽环境公益诉讼的原告资格，逐步将国家机关、企事业单位、环保公益团体和个人纳入原告范围	162
2	建立环境公益诉讼的激励机制	通过设立环境公益基金会、减免诉讼费用、奖励环境公益诉讼原告等方式建立环境公益诉讼的激励机制	103
3	明确并规范检察机关在环境公益诉讼中的地位与权利	明确并规范检察机关在环境公益诉讼中的地位与权利	29
4	培育环境公益诉讼主体	培育环境公益诉讼主体，加强公益诉讼主体的专业化建设	14
5	建立防范环境公益诉讼权滥用机制	建立防范环境公益诉讼权滥用机制，防止滥用环境公益诉讼权	6
6	健全环境公益诉讼的法律援助机制	健全环境公益诉讼的法律援助机制，明确受援主体范围	6
7	设置对滥用环境公益诉讼权的惩罚机制	设置对滥用环境公益诉讼权的惩罚机制，实施惩罚性赔偿防止恶意诉讼	5
8	建立并完善检察机关支持起诉制度	建立并完善检察机关支持起诉制度	4
9	构建政府主导的环境公益诉讼模式	建构政府主导的环境公益诉讼模式	3
10	建立环境公益诉讼的保障制度	建立环境公益诉讼的保障制度	2
11	适当限制公众环境公益诉权	适当限制公众环境公益诉权	2
12	完善"法律规定的机关"的界定	完善"法律规定的机关"的界定	2
14	其他	增强检察机关启动环境公益诉讼的刚性	1
		明确界定环保 NGO 参与环境公益诉讼的类型	1
		明确受害人的法定权利	1
		明确评估机构的法定义务	1
		明确行政机关之"起诉人"职能	1
		建立环境民事公益诉讼原告诉权冲突协调机制	1
		尊重社会组织依法提起环境行政公益诉讼的优先地位	1
总计			345

表 6.34　环境公益诉讼客体的制度需求落点及需求强度

序号	制度需求落点	制度需求落点的具体细化	制度需求强度（条）
1	建立生态环保法院或设立专门环保法庭	建立生态环保法院或设立专门环保法庭	19
2	明确环境公益诉讼的受案范围与管辖	明确环境公益诉讼的受案范围与管辖，协调跨区域管辖的争议与推诿	16
3	改革并完善环境公益诉讼案件审判体制	推进环境公益诉讼案件审判体制改革，优化公益诉讼裁判规则	7
4	加强环境资源审判队伍专业化建设	加强环境资源审判队伍专业化建设，通过专项培训和考核提高环境司法人员专业素质	6
5	赋予法院受理公益诉讼案件的权利和义务	赋予法院受理环境公益诉讼案件的权利和义务	3
6	其他	建立环境案件专家咨询制度	1
		构建以环境行政公益诉讼为主导的立案机制	1
总计			53

在有关环境公益诉讼渠道的政策建议中，公众的制度需求落点主要包括：建立健全环境公益诉讼程序、明确并适当扩大环境公益诉讼的适用范围及受案范围、合理分配环境公益诉讼的举证责任、延长环境公益诉讼时效、完善环境公益诉讼证据制度、建立环境公益诉讼执行制度、建立专门的环境损害评估鉴定机构等。其中，制度需求强度最高的落点是建立健全环境公益诉讼程序和明确并适当扩大环境公益诉讼的适用范围及受案范围，其次为合理分配环境公益诉讼的举证责任，再次为延长环境公益诉讼时效，这四项制度需求落点的需求强度之和占环境公益诉讼渠道需求强度总和的 83%，其他制度需求落点的需求强度之和占总和的 17%，具体如表 6.35 所示。

表 6.35　环境公益诉讼渠道的制度需求落点及需求强度

序号	制度需求落点	制度需求落点的具体细化	制度需求强度（条）
1	建立健全环境公益诉讼程序	设置环境公益诉讼前置程序，完善环境公益诉讼案件程序规定	47
2	明确并适当扩大环境公益诉讼的适用范围及受案范围	明确并适当扩大环境公益诉讼的适用范围及受案范围	47
3	合理分配环境公益诉讼的举证责任	合理配置环境公益诉讼的举证责任，确立举证责任倒置原则	35
4	延长环境公益诉讼时效	适当延长环境保护的绝对诉讼时效期间，环境公益诉讼不应受诉讼时效的限制	13
5	完善环境公益诉讼证据制度	完善环境公益诉讼证据制度	7

（续表）

序号	制度需求落点	制度需求落点的具体细化	制度需求强度（条）
6	建立环境公益诉讼执行制度	建立环境公益诉讼判决的执行制度和监督机制	5
7	建立专门的环境损害评估鉴定机构	建立专门的环境损害评估鉴定机构	3
8	建立健全环境公益诉讼公众参与制度	建立健全环境公益诉讼公众参与制度	3
9	其他	环境民事公益诉讼责任方式中应适用"生态环境修复"概念	1
		构建环境公益诉讼利益引导机制	1
		建立环境公益识别标准	1
		建立公益诉讼"文书提出命令"制度	1
		以法律形式构建资讯请求权制度	1
		设计适用环境公益诉讼责任的承担方式	1
		建立环境公益诉讼保障制度	1
		明确界定公益诉讼的单向判断力	1
		构建联合公益诉讼制度	1
		积极构建以环境公益诉讼案件处理为核心的法律体系	1
		规范检察机关参与环境民事公益诉讼的方式	1
		加强公益诉讼与刑事诉讼的衔接配合	1
总计			172

（2）环境公益诉讼制度需求的历史变迁

第一，环境公益诉讼主体相关制度需求强度总计为345条，其中放宽环境公益诉讼的原告资格、建立环境公益诉讼的激励机制这两项制度需求落点需求强度分别为162条、103条，这两项制度需求落点的需求强度之和占环境公益诉讼主体相关需求强度总计为77%，且较为均匀地分布在研究期内（2003年至2019年），并未呈现明显的阶段特征，因此对环境公益诉讼主体相关制度需求的历史发展不作阶段划分阐述。

第二，环境公益诉讼客体相关制度需求强度总计为53条，其中建立生态环保法院或设立专门环保法庭、明确环境公益诉讼的受案范围与管辖两项制度需求落点需求强度分别为19条、16条，这两项制度需求落点的需求强度之和占环境公益诉讼主体相关需求强度总计为66%，且较为均匀地分布在研究期内（2006年至2019年），并未呈现明显的历史变迁阶段特征，因此对环境公益诉讼客体相关制度需求的历史发展也不作阶段划分阐述。

第三，环境公益诉讼渠道相关制度需求的历史发展大致可以划分为两个阶段。第一阶段为2003年至2014年，此阶段需求强度最高的制度需求落点是明确并适当扩大环境公益诉讼的适用范围及受案范围，其次为合理分配环境公益诉讼的举证责任，再次为延长环境公益诉讼时效和建立健全环境公益诉讼程序。第二阶段为 2015 年至 2019 年,此阶段需求强度最高的制度需求落点是建立健全环境公益诉讼程序,其需求强度较第一阶段有显著提升;其次为明确并适当扩大环境公益诉讼的适用范围及受案范围、合理分配环境公益诉讼的举证责任,其中前者的需求强度较第一阶段稍微下降,而后者较第一阶段有一定程度提升;再次为完善环境公益诉讼证据制度。第二阶段的制度需求落点呈现多元化态势,该阶段对构建联合公益诉讼制度、建立公益诉讼"文书提出命令"制度、加强公益诉讼与刑事诉讼的衔接配合、规范检察机关参与环境民事公益诉讼的方式等制度安排呈现新的制度需求,但强度相对微弱。

第七章

中国环保公众参与机制供需均衡分析

7.1　中国环保公众参与机制供需均衡类型及测量

由于本书研究采纳李松龄和卢现祥的观点,认为制度均衡是在影响人们的制度需求和制度供给的因素一定时,制度安排的供给等于或适应制度安排的需求(详见第三章),因此在分析中国环保公众参与机制供需均衡时,本书将具体分析环保公众参与机制供给(详见第四章和第五章)是否适应或满足环保公众参与机制的需求(详见第六章)。由于本书运用学术探究法和媒介内容分析法测量社会公众对环保公众参与机制的需求内容及需求强度的历史变迁,学术文献与媒介内容中有关环保公众参与机制的改革建议反映了公众的制度需求指向与需求落点,制度需求的产生表明当时的制度供给未能适应或满足公众的制度需求,因此本书对环保公众参与机制供需均衡变迁分析的逻辑起点便是供需非均衡。经济学中的"滞后供给"模型表明,"某一段时间的需求变化所产生的供给反应是在较后的时间区段里作出的。在此模型中,产生于安排变迁后的潜在的利润的增加,只是在一段滞后后才会诱致创新者,使之创新出能够获取潜在利润的新的制度安排"[①]。因此,环保公众参与机制供需非均衡状态向均衡状态的转变取决于制度需求的滞后期内是否有新的制度供给满足了制度需求。本章将具体比较中国环保公众参与机制需求与供给情况,阐述供需数量均衡与非均衡、结构均衡与非均衡和内容均衡与非均衡的表现。

本章主要从三个维度分析中国环保公众参与机制供需均衡的样态,即数量均衡、结构均衡和内容均衡。其中,数量均衡是指制度安排的供给数量等于制度安排的需求数量,在本书中体现为环保公众参与机制具体制度需求落点数量等于或近似于相应制度供给数量,由于针对具体制度需求落点在学术文献和媒介内容中重复出现的情况采取了重复统计,因此与之一一对应的滞后制度供给情况也进行重复统计。结构均衡是指制度需求结构与制度供给结构相同或相近,制度需求结构是指制度需求子系统内各项制度安排需求所占比例,在本书中指各类具体环保公众参与机制需求子系统内环保公众参与主体制度需求、环保公众参与客体制度需求、环保公众参与渠道制度需求所占比例;制度供给结构是指制度供给子系统内各项制度安排供给所占比例,在本书中是指各

类具体环保公众参与机制供给子系统内环保公众参与主体制度供给、环保公众参与客体制度供给、环保公众参与渠道制度供给所占比例。因此,结构均衡在本书中是指各类具体环保公众参与机制供给子系统内环保公众参与主体、客体、渠道相关制度供给比例结构与其相对应的制度需求比例结构相同或相近。内容均衡是指制度安排的供给内容适应制度安排的需求内容,在本书中体现为各类具体环保公众参与机制的供给内容适应与之相对应的具体制度需求落点,具体测量标准为满足制度需求落点的制度供给之后相同制度需求落点再次出现的时间。与制度需求相对应的制度供给的出现在一定程度上表明制度供需内容均衡的实现,而制度供给后相同制度需求落点的再次出现则表明制度供需内容再次由均衡转向非均衡。

借鉴张倩倩和李百吉对能源供需结构均衡度的等级划分,[①]本书对中国环保公众参与机制供需数量均衡、结构均衡和内容均衡也进行了等级划分,分别为优质均衡、基本均衡、轻度失衡、严重失衡,其中优质均衡和基本均衡是制度供需均衡状态,而轻度失衡和严重失衡则是制度供需非均衡状态,具体制度供需均衡度等级及其划分标准如表7.1所示。表7.1展示了本书所构建的环保公众参与机制供需均衡分析的"三维四级"方法论框架,其中"三维"是指制度供需均衡的三个类型,包括数量均衡、结构均衡和内容均衡,"四级"是指制度供需均衡度的四个等级,包括优质均衡、基本均衡、轻度失衡、严重失衡。

表7.1 环保公众参与机制供需均衡分析的"三维四级"方法论框架

制度供需均衡类型	制度供需均衡度等级		制度供需均衡度等级划分方法与划分标准
数量均衡	制度供需均衡	优质均衡	制度安排的供给数量/制度安排的需求数量(S/D)
		基本均衡	$0.8 \leqslant S/D \leqslant 1$
			$0.6 \leqslant S/D < 0.8$
	制度供需非均衡	轻度失衡	$0.4 \leqslant S/D < 0.6$
		严重失衡	$0 \leqslant S/D < 0.4$
结构均衡	制度供需均衡	优质均衡	制度供给结构/制度需求结构(SS/DS)
		基本均衡	$0.9 \leqslant SS/DS \leqslant 1.1$
			$0.7 \leqslant SS/DS < 0.9$ 或 $1.1 < SS/DS \leqslant 1.3$
	制度供需非均衡	轻度失衡	$0.5 \leqslant SS/DS < 0.7$ 或 $1.3 < SS/DS < 1.5$
		严重失衡	$0 \leqslant SS/DS < 0.5$ 或 $SS/DS \geqslant 1.5$
内容均衡	制度供需均衡	优质均衡	制度供给之后相同制度需求落点的出现时间(T)
		基本均衡	$T \geqslant 10$
			$5 < T < 10$
	制度供需非均衡	轻度失衡	$3 \leqslant T \leqslant 5$
		严重失衡	$T < 3$

注:T的单位为年。

---

① 参见张倩倩、李百吉:《我国能源供需结构均衡度及其动态经济影响》,载《科技管理研究》2017年第15期。

7.2 人大和政协机制供需均衡分析

7.2.1 人大机制供需均衡分析

（1）人大机制供需数量均衡分析

人大机制的制度需求最早产生于1986年,有关人大机制改革的政策建议数量至今总计为489条,即人大机制的制度需求强度总计为489。在489条制度需求落点中,310条已于制度需求滞后期内产生了相应的制度供给,179条至今尚未有相关的制度供给,制度安排的供给数量与制度安排的需求数量之比为0.63(计算公式:已有相应滞后制度供给的制度需求落点数量/制度需求落点总量)。按照均衡度等级划分标准,人大机制的总体供需数量均衡度为基本均衡。按照制度供给主体、客体、渠道来划分,在77条人大机制所涉环保公众参与主体相关的具体制度需求落点中,46条制度需求已有相关滞后制度供给,因此该项制度供给对制度需求的满足率为0.60,供需数量均衡度为基本均衡,但处于基本均衡的临界;在124条有关全国和地方各级人民代表大会及其常务委员会的具体制度需求落点中,52条至今未有相关的制度供给,72条已有相关制度供给,该项制度供给对制度需求的满足率为0.58,供需数量均衡度为轻度失衡;在288条人大机制所涉的环保公众参与直接渠道和间接渠道的具体制度需求落点中,192条已有相关滞后制度供给,此项制度供给对制度需求的满足率为0.67,供需数量基本均衡,具体可见表7.2。由此可见,人大机制总体实现了制度供需数量的基本均衡,但处于基本均衡的下限,局部则是制度供需数量基本均衡与轻度失衡并存。

表 7.2　人大机制供需数量均衡分析结果

类型	具体制度需求落点数量（条）	已有相应滞后制度供给的具体制度需求落点数量（条）	供需数量均衡度	
人大机制所涉环保公众参与主体	77	46	0.60	基本均衡
人大机制所涉环保公众参与客体	124	72	0.58	轻度失衡
人大机制所涉环保公众参与渠道	288	192	0.67	基本均衡
人大机制总计	489	310	0.63	基本均衡

（2）人大机制供需结构均衡分析

人大机制供需结构均衡分析结果如表7.3所示。由表7.3可知,人大机制所涉环保公众参与主体、客体、渠道的制度供给结构与制度需求结构的比值在0.9至1.1之间,供需结构均衡度为优质均衡。

表 7.3　人大机制供需结构均衡分析结果

类型	制度供给子系统结构	制度需求子系统结构	制度供给子系统结构/制度需求子系统结构	供需结构均衡度
人大机制所涉环保公众参与主体	14.8% (46/310)	15.7% (77/489)	0.94	优质均衡
人大机制所涉环保公众参与客体	23.2% (72/310)	25.4% (124/489)	0.91	优质均衡
人大机制所涉环保公众参与渠道	61.9% (192/310)	58.9% (288/489)	1.05	优质均衡

（3）人大机制供需内容均衡分析

由于本书中制度供需内容均衡的测量标准为满足制度需求落点的制度供给之后相同制度需求落点再次出现的时间，因此制度供需内容均衡分析的对象将聚焦于 310 条已有相关制度供给的制度需求落点及与之相应的制度供给。人大机制中环保公众参与主体的制度需求落点主要包括优化人大代表结构、健全人大代表学习培训制度、健全代表履职权益保障制度、完善代表履职服务与约束制度、实行代表专职制，其中实行代表专职制至今未有相应的制度供给，其他几方面的制度需求落点均有不同程度的制度供给。自 1996 年社会公众提出调整和优化人大代表结构、限制党政机关领导人员出任人大代表的制度需求后，直至 2012 年全国人大才对其代表的结构作出了相关规定。但之后公众仍不断提出对该制度的调整需求，由此说明相关制度供给只实现了短暂的制度均衡。制度供给不能适应制度需求，致使制度供需内容长期处于严重失衡状态。自 1991 年社会公众提出完善代表履职服务与约束制度以来，党和国家分别于 2005 年、2010 年、2012 年和 2016 年先后对人大代表履职的服务与约束机制作出了相应规定，然而与此相关的制度需求仍不断提出，制度需求落点再次出现均是在制度供给后的三年内，表明制度供给与制度需求的不适应，制度供需内容严重失衡。完善人大代表学习培训制度和健全人大代表履职权益保障制度两个方面的制度供给与需求也同样存在供需内容严重失衡的问题。与人大机制中环保公众参与主体相关制度需求落点相对应的制度供给情况及制度供给后相同制度需求落点再次出现的时间如表 7.4 所示。

表 7.4　人大机制所涉环保公众参与主体相关制度供需内容均衡分析结果

制度需求落点	制度需求落点首次出现时间	制度供给情况	制度需求落点再次出现时间
优化人大代表结构	1996 年	2012 年《第十一届全国人民代表大会第五次会议关于第十二届全国人民代表大会代表名额和选举问题的决定》；2012 年《坚定不移沿着中国特色社会主义道路前进，为全面建成小康社会而奋斗——在中国共产党第十八次全国代表大会上的报告》；2017 年《第十二届全国人民代表大会第五次会议关于第十三届全国人民代表大会代表名额和选举问题的决定》	2012 年；2014 年；2016 年

（续表）

制度需求落点	制度需求落点 首次出现时间	制度供给情况	制度需求落点 再次出现时间
完善代表履职服务与约束制度	1991 年	2005 年《中共中央转发〈中共全国人大常委会党组关于进一步发挥全国人大代表作用，加强全国人大常委会制度建设的若干意见〉的通知》；2010 年《全国人民代表大会和地方各级人民代表大会代表法》；2012 年《坚定不移沿着中国特色社会主义道路前进，为全面建成小康社会而奋斗——在中国共产党第十八次全国代表大会上的报告》；2016 年《关于完善人大代表联系人民群众制度的实施意见》	2006 年； 2008 年； 2011—2012 年； 2014 年； 2016—2017 年
健全代表履职权益保障制度	1988 年	1992 年《全国人民代表大会和地方各级人民代表大会代表法》；2005 年《中共中央转发〈中共全国人大常委会党组关于进一步发挥全国人大代表作用，加强全国人大常委会制度建设的若干意见〉的通知》；2009 年《全国人民代表大会和地方各级人民代表大会代表法》	1995 年； 2003 年； 2005—2007 年； 2009 年； 2014 年； 2017 年
实行代表专职制	2000 年	无	2005—2008 年； 2013—2014 年； 2017 年
健全人大代表学习培训制度	1991 年	2005 年《中共中央转发〈中共全国人大常委会党组关于进一步发挥全国人大代表作用，加强全国人大常委会制度建设的若干意见〉的通知》	2006 年； 2008 年； 2010 年； 2014 年

人大机制中已有相应制度供给的环保公众参与客体的制度需求落点包括实行人大与党政干部的相互交流、健全人大下属的专门委员会、加强人大组织建设、优化人大常委会组成人员结构、健全人大议事程序和工作制度、强化人大职能。与这些制度需求落点相对应的制度供给情况及制度供给后相同制度需求落点再次出现的时间如表 7.5 所示。由表 7.5 可知，实行人大与党政干部的相互交流、强化人大职能这两项制度安排目前实现了供需的基本均衡，而其他几项制度安排由于制度供给不断适应新的制度需求，从而出现制度供需内容均衡与非均衡交替出现的格局，从最新制度供给后制度需求落点再次出现的时间来看，目前健全人大下属的专门委员会、加强人大组织建设实现了制度供需内容的基本均衡，而优化人大常委会组成人员结构、健全人大议事程序和工作制度则处于制度供需内容的轻度失衡状态。

表 7.5　人大机制所涉环保公众参与客体相关制度供需内容均衡分析结果

制度需求落点	制度需求落点 首次出现时间	制度供给情况	制度需求落点 再次出现时间
实行人大与党政干部的相互交流	1987 年	2006 年《党政领导干部交流工作规定》	2014 年

制度需求落点	制度需求落点首次出现时间	制度供给情况	制度需求落点再次出现时间
健全人大下属的专门委员会	1988年	1988年七届全国人大一次会议增设了内务司法委员会;1993年八届全国人大一次会议增设了环境保护委员会,1994年八届全国人大二次会议改为环境与资源保护委员会;1998年九届全国人大一次会议增设了农业和农村工作委员会;2018年十三届全国人大一次会议增设了社会建设委员会	1992年;2006年;2014年;2017年
加强人大组织建设	1991年	1995年、2004年、2015年分别修正《地方各级人民代表大会和地方各级人民政府组织法》	2004年
优化人大常委会组成人员结构	1986年	2002年中国共产党第十六次全国代表大会报告;2012年中国共产党第十八次全国代表大会报告	2003—2014年;2016年;2017年
健全人大议事程序和工作制度	1988年	2005年《中共全国人大常委会党组关于进一步发挥全国人大代表作用,加强全国人大常委会制度建设的若干意见》;2009年修正《全国人民代表大会常务委员会议事规则》	2006年;2008年;2012年;2013年
强化人大职能	2005年	2013年《中共中央关于全面深化改革若干重大问题的决定》	无

人大机制中环保公众参与渠道的制度需求落点、相对应的制度供给情况及制度供给后相同制度需求落点再次出现的时间如表7.6所示。由表7.6可知,建立代表回避制度实现了供需内容的优质均衡,建立代表述职评议制度、完善罢免和质询制度实现了供需内容的基本均衡,完善人大代表视察调研制度、完善代表议案建议提交与处理程序目前处于供需内容的轻度失衡状态;而其他几项制度安排呈现制度反复需求和反复供给的交错状态,使得制度供需处于均衡与非均衡的螺旋式演进的动态过程中。目前,完善监督检查制度、健全选举制度、完善常委会联系人大代表制度和人大代表联系群众制度、健全人大审议表决制度处于制度供需内容的严重失衡状态。

表7.6 人大机制中环保公众参与渠道相关制度供需内容均衡分析结果

制度需求落点	制度需求落点首次出现时间	制度供给情况	制度需求落点再次出现时间
完善监督检查制度	1988年	2005年《中共全国人大常委会党组关于进一步发挥全国人大代表作用,加强全国人大常委会制度建设的若干意见》;2006年《各级人民代表大会常务委员会监督法》	2007年;2008年;2010—2015年;2017年
健全选举制度	1986年	1995年、2004年、2010年、2015年分别修正《全国人民代表大会和地方各级人民代表大会选举法》;2007年中国共产党第十七次全国代表大会报告	1996年;1998年;2002年;2004—2017年
建立代表述职评议制度	1990年	2010年修正《全国人民代表大会和地方各级人民代表大会代表法》	2017年

（续表）

制度需求落点	制度需求落点首次出现时间	制度供给情况	制度需求落点再次出现时间
完善常委会联系人大代表制度和人大代表联系群众制度	1986 年	1987 年《全国人民代表大会常务委员会议事规则》；2005 年《中共全国人大常委会党组关于进一步发挥全国人大代表作用，加强全国人大常委会制度建设的若干意见》；2009 年修正《全国人民代表大会常务委员会议事规则》；2010 年修正《全国人民代表大会和地方各级人民代表大会代表法》；2012 年中国共产党第十八次全国代表大会报告；2016 年《关于完善人大代表联系人民群众制度的实施意见》	1988—1992 年；1996 年；1999 年；2000 年；2005—2007 年；2009 年；2012 年；2014 年；2016 年；2017 年；2019 年
完善罢免和质询制度	1986 年	1995 年、2004 年分别修正《全国人民代表大会和地方各级人民代表大会选举法》；2006 年《各级人民代表大会常务委员会监督法》	2002 年；2004 年；2005 年；2014 年；2017 年
健全人大审议表决制度	2003 年	2005 年《中共全国人大常委会党组关于进一步发挥全国人大代表作用，加强全国人大常委会制度建设的若干意见》；2009 年修正《全国人民代表大会常务委员会议事规则》；2013 年《中共中央关于全面深化改革若干重大问题的决定》	2006 年；2009 年；2014—2016 年
完善人大代表视察调研制度	1986 年	2005 年《中共全国人大常委会党组关于进一步发挥全国人大代表作用，加强全国人大常委会制度建设的若干意见》；2016 年《关于完善人大代表联系人民群众制度的实施意见》	2008 年；2014 年
完善代表议案建议提交与处理程序	2000 年	2005 年《中共全国人大常委会党组关于进一步发挥全国人大代表作用，加强全国人大常委会制度建设的若干意见》；2009 年修正《全国人民代表大会常务委员会议事规则》；2016 年《关于完善人大代表联系人民群众制度的实施意见》	2009 年；2014 年
建立代表回避制度	2005 年	2005 年《中共全国人大常委会党组关于进一步发挥全国人大代表作用，加强全国人大常委会制度建设的若干意见》	无

7.2.2 政协机制供需均衡分析

（1）政协机制供需数量均衡分析

政协机制的制度需求最早产生于 1990 年，有关政协机制改革创新的政策建议数量至今总计为 249 条，即政协机制的制度需求强度总计为 249。在 249 条政协机制的制度需求落点中，186 条已于制度需求滞后期内产生了相应的制度供给，63 条至今未有相关的制度供给,制度安排的供给数量与制度安排的需求数量之比为 0.75,按照均衡度等级划分标准,政协机制的总体供需数量均衡度为基本均衡。按照制度供给主体、客体、渠道来划分,在 72 条政协机制所涉环保公众参与主体相关的具体制度需求落点中,50 条制度需求已有相关滞后制度供给,因此该项制度供给对制度需求的满足率为 0.69,供需数量均衡度为基本均衡;在 7 条有关中国人民政治协商会议全国委员会和地方委员会的具体制度需求落点中,5 条已有相关制度供给,该项制度供给对制度需求的满足率为 0.71,供需数量均衡度为基本均衡;在 170 条政协机制所涉环保公众参与直接渠道和间接渠道的具体制度需求落点中,131 条已有相关滞后制度供给,此项制度供给对制度需求的满足率为 0.77,供需数量均衡度为基本均衡,具体可见表 7.7。由此可见,政协机制无论总体还是局部均实现了制度供需数量的基本均衡。

表 7.7　政协机制供需数量均衡分析结果

类型	具体制度需求 落点数量(条)	已有相应滞后制度供给的 具体制度需求落点数量(条)		供需数量均衡度
政协机制所涉环保公众参与主体	72	50	0.69	基本均衡
政协机制所涉环保公众参与客体	7	5	0.71	基本均衡
政协机制所涉环保公众参与渠道	170	131	0.77	基本均衡
政协机制总计	249	186	0.75	基本均衡

（2）政协机制供需结构均衡分析

政协机制供需结构均衡分析结果如表 7.8 所示。由表 7.8 可知,政协机制所涉环保公众参与主体、客体、渠道的制度供给结构与制度需求结构的比值均在 0.9 至 1.1 之间,供需结构均衡度均为优质均衡。

表 7.8　政协机制供需结构均衡分析结果

类型	制度供给 子系统结构	制度需求 子系统结构	制度供给子系统结构/ 制度需求子系统结构	供需结构 均衡度
政协机制所涉环保 公众参与主体	26.9% (50/186)	28.9% (72/249)	0.93	优质均衡
政协机制所涉环保 公众参与客体	2.7% (5/186)	2.8% (7/249)	0.96	优质均衡
政协机制所涉环保 公众参与渠道	70.4% (131/186)	68.3% (170/249)	1.03	优质均衡

（3）政协机制供需内容均衡分析

政协机制中环保公众参与主体的制度需求落点主要包括优化政协界别设置、建立民主党派成员实职安排机制、健全政协委员履职机制、完善政协委员遴选机制、加强民主党派自身建设、实现政协委员职业化,其中完善政协委员遴选机制和实现政协委员职业化至今未有相应的制度供给,其他几方面的制度需求落点均有不同程度的制度供给。与这些制度需求落点相对应的制度供给情况及制度供给后相同制度需求落点再次出现的时间如表 7.9 所示。由表 7.9 可知,建立民主党派成员实职安排机制目前实现了制度供需内容的优质均衡,健全政协委员履职机制由于制度供给不断适应新的制度需求,从而出现制度供需内容均衡与非均衡交替格局,目前该项制度安排处于供需内容的轻度失衡状态,而优化政协界别设置和加强民主党派自身建设这两项制度安排目前处于制度供需内容的严重失衡状态。

表 7.9　政协机制所涉环保公众参与主体相关制度供需内容均衡分析结果

制度需求落点	制度需求落点首次出现时间	制度供给情况	制度需求落点再次出现时间
优化政协界别设置	2009 年	2006 年《中共中央关于加强人民政协工作的意见》;2013 年中国人民政治协商会议全国委员会常务委员会工作报告	2010—2015 年
建立民主党派成员实职安排机制	1990 年	2005 年《中共中央关于进一步加强中国共产党领导的多党合作和政治协商制度建设的意见》	无
健全政协委员履职机制	1996 年	2005 年《中共中央关于进一步加强中国共产党领导的多党合作和政治协商制度建设的意见》;2006 年《中共中央关于加强人民政协工作的意见》;2005 年《中国人民政治协商会议全国委员会反映社情民意信息工作条例》;2015 年《关于加强人民政协协商民主建设的实施意见》;2016 年《中国人民政治协商会议全国委员会委员履职工作规则(试行)》;2019 年《中国人民政治协商会议第十三届全国委员会第二次会议政治决议》	2003 年;2005 年;2007 年;2013—2015 年
加强民主党派自身建设	1994 年	2005 年《中共中央关于进一步加强中国共产党领导的多党合作和政治协商制度建设的意见》	2006 年

政协机制中环保公众参与客体的制度需求落点包括明确政协法律地位、提高政协独立性和加强政协组织建设,其中提高政协独立性至今未有相应的制度供给,而明确政协法律地位和加强政协组织建设则有不同程度的制度供给,如表 7.10 所示。由表 7.10可知,明确政协法律地位和加强政协组织建设这两项制度安排目前均实现了制度供需内容的基本均衡,但都处于基本均衡的下限。

表 7.10　政协机制所涉环保公众参与客体相关制度供需内容均衡分析结果

制度需求落点	制度需求落点首次出现时间	制度供给情况	制度需求落点再次出现时间
明确政协法律地位	1994 年	2005 年《中共中央关于进一步加强中国共产党领导的多党合作和政治协商制度建设的意见》;2006 年《中共中央关于加强人民政协工作的意见》;2015 年《关于加强人民政协协商民主建设的实施意见》	无
加强政协组织建设	2004 年	2006 年《中共中央关于加强人民政协工作的意见》	2011 年

政协机制中已有相应制度供给的环保公众参与渠道的制度需求落点主要包括完善参政议政机制、健全民主监督机制、完善政治协商机制、健全政协（委员）知情制度、建立健全政协联系群众制度等，与这些制度需求落点相对应的制度供给情况及制度供给后相同制度需求落点再次出现的时间如表 7.11 所示。由表 7.11 可知，建立健全政协联系群众制度、完善政治协商机制和健全政协（委员）知情制度目前实现了供需内容的基本均衡，完善参政议政机制则由原来制度供需内容的基本均衡转为目前的轻度失衡，而健全民主监督机制处于制度供需内容的严重失衡状态。

表 7.11　政协机制所涉环保公众参与渠道相关制度供需内容均衡分析结果

制度需求落点	制度需求落点首次出现时间	制度供给情况	制度需求落点再次出现时间
完善参政议政机制	1994 年	2005 年《中共中央关于进一步加强中国共产党领导的多党合作和政治协商制度建设的意见》；2017 年《中国人民政治协商会议第十二届全国委员会第五次会议政治决议》	2012 年；2014 年；2016 年
健全民主监督机制	1996 年	2005 年《中共中央关于进一步加强中国共产党领导的多党合作和政治协商制度建设的意见》；2006 年《中共中央关于加强人民政协工作的意见》；2017 年《关于加强和改进人民政协民主监督工作的意见》	2007—2009 年；2013—2016 年
完善政治协商机制	1996 年	2005 年《中共中央关于进一步加强中国共产党领导的多党合作和政治协商制度建设的意见》；2006 年《中共中央关于加强人民政协工作的意见》；2015 年《中国共产党统一战线工作条例（试行）》；2015 年《中共中央关于加强社会主义协商民主建设的意见》；2015 年《关于加强人民政协协商民主建设的实施意见》；2018 年《中国人民政治协商会议全国委员会专门委员会通则》	2006 年；2008 年；2009 年；2011—2015 年
健全政协（委员）知情制度	1992 年	2015 年《关于加强人民政协协商民主建设的实施意见》；2017 年《关于加强和改进人民政协民主监督工作的意见》	无
建立健全政协联系群众制度	2008 年	2015 年《关于加强人民政协协商民主建设的实施意见》	无

7.3　行政机制供需均衡分析

7.3.1　环境信息公开制度供需均衡分析

（1）环境信息公开制度供需数量均衡分析

环境信息公开的制度需求最早产生于 1999 年，有关环境信息公开制度改革创新的政策建议数量至今总计为 566 条，即环境信息公开的制度需求强度总计为 566。在 566

条环境信息公开的制度需求落点中,354 条已于制度需求滞后期内产生了相应的制度供给,212 条至今尚未有相关的制度供给,制度安排的供给数量与制度安排的需求数量之比为 0.63,按照均衡度等级划分标准,环境信息公开制度的总体供需数量均衡度为基本均衡,但处于基本均衡的下限。按照制度供给主体、范围、时限与方式来划分,环境信息公开主体相关制度安排的供给数量与需求数量之比为 0.61,供需数量均衡度为基本均衡,且低于总体供需数量均衡;环境信息公开范围的制度供给对制度需求的满足率为 0.71,供需数量均衡度为基本均衡;环境信息公开时限与方式的制度供给对制度需求的满足率为 0.81,供需数量均衡度为优质均衡,但处于优质均衡的下限,具体如表 7.12 所示。由此可见,环境信息公开制度总体供需数量实现了基本均衡,局部制度安排供需数量则是优质均衡与基本均衡并存。

表 7.12 环境信息公开制度供需数量均衡分析结果

类型	具体制度需求落点数量(条)	已有相应滞后制度供给的具体制度需求落点数量(条)	供需数量均衡度	
环境信息公开主体	192	117	0.61	基本均衡
环境信息公开范围	144	102	0.71	基本均衡
环境信息公开时限与方式	84	68	0.81	优质均衡
环境信息公开制度总计	566	354	0.63	基本均衡

(2)环境信息公开制度供需结构均衡分析

环境信息公开制度供需结构均衡分析结果如表 7.13 所示。由表 7.13 可知,环境信息公开主体、范围、时限与方式相关制度供给结构与制度需求结构的比值分别为 0.98、1.13、1.30,表明环境信息公开主体、范围、时限与方式的制度供需结构均衡度分别为优质均衡、基本均衡、基本均衡,其中环境信息公开范围的制度供需结构均衡度处于基本均衡的下限,而环境信息公开时限与方式的制度供需结构均衡度处于基本均衡的上限。

表 7.13 环境信息公开制度供需结构均衡分析结果

类型	制度供给子系统结构	制度需求子系统结构	制度供给子系统结构/制度需求子系统结构	供需结构均衡度
环境信息公开主体	33.1% (117/354)	33.9% (192/566)	0.98	优质均衡
环境信息公开范围	28.8% (102/354)	25.4% (144/566)	1.13	基本均衡
环境信息公开时限与方式	19.2% (68/354)	14.8% (84/566)	1.30	基本均衡

(3)环境信息公开制度供需内容均衡分析

环境信息公开主体相关的主要制度需求落点及其相对应的制度供给情况以及制度供给后相同制度需求落点再次出现的时间如表 7.14 所示。由表 7.14 可知,明确并扩大环境信息公开义务主体,建立健全环境信息公开考核制度、社会评议制度和责任追究制度,完善环境信息公开的领导机制与管理机制这三项制度需求落点虽然相继有若干制度供给,但由于制度供给之后的三年内又出现相同制度需求,因此这三项制度安排的历史发展一直处于制度供需内容的严重失衡状态,表明制度供给内容与制度需求内容的严重不适应;加强环境信息公开主体的能力建设这一制度安排也处于制度供需内容的严重失衡状态;而建立健全环境信息公开激励机制由于制度供给不断适应新的制度需求,且最近一次制度供给后相同制度需求落点再次出现的时间为四年,因此该项制度安排供需内容经历了从严重失衡到轻度失衡的变化。

表 7.14　环境信息公开主体相关制度供需内容均衡分析结果

制度需求落点	制度需求落点首次出现时间	制度供给情况	制度需求落点再次出现时间
加强环境信息公开主体的能力建设	2005 年	2008 年《政府信息公开条例》	2009 年;2013 年;2014 年
建立健全环境信息公开激励机制	2008 年	2005 年《关于加快推进企业环境行为评价工作的意见》;2008 年《环境信息公开办法(试行)》;2014 年《关于推进环境保护公众参与的指导意见》	2010—2012 年;2014 年;2018 年
明确并扩大环境信息公开义务主体	2005 年	2008 年《政府信息公开条例》;2008 年《环境信息公开办法(试行)》;2012 年《关于进一步加强环境保护信息公开工作的通知》;2015 年《企业事业单位环境信息公开办法》;2015 年《环境保护法》;2019 年《生态环境部政府信息公开实施办法》	2009—2018 年
建立健全环境信息公开考核制度、社会评议制度和责任追究制度	2003 年	2003 年《环境保护行政主管部门政务公开管理办法》;2008 年《政府信息公开条例》;2011 年《关于审理政府信息公开行政案件若干问题的规定》;2014 年《国家重点监控企业自行监测及信息公开办法(试行)》;2014 年《国家重点监控企业污染源监督性监测及信息公开办法(试行)》;2014 年《保守国家秘密法实施条例》;2015 年《环境保护公众参与办法》;2015 年《企业事业单位环境信息公开办法》;2015 年《关于加快推进生态文明建设的意见》;2016 年《关于全面推进政务公开工作的意见》;2016 年《〈关于全面推进政务公开工作的意见〉实施细则》;2018 年《关于推进社会公益事业建设领域政府信息公开的意见》;2019 年《生态环境部政府信息公开实施办法》	2009—2019 年
完善环境信息公开的领导机制与管理机制	2005 年	2003 年《环境保护行政主管部门政务公开管理办法》;2008 年《政府信息公开条例》;2015 年《企业事业单位环境信息公开办法》;2016 年《关于全面推进政务公开工作的意见》;2016 年《〈关于全面推进政务公开工作的意见〉实施细则》;2019 年《生态环境部政府信息公开实施办法》	2010 年;2011 年;2013—2019 年

与环境信息公开范围相关的主要制度需求落点及其相对应的制度供给情况以及制度供给后相同制度需求落点再次出现的时间如表 7.15 所示。由表 7.15 可知，规范环境信息公开之例外和明确并扩大环境信息公开范围这两项制度需求落点均在制度需求滞后期内产生一系列相应制度供给，但由于制度供给之后三年内又出现类似制度需求，因此，这两项制度安排的发展一直处于制度供需内容的严重失衡状态。

表 7.15　环境信息公开范围相关制度供需内容均衡分析结果

制度需求落点	制度需求落点首次出现时间	制度供给情况	制度需求落点再次出现时间
规范环境信息公开之例外	2008 年	2008 年《政府信息公开条例》；2011 年《关于审理政府信息公开行政案件若干问题的规定》；2014 年《保守国家秘密法实施条例》；2016 年《关于全面推进政务公开工作的意见》；2016 年《〈关于全面推进政务公开工作的意见〉实施细则》；2017 年《网络安全法》；2019 年《生态环境部政府信息公开实施办法》；2019 年修订《政府信息公开条例》	2009—2015 年；2017—2019 年
明确并扩大环境信息公开范围	2002 年	2008 年《环境信息公开办法（试行）》；2014 年《关于推进环境保护公众参与的指导意见》；2014 年《国家重点监控企业污染源监督性监测及信息公开办法（试行）》；2015 年《企业事业单位环境信息公开办法》；2015 年《环境保护法》；2016 年《关于全面推进政务公开工作的意见》；2016 年《〈关于全面推进政务公开工作的意见〉实施细则》；2017 年《关于推进环保设施和城市污水垃圾处理设施向公众开放的指导意见》；2018 年《关于推进社会公益事业建设领域政府信息公开的意见》；2019 年《生态环境部政府信息公开实施办法》	2009—2019 年

环境信息公开时限与方式相关的主要制度需求落点及其相对应的制度供给情况以及制度供给后相同制度需求落点再次出现的时间如表 7.16 所示。由表 7.16 可知，建立健全环境信息数据库这一制度需求落点相应的制度供给在 2014 年获得，由于之后再未出现类似制度需求，因此该项制度安排实现了制度供需内容的基本均衡。增强环境信息公开的时效性和完整性、健全环境信息公开程序这两项制度需求落点在制度需求滞后期内产生相应的制度供给，且制度供给时间与相同制度需求再次出现时间间隔分别为三年和四年，因此这两项制度安排的供需内容处于轻度失衡的历史发展状态；同时，由于最近一次制度供给时间为 2019 年，因此无法判断这两项制度安排目前所处的均衡状态。丰富环境信息公开方式和健全环境信息公开平台这两项制度需求落点滞后期内虽然相继有若干制度供给，但由于制度供给之后三年内又出现相似制度需求，因此这两项制度安排的历史发展一直处于制度供需内容的严重失衡状态。

表 7.16　环境信息公开时限与方式相关制度供需内容均衡分析结果

制度需求落点	制度需求落点首次出现时间	制度供给情况	制度需求落点再次出现时间
丰富环境信息公开方式	2001 年	2003 年《环境保护行政主管部门政务公开管理办法》;2008 年《政府信息公开条例》;2008 年《环境信息公开办法(试行)》;2014 年《关于推进环境保护公众参与的指导意见》;2015 年《企业事业单位环境信息公开办法》;2015 年《环境保护公众参与办法》;2016 年《关于全面推进政务公开工作的意见》;2016 年《〈关于全面推进政务公开工作的意见〉实施细则》;2018 年《关于推进社会公益事业建设领域政府信息公开的意见》;2019 年《生态环境部政府信息公开实施办法》	2005—2007 年;2009—2015 年;2017—2018 年
健全环境信息公开平台	2008 年	2008 年《政府信息公开条例》;2016 年《关于全面推进政务公开工作的意见》;2016 年《〈关于全面推进政务公开工作的意见〉实施细则》;2019 年《生态环境部政府信息公开实施办法》	2009—2013 年;2015—2019 年
增强环境信息公开的时效性和完整性	2009 年	2003 年《环境保护行政主管部门政务公开管理办法》;2008 年《环境信息公开办法(试行)》;2014 年《关于推进环境保护公众参与的指导意见》;2019 年《生态环境部政府信息公开实施办法》	2017 年
健全环境信息公开程序	2007 年	2003 年《环境保护行政主管部门政务公开管理办法》;2008 年《环境信息公开办法(试行)》;2019 年《生态环境部政府信息公开实施办法》	2012 年;2014 年;2017 年
建立健全环境信息数据库	2010 年	2014 年《国家重点监控企业污染源监督性监测及信息公开办法(试行)》	无

7.3.2　公众参与环境影响评价制度供需均衡分析

(1) 公众参与环境影响评价制度供需数量均衡分析

公众参与环境影响评价的制度需求最早产生于 1996 年,有关公众参与环境影响评价制度改革创新的政策建议数量至今为 444 条,即公众参与环境影响评价的制度需求强度总计为 444。在 444 条公众参与环境影响评价的制度需求落点中,312 条已于制度需求滞后期内产生了相应的制度供给,132 条未有相关的制度供给,制度安排的供给数量与制度安排的需求数量之比为 0.70,按照均衡度等级划分标准,公众参与环境影响评价制度的总体供需数量均衡度为基本均衡。按照制度供给主体、客体、渠道来划分,公众参与环境影响评价主体的制度供给对制度需求的满足率为 0.57,供需数量均衡度为轻度失衡;公众参与环境影响评价客体的制度供给对制度需求的满足率为 0.94,供需数量均衡度为优质均衡;公众参与环境影响评价渠道的制度供给对制度需求的满足率为 0.68,供需数量均衡度为基本均衡。具体如表 7.17 所示。由此可见,公众参与环境影响评价制度总体供需数量实现了基本均衡,局部则是优质均衡、基本均衡和轻度失衡并存。

表 7.17　公众参与环境影响评价制度供需数量均衡分析结果

类型	具体制度需求落点数量(条)	已有相应滞后制度供给的具体制度需求落点数量(条)	供需数量均衡度	
公众参与环境影响评价主体	75	43	0.57	轻度失衡
公众参与环境影响评价客体	63	59	0.94	优质均衡
公众参与环境影响评价渠道	273	185	0.68	基本均衡
公众参与环境影响评价制度总计	444	312	0.70	基本均衡

（2）公众参与环境影响评价制度供需结构均衡分析

公众参与环境影响评价制度供需结构均衡分析结果如表 7.18 所示。由表 7.18 可知,公众参与环境影响评价主体、客体、渠道相关制度供给结构与制度需求结构的比值分别为 0.82、1.33、0.96,表明公众参与环境影响评价主体、客体、渠道的供需结构均衡度分别为基本均衡、轻度失衡和优质均衡。

表 7.18　公众参与环境影响评价制度供需结构均衡分析结果

类型	制度供给子系统结构	制度需求子系统结构	制度供给子系统结构/制度需求子系统结构	供需结构均衡度
公众参与环境影响评价主体	13.8% (43/312)	16.9% (75/444)	0.82	基本均衡
公众参与环境影响评价客体	18.9% (59/312)	14.2% (63/444)	1.33	轻度失衡
公众参与环境影响评价渠道	59.3% (185/312)	61.5% (273/444)	0.96	优质均衡

（3）公众参与环境影响评价制度供需内容均衡分析

公众参与环境影响评价主体的制度需求落点主要包括加强公众的环境影响评价教育、立法明确参与人群范围的划定方式、明确并扩大环境影响评价参与的公众范围、明确并细化公众参与环境影响评价的权利与义务,与这些制度需求落点相对应的制度供给情况及制度供给后相同制度需求落点再次出现的时间如表 7.19 所示。由表 7.19 可知,由于加强公众的环境影响评价教育、立法明确参与人群范围的划定方式两项制度需求落点相对应的制度供给时间为 2018 年,因此无法判断这两项制度安排目前所处的均衡状态;而针对明确并扩大环境影响评价参与的公众范围和明确并细化公众参与环境影响评价的权利与义务这两项制度需求落点,虽然相继有若干制度供给,但这些制度供给内容大同小异,未能有效满足制度需求,因此这两项制度安排一直处于制度供需内容的严重失衡状态。

表 7.19　公众参与环境影响评价主体相关制度供需内容均衡分析结果

制度需求落点	制度需求落点首次出现时间	制度供给情况	制度需求落点再次出现时间
加强公众的环境影响评价教育	2005 年	2018 年《环境影响评价公众参与办法》	无
立法明确参与人群范围的划定方式	2012 年	2006 年《环境影响评价公众参与暂行办法》;2018 年《环境影响评价公众参与办法》	无
明确并扩大环境影响评价参与的公众范围	2001 年	2003 年《环境影响评价法》;2006 年《环境影响评价公众参与暂行办法》;2009 年《规划环境影响评价条例》;2017 年修订《建设项目环境保护管理条例》;2018 年《环境影响评价公众参与办法》	2006—2008 年;2010—2013 年;2015 年;2018 年
明确并细化公众参与环境影响评价的权利与义务	2000 年	2006 年《环境影响评价公众参与暂行办法》;2018 年《环境影响评价公众参与办法》	2007—2009 年;2011 年;2013—2015 年;2017—2018 年

公众参与环境影响评价客体相关的主要制度需求落点、其相对应的制度供给情况、制度供给后相同制度需求落点再次出现的时间如表 7.20 所示。由表 7.20 可知,由于建立健全针对环境影响评价相关部门的约束性与惩戒性措施、加强对环境影响评价文件公众参与内容的技术审查、明确环境影响评价公众参与结果与项目可行性关系三项制度需求落点相对应的制度供给时间为 2018 年,因此无法判断这三项制度安排目前所处的均衡状态;建立健全公众意见采纳的反馈与公示机制、明确相关机构环境影响评价公众参与的责任和义务这两项制度需求落点虽然相继有若干制度供给,但由于制度供给之后三年内又出现相同制度需求,因此这两项制度安排一直处于制度供需内容的严重失衡状态,由于最近一次制度供给时间为 2018 年,因而无法判断这两项制度安排目前所处的均衡状态。

表 7.20　公众参与环境影响评价客体相关制度供需内容均衡分析结果

制度需求落点	制度需求落点首次出现时间	制度供给情况	制度需求落点再次出现时间
建立健全公众意见采纳的反馈与公示机制	2000 年	2006 年《环境影响评价公众参与暂行办法》;2009 年《规划环境影响评价条例》;2018 年《环境影响评价公众参与办法》	2007—2008 年;2011—2013 年;2015—2018 年
明确相关机构环境影响评价公众参与的责任和义务	1999 年	2003 年《环境影响评价法》;2009 年《规划环境影响评价条例》;2018 年《环境影响评价公众参与办法》	2004 年;2009 年;2010 年;2012 年;2014 年;2018 年
建立健全约束性与惩戒性措施	2005 年	2018 年《环境影响评价公众参与办法》	无

（续表）

制度需求落点	制度需求落点首次出现时间	制度供给情况	制度需求落点再次出现时间
加强对环境影响评价文件公众参与内容的技术审查	2014 年	2018 年《环境影响评价公众参与办法》	无
明确环境影响评价公众参与结果与项目可行性关系	2003 年	2018 年《环境影响评价公众参与办法》	无

公众参与环境影响评价的渠道包括两类：公众获取环境影响评价相关信息的渠道、公众表达环境影响评价相关意见的渠道。公众参与环境影响评价渠道的制度需求落点中，将听证制度作为环境影响评价公众参与的必经程序、建立健全环境影响评价公众参与的救济途径、引入环境影响评价公众参与的外部监督机制、立法保障公众获取环境影响评价信息四项制度需求落点至今尚未有相应的制度供给，而其他需求落点则有不同程度的制度供给，如表 7.21 所示。由表 7.21 可知，由于明确并延长环境影响评价信息公开期限、建立强制信息公开制度两项制度需求落点相对应的制度供给时间均为 2018 年，因此无法判断这两项制度安排目前所处的均衡状态；丰富和完善环境影响评价公众参与方式、明确规定并优化公众参与的程序、明确环境影响评价信息公开范围与程度、细化环境影响评价信息公开内容这四项制度需求落点均在制度需求滞后期内产生相应的制度供给，但由于制度供给之后三年内又出现相同制度需求，因此这四项制度安排的历史发展一直处于制度供需内容的严重失衡状态；由于明确并扩展公众参与环境影响评价的对象和范围、细化公众参与的内容、丰富环境影响评价信息公开途径三项制度需求获得相对应的制度供给后，相同制度需求出现的时间在三年至五年内，因此这三项制度安排的历史发展处于制度供需内容的轻度失衡状态。

表 7.21　公众参与环境影响评价渠道相关制度供需内容均衡分析结果

类别	制度需求落点	制度需求落点首次出现时间	制度供给情况	制度需求落点再次出现时间
公众表达环境影响评价意见	丰富和完善环境影响评价公众参与方式	2000 年	2003 年《环境影响评价法》；2006 年《环境影响评价公众参与暂行办法》；2009 年《规划环境影响评价条例》；2018 年《环境影响评价公众参与办法》	2005 年；2007—2018 年
	明确并扩展公众参与环境影响评价的对象和范围	1997 年	2003 年《环境影响评价法》；2006 年《环境影响评价公众参与暂行办法》；2009 年《规划环境影响评价条例》；2018 年《环境影响评价公众参与办法》	2006—2018 年
	明确规定并优化公众参与的程序	1997 年	2006 年《环境影响评价公众参与暂行办法》；2018 年《环境影响评价公众参与办法》	2007—2010 年；2012—2018 年
	细化公众参与的内容	2002 年	2006 年《环境影响评价公众参与暂行办法》；2009 年《规划环境影响评价条例》；2018 年《环境影响评价公众参与办法》	2010 年；2013—2015 年；2018 年

（续表）

类别	制度需求落点	制度需求落点首次出现时间	制度供给情况	制度需求落点再次出现时间
公众获取环境影响评价信息	明确环境影响评价信息公开范围与程度	1997 年	2006 年《环境影响评价公众参与暂行办法》；2018 年《环境影响评价公众参与办法》	2008 年；2012—2013 年；2015—2019 年
	丰富环境影响评价信息公开途径	2000 年	2006 年《环境影响评价公众参与暂行办法》；2018 年《环境影响评价公众参与办法》	2009—2012 年；2014—2015 年；2017 年
	明确并延长环境影响评价信息公开期限	2007 年	2018 年《环境影响评价公众参与办法》	无
	建立强制信息公开制度	2008 年	2018 年《环境影响评价公众参与办法》	无
	细化环境影响评价信息公开内容	2002 年	2006 年《环境影响评价公众参与暂行办法》；2018 年《环境影响评价公众参与办法》	2007—2008 年；2013—2016 年

7.3.3　环境行政听证制度供需均衡分析

（1）环境行政听证制度供需数量均衡分析

环境行政听证的制度需求最早产生于 1996 年，有关环境行政听证制度改革创新的政策建议数量至今总计为 836 条，即有关环境行政听证的制度需求强度总计为 836。在 836 条环境行政听证的制度需求落点中，405 条已于制度需求滞后期内产生了相应的制度供给，431 条未有相关的制度供给，制度安排的供给数量与制度安排的需求数量之比为 0.48，按照均衡度等级划分标准，环境行政听证制度的总体供需数量均衡度为轻度失衡。按照制度供给主体、客体、范围与程序来划分，环境行政听证主体、客体、范围与程序的制度供给对制度需求的满足率分别为 0.46、0.53、0.47，其供需数量均衡度均为轻度失衡，具体如表 7.22 所示。由此可见，环境行政听证制度无论是总体还是局部的制度安排供需数量均处于轻度失衡状态。

表 7.22　环境行政听证制度供需数量均衡分析结果

类型	具体制度需求落点数量（条）	已有相应滞后制度供给的具体制度需求落点数量（条）	供需数量均衡度	
环境行政听证主体	119	55	0.46	轻度失衡
环境行政听证客体	203	107	0.53	轻度失衡
环境行政听证范围与程序	453	213	0.47	轻度失衡
环境行政听证制度总计	836	405	0.48	轻度失衡

（2）环境行政听证制度供需结构均衡分析

环境行政听证制度供需结构均衡分析结果如表 7.23 所示。由表 7.23 可知，环境行政听证主体、客体、范围与程序相关制度供给子系统结构与制度需求子系统结构的比值分别为 0.96、1.09、0.97,这表明环境行政听证主体、客体、范围与程序的制度供需结构均衡度均为优质均衡。

表 7.23　环境行政听证制度供需结构均衡分析结果

类型	制度供给子系统结构	制度需求子系统结构	制度供给子系统结构/制度需求子系统结构	供需结构均衡度
环境行政听证主体	13.6% (55/405)	14.2% (119/836)	0.96	优质均衡
环境行政听证客体	26.4% (107/405)	24.3% (203/836)	1.09	优质均衡
环境行政听证范围与程序	52.6% (213/405)	54.2% (453/836)	0.97	优质均衡

（3）环境行政听证制度供需内容均衡分析

环境行政听证主体的制度需求落点包括明确并扩大行政听证参加人范围、建立健全听证代表产生机制、明确听证当事人及参加人的权利与义务、保障听证参与人的代表性与专业性、明确并扩大行政听证申请人范围、明确并扩大行政听证当事人范围、完善听证代表人制度、保障听证代表的各项权利、确立听证代表意见的法律地位、建立健全听证代理人制度、确立公民的听证权、建立健全听证权利救济机制、建立公听代表人制度,其中建立健全听证代表产生机制、保障听证参与人的代表性与专业性、明确并扩大行政听证当事人范围、确立听证代表意见的法律地位、确立公民的听证权、建立健全听证权利救济机制、建立公听代表人制度七项制度需求落点至今尚未有相关的制度供给,其他六项制度需求落点相对应的制度供给情况及制度供给后相同制度需求落点再次出现的时间如表 7.24 所示。由表 7.24 可知,明确并扩大环境行政听证参加人范围这项制度需求落点虽然相继有若干制度供给,但由于制度供给之后三年内又出现相同制度需求,因此该项制度安排的历史发展处于制度供需内容的严重失衡状态;明确环境行政听证当事人及参加人的权利与义务这一制度需求滞后期内相关制度供给时间为 2011年,而相同制度需求再次出现的时间为 2015 年,相隔四年,因而该项制度安排处于供需内容的轻度失衡状态;明确并扩大行政听证申请人范围这项制度安排供需内容均衡的历史发展则处于轻度失衡与严重失衡交替变迁格局;保障听证代表的各项权利和完善听证代表人制度处于制度供需内容的轻度失衡状态,而建立健全听证代理人制度则处于制度供需内容的优质均衡状态。

表 7.24　环境行政听证主体相关制度供需内容均衡分析结果

制度需求落点	制度需求落点首次出现时间	制度供给情况	制度需求落点再次出现时间
明确并扩大行政听证参加人范围	1997 年	2004 年《环境保护行政许可听证暂行办法》;2006年《水行政许可听证规定》;2011年《环境行政处罚听证程序规定》	2005—2013 年;2017 年

制度需求落点	制度需求落点首次出现时间	制度供给情况	制度需求落点再次出现时间
明确听证当事人及参加人的权利与义务	2005 年	2004 年《环境保护行政许可听证暂行办法》；2011 年《环境行政处罚听证程序规定》	2015—2016 年；2018 年
明确并扩大行政听证申请人范围	2003 年	2004 年《环境保护行政许可听证暂行办法》；2006 年《水行政许可听证规定》；2011 年《环境行政处罚听证程序规定》	2007—2009 年；2014 年
保障听证代表的各项权利	2005 年	2004 年《环境保护行政许可听证暂行办法》；2011 年《环境行政处罚听证程序规定》	2014 年
完善听证代表人制度	2005 年	2004 年《环境保护行政许可听证暂行办法》；2011 年《环境行政处罚听证程序规定》	2015 年
建立健全听证代理人制度	2003 年	2004 年《环境保护行政许可听证暂行办法》	2015 年

　　环境行政听证客体的制度需求落点包括建立健全环境行政听证主持人制度、完善环境行政听证组织建设、设立专门的"听证专项基金"、建立环境行政听证组织者与决策者分离制度，其中建立环境行政听证组织者与决策者分离的制度需求未出现相关的制度供给，其他三项制度需求落点相对应的制度供给情况及制度供给后相同制度需求落点再次出现的时间如表 7.25 所示。由表 7.25 可知，建立健全环境行政听证主持人制度的供需内容均衡发展处于严重失衡状态，完善环境行政听证组织建设的制度供需内容则处于从严重失衡到轻度失衡的历史发展状态，而设立专门的"听证专项基金"这项制度安排处于制度供需内容的优质均衡状态。

表 7.25　环境行政听证客体相关制度供需内容均衡分析结果

制度需求落点	制度需求落点首次出现时间	制度供给情况	制度需求落点再次出现时间
建立健全环境行政听证主持人制度	1996 年	2004 年《行政许可法》；2004 年《环境保护行政许可听证暂行办法》；2006 年《水行政许可听证规定》；2006 年《关于转发〈关于印发泰州市环境保护信访听证处理暂行办法的通知〉的通知》；2011 年《环境行政处罚听证程序规定》	2005—2014 年；2016—2019 年
完善环境行政听证组织建设	2003 年	2004 年《行政许可法》；2004 年《环境保护行政许可听证暂行办法》；2006 年《关于转发〈关于印发泰州市环境保护信访听证处理暂行办法的通知〉的通知》；2006 年《水行政许可听证规定》；2011 年《环境行政处罚听证程序规定》	2004—2005 年；2009—2010 年；2015 年
设立专门的"听证专项基金"	2004 年	2004 年《行政许可法》；2004 年《环境保护行政许可听证暂行办法》；2011 年《环境行政处罚听证程序规定》	无

　　环境行政听证范围与程序的制度需求落点包括明确并扩大行政听证的适用范围、完善听证笔录制度与案卷排他制度、建立健全环境行政听证程序、完善听证会信息公开机制、丰富环境行政听证方式、明确听证的法律效力、建立针对新证据的再次听证制度、明确行政听证的排除适用范围、建立"异地听证"机制，其中完善听证笔录制度与案卷排他制度、丰富环境行政听证方式、建立针对新证据的再次听证制度、明确行政听证的排除适用范围、建立"异地听证"机制制度需求未出现相关的制度供给，其他四项制度需求落点相对应的制度供给情况及制度供给后相同制度需求落点再次出现的时间如表7.26所示。由表7.26可知，明确并扩大环境行政听证的适用范围、建立健全环境行政听证程序、完善听证会信息公开机制三项制度需求落点处于制度供需内容的严重失衡状态；而明确听证的法律效力的制度供需内容则呈现从严重失衡到轻度失衡的历史发展态势。

表7.26　环境行政听证范围与程序相关制度供需内容均衡分析结果

制度需求落点	制度需求落点首次出现时间	制度供给情况	制度需求落点再次出现时间
明确并扩大行政听证的适用范围	1997年	2000年《立法法》；2002年《规章制定程序条例》；2004年《行政许可法》；2004年《环境保护行政许可听证暂行办法》；2006年《水行政许可听证规定》；2006年《关于转发〈关于印发泰州市环境保护信访听证处理暂行办法的通知〉的通知》；2008年《国务院关于加强市县政府依法行政的决定》；2011年《环境行政处罚听证程序规定》	2001—2018年
建立健全环境行政听证程序	1996年	2004年《环境保护行政许可听证暂行办法》；2006年《关于转发〈关于印发泰州市环境保护信访听证处理暂行办法的通知〉的通知》；2006年《水行政许可听证规定》；2011年《环境行政处罚听证程序规定》	2005—2018年
完善听证会信息公开机制	2003年	2002年《规章制定程序条例》；2004年《行政许可法》；2004年《环境保护行政许可听证暂行办法》；2006年《水行政许可听证规定》；2006年《关于转发〈关于印发泰州市环境保护信访听证处理暂行办法的通知〉的通知》；2011年《环境行政处罚听证程序规定》	2006—2008年；2010—2012年；2014—2016年
明确听证的法律效力	2003年	2004年《环境保护行政许可听证暂行办法》；2006年《水行政许可听证规定》	2005年；2010—2011年

7.3.4　环境信访制度供需均衡分析

（1）环境信访制度供需数量均衡分析

　　环境信访的制度需求最早产生于1998年，有关环境信访制度改革创新的政策建议数量至今总计为 561 条,即有关环境信访的制度需求强度总计为 561。在 561 条环境信访的制度需求落点中,372 条已于制度需求滞后期内产生了相应的制度供给,189 条未有相关的制度供给,制度安排的供给数量与制度安排的需求数量之比为 0.66,按照均衡度等级划分标准,环境信访制度的总体供需数量均衡度为基本均衡。按照制度供给主体、客体、渠道来划分,环境信访主体、客体、渠道的制度供给对制度需求的满足率分别为 0.96、0.52、0.84,其供需数量均衡度分别为优质均衡、轻度失衡、优质均衡,具体如表7.27 所示。

表 7.27　环境信访制度供需数量均衡分析结果

类型	具体制度需求落点数量(条)	已有相应滞后制度供给的具体制度需求落点数量(条)	供需数量均衡度	
环境信访主体	26	24	0.92	优质均衡
环境信访客体	229	119	0.52	轻度失衡
环境信访渠道	243	205	0.84	优质均衡
环境信访制度总计	561	372	0.66	基本均衡

(2)环境信访制度供需结构均衡分析

环境信访制度供需结构均衡分析结果如表 7.28 所示。由表 7.28 可知,环境信访主体、客体、渠道相关制度供给子系统结构与制度需求子系统结构的比值分别为 1.39、0.78、1.27,这表明环境信访主体相关制度供需结构均衡度为轻度失衡,而环境信访客体、渠道的制度供需结构均衡度为基本均衡。

表 7.28　环境信访制度供需结构均衡分析结果

类型	制度供给子系统结构	制度需求子系统结构	制度供给子系统结构/制度需求子系统结构	供需结构均衡度
环境信访主体	6.4% (24/372)	4.6% (26/561)	1.39	轻度失衡
环境信访客体	31.9% (119/372)	40.8% (229/561)	0.78	基本均衡
环境信访渠道	55.1% (205/372)	43.3% (243/561)	1.27	基本均衡

(3)环境信访制度供需内容均衡分析

环境信访主体的制度需求落点包括:明确信访人的权利与义务、建立健全信访人的救助机制、建立信访代理制度、健全信访人责任追究机制、明确并放宽信访人提出的信访事项范围、健全信访人的安全保障机制,其中明确并放宽信访人提出的信访事项范围这项制度需求落点未出现相关的制度供给,其他五项制度需求落点相对应的制度供给情况及制度供给后相同制度需求落点再次出现的时间如表 7.29 所示。由表 7.29 可知,建立健全信访人的救助机制和建立信访代理制度这两项制度需求落点虽然相继有若干制度供给,但由于制度供给之后三年内又出现相同制度需求,因此这两项制度安排的历史发展处于制度供需内容的严重失衡状态;明确信访人的权利与义务这项制度需求落点相对应的首次制度供给时间与制度供给后相同制度需求落点再次出现的时间相隔五年,因此该项制度安排处于供需内容的基本均衡状态;与健全信访人责任追究机制这项制度需求落点相对应的制度供给时间为 2017 年和 2019 年,且相同制度需求落点再未出现,因此无法判断该项制度安排供给内容的均衡状态;而健全信访人的安全保障机制处于制度供需内容的优质均衡状态。

表 7.29　环境信访主体相关制度供需内容均衡分析结果

制度需求落点	制度需求落点首次出现时间	制度供给情况	制度需求落点再次出现时间
建立健全信访人的救助机制	2004 年	2013 年《关于依法处理涉法涉诉信访问题的意见》;2015 年《关于建立律师参与化解和代理涉法涉诉信访案件制度的意见(试行)》;2013 年《关于创新群众工作方法解决信访突出问题的意见》	2016 年
明确信访人的权利与义务	2005 年	2005 年《信访条例》;2006 年《环境信访办法》;2015 年《关于建立律师参与化解和代理涉法涉诉信访案件制度的意见(试行)》;2016 年《信访工作责任制实施办法》;2019 年《关于改革完善信访投诉工作机制 推进解决群众身边突出生态环境问题的指导意见》	2010—2012 年;2016 年
建立信访代理制度	2008 年	2006 年《环境信访办法》;2015 年《关于建立律师参与化解和代理涉法涉诉信访案件制度的意见(试行)》;2013 年《关于创新群众工作方法解决信访突出问题的意见》	2009 年;2012 年;2017 年
健全信访人责任追究机制	2009 年	2005 年《信访条例》;2017 年《司法行政机关信访工作办法》;2019 年《关于公安机关处置信访活动中违法犯罪行为适用法律的指导意见》	无
健全信访人的安全保障机制	2006 年	2005 年《信访条例》;2006 年《环境信访办法》	2016 年

环境信访客体的制度需求落点主要包括:促进信访机构改革、健全信访工作责任追究机制、健全信访工作考核机制、规范与加强信访机构职权、明确划分各级信访部门职能和权限、加强信访队伍建设、健全信访工作的监督机制、建立健全信访信息汇集与共享机制、增强信访机构间的沟通与协调、明确信访机构的法律地位等,其中明确信访机构的法律地位、设立信访法庭、建立以人大代表为信访处理主体的新机制等几项制度需求落点未有相关的制度供给,其他制度需求落点相对应的制度供给情况及制度供给后相同制度需求落点再次出现的时间如表 7.30 所示。由表 7.30 可知,促进信访机构改革、健全信访工作责任追究机制、规范与加强信访机构职权、加强信访队伍建设四项制度需求落点虽然相继有若干制度供给,但由于每次制度供给之后

三年内又出现相同制度需求,因此这四项制度安排的历史发展处于制度供需内容的严重失衡状态。建立健全信访信息汇集与共享机制处于制度供需内容的基本均衡态势。其他几项制度安排的供需内容均衡态处于变动中,其中健全信访工作考核机制和健全信访工作的监督机制这两项制度安排的供需内容均衡状态由轻度失衡转为严重失衡,明确划分各级信访部门职能和权限的制度供需内容均衡状态由严重失衡转向轻度失衡,而增强信访机构间的沟通与协调的制度供需内容均衡状态则由轻度失衡转为基本均衡。

表 7.30　环境信访客体相关制度供需内容均衡分析结果

制度需求落点	制度需求落点首次出现时间	制度供给情况	制度需求落点再次出现时间
促进信访机构改革	2004 年	2005 年《信访条例》;2006 年《环境信访办法》;2007 年《关于进一步加强新时期信访工作的意见》;2014 年《关于进一步规范信访事项受理办理程序引导来访人依法逐级走访的办法》;2013 年《关于创新群众工作方法解决信访突出问题的意见》;2019 年《关于改革完善信访投诉工作机制 推进解决群众身边突出生态环境问题的指导意见》;2019 年《关于进一步加强和完善信访事项统筹实地督查工作的规定》	2005—2015 年;2017 年;2019 年
健全信访工作责任追究机制	2004 年	2005 年《信访条例》;2005 年《关于依纪依法规范纪检监察信访举报工作的若干意见》;2007 年《关于进一步加强新时期信访工作的意见》;2008 年《关于违反信访工作纪律处分暂行规定》;2014 年《信访事项办理群众满意度评价工作办法》;2014 年《关于进一步加强初信初访办理工作的办法》;2014 年《全国人大常委会机关信访工作若干规定》;2015 年《2015 年信访工作要点及责任分工》;2016 年《信访工作责任制实施办法》	2005—2007 年;2009—2014 年;2016 年
健全信访工作考核机制	2005 年	2005 年《信访条例》;2006 年《涉法涉诉信访责任追究规定》;2007 年《人民检察院信访工作规定》;2014 年《信访事项办理群众满意度评价工作办法》;2013 年《关于创新群众工作方法解决信访突出问题的意见》;2013 年《关于依法处理涉法涉诉信访问题的意见》;2015 年《2015 年信访工作要点及责任分工》;2016 年《信访工作责任制实施办法》;2017 年《依法分类处理信访诉求工作规则》;2018 年《司法行政机关信访工作办法》;2019 年《关于进一步加强和完善信访事项统筹实地督查工作的规定》	2008—2015 年;2017 年

（续表）

制度需求落点	制度需求落点首次出现时间	制度供给情况	制度需求落点再次出现时间
规范与加强信访机构职权	2005 年	2005 年《信访条例》；2006 年《环境信访办法》；2007 年《关于进一步加强新时期信访工作的意见》；2014 年《信访事项办理群众满意度评价工作办法》；2014 年《关于进一步规范信访事项受理办理程序引导来访人依法逐级走访的办法》；2016 年《信访工作责任制实施办法》；2017 年《依法分类处理信访诉求工作规则》；2019 年《关于进一步加强和完善信访事项统筹实地督查工作的规定》	2006—2007 年；2009—2014 年；2016—2017 年
明确划分各级信访部门职能和权限	2005 年	2005 年《信访条例》；2007 年《关于进一步加强新时期信访工作的意见》；2016 年《信访工作责任制实施办法》；2017 年《依法分类处理信访诉求工作规则》；2019 年《关于进一步加强和完善信访事项统筹实地督查工作的规定》	2006 年；2008—2012 年；2014 年
加强信访队伍建设	2000 年	2007 年《关于进一步加强新时期信访工作的意见》；2018 年《司法行政机关信访工作办法》	2005—2006 年；2008 年；2011—2012 年；2014—2016 年
健全信访工作的监督机制	2004 年	2005 年《信访条例》；2008 年《关于违反信访工作纪律处分暂行规定》；2007 年《关于进一步加强新时期信访工作的意见》；2016 年《信访工作责任制实施办法》；2019 年《关于进一步加强和完善信访事项统筹实地督查工作的规定》	2005 年；2008 年；2010—2011 年；2013 年；2017 年
建立健全信访信息汇集与共享机制	2011 年	2007 年《人民检察院信访工作规定》；2014 年《关于进一步规范信访事项受理办理程序引导来访人依法逐级走访的办法》；2019 年《推动网上信访工作高质量发展 树立网上信访好用管用导向》	2012—2013 年；2015 年
增强信访机构间的沟通与协调	2005 年	2007 年《关于进一步加强新时期信访工作的意见》；2013 年《关于创新群众工作方法解决信访突出问题的意见》；2014 年《关于进一步规范信访事项受理办理程序引导来访人依法逐级走访的办法》	2010 年；2012—2013 年

在环境信访渠道相关的制度需求落点中，丰富和完善信访途径、完善信访程序制度、建立健全信访接待机制、明确信访处理的事项范围、建立健全信访终结机制这五项制度需求落点虽然相继有若干制度供给，但由于制度供给之后三年内又出现相同制度需求，因此这五项制度安排的历史发展处于制度供需内容的严重失衡状态；建立健全信访听证制度这项制度需求落点在获得相对应的制度供给后，相同制度需求再次出现的时间间隔为三年，因此该项制度安排处于供需内容的轻度失衡状态；由于与引入第三方解决信访疑难事项相关的制度供给 2015 年后再未出现相同制度需求，且制度供给时间

距今为五年,因此该项制度安排目前处于供需内容的轻度失衡状态,且处于轻度失衡与基本均衡的交界;建立信访与行政复议、诉讼、调解的衔接机制与建立信访处理持续跟踪制度和信访处理结果反馈制度两项制度需求落点的供需均衡态由轻度失衡转为严重失衡,而健全信访信息公开机制则处于制度供需内容的轻度失衡与严重失衡交替变迁状态。环境信访渠道相关制度需求落点相对应的制度供给情况及制度供给后相同制度需求落点再次出现的时间如表 7.31 所示。

表 7.31　环境信访渠道相关制度供需内容均衡分析结果

制度需求落点	制度需求落点首次出现时间	制度供给情况	制度需求落点再次出现时间
丰富和完善信访途径	2000 年	2005 年《信访条例》;2006 年《环境信访办法》;2007 年《关于进一步加强新时期信访工作的意见》;2008 年《关于违反信访工作纪律处分暂行规定》;2013 年《关于依法处理涉法涉诉信访问题的意见》;2014 年《信访事项办理群众满意度评价工作办法》;2015 年《关于建立律师参与化解和代理涉法涉诉信访案件制度的意见(试行)》;2015 年《信访事项网上办理工作规程(试行)》;2013 年《关于创新群众工作方法解决信访突出问题的意见》;2015 年《2015 年信访工作要点及责任分工》;2017 年《全国人大机关信访工作办法》;2017 年《依法分类处理信访诉求工作规则》;2019 年《关于改革完善信访投诉工作机制 推进解决群众身边突出生态环境问题的指导意见》;2019 年《推动网上信访工作高质量发展 树立网上信访好用管用导向》	2005—2014 年;2016—2019 年
完善信访程序制度	2005 年	2005 年《信访条例》;2006 年《环境信访办法》;2007 年《关于进一步加强新时期信访工作的意见》;2013 年《关于加强和统筹信访事项督查督办工作的规定》;2014 年《信访事项办理群众满意度评价工作办法》;2013 年《关于依法处理涉法涉诉信访问题的意见》;2015 年《2015 年信访工作要点及责任分工》;2015 年《信访事项网上办理工作规程(试行)》;2017 年《司法行政机关信访工作办法》;2019 年《推动网上信访工作高质量发展 树立网上信访好用管用导向》	2006 年;2008—2017 年
建立健全信访接待机制	2003 年	2005 年《信访条例》;2013 年《关于加强和统筹信访事项督查督办工作的规定》;2007 年《关于进一步加强新时期信访工作的意见》;2013 年《关于创新群众工作方法解决信访突出问题的意见》;2015 年《关于建立律师参与化解和代理涉法涉诉信访案件制度的意见(试行)》;2017 年《依法分类处理信访诉求工作规则》;2017 年《司法行政机关信访工作办法》	2005—2007 年;2009—2016 年

（续表）

制度需求落点	制度需求落点首次出现时间	制度供给情况	制度需求落点再次出现时间
明确信访处理的事项范围	2006 年	2005 年《信访条例》；2007 年《人民检察院信访工作规定》；2014 年《信访事项办理群众满意度评价工作办法》；2013 年《关于依法处理涉法涉诉信访问题的意见》；2015 年《关于推进通过法定途径分类处理信访投诉请求工作的实施意见（试行）》；2017 年《依法分类处理信访诉求工作规则》	2008—2014 年；2016—2017 年
建立健全信访终结机制	2008 年	2013 年《关于依法处理涉法涉诉信访问题的意见》；2014 年《关于健全涉法涉诉信访依法终结制度的意见》	2015—2017 年
健全信访信息公开机制	2005 年	2005 年《信访条例》；2007 年《人民检察院信访工作规定》；2015 年《信访事项网上办理工作规程（试行）》	2009—2013 年；2015 年；2018 年
建立信访与行政复议、诉讼、调解的衔接机制	2005 年	2005 年《信访条例》；2013 年《关于依法处理涉法涉诉信访问题的意见》；2013 年《关于创新群众工作方法解决信访突出问题的意见》；2017 年《司法行政机关信访工作办法》；2017 年《依法分类处理信访诉求工作规则》	2008 年；2010—2016 年；2018 年
建立健全信访听证制度	2004 年	2005 年《信访条例》	2008—2010 年；2012 年；2015 年
建立信访处理持续跟踪制度和信访处理结果反馈制度	2000 年	2006 年《环境信访办法》；2013 年《关于加强和统筹信访事项督查督办工作的规定》；2016 年《信访工作责任制实施办法》；2007 年《关于进一步加强新时期信访工作的意见》；2017 年《司法行政机关信访工作办法》；2019 年《关于改革完善信访投诉工作机制 推进解决群众身边突出生态环境问题的指导意见》	2010 年；2012—2013 年；2017—2019 年
引入第三方解决信访疑难事项	2007 年	2005 年《信访条例》；2013 年《关于创新群众工作方法解决信访突出问题的意见》	无

7.3.5 环境行政复议制度供需均衡分析

（1）环境行政复议制度供需数量均衡分析

环境行政复议的制度需求最早产生于 1987 年，有关环境行政复议制度改革创新的政策建议数量总计为 585 条，即有关环境行政复议的制度需求强度总计为 585。在 585 条环境行政复议的制度需求落点中，395 条已于制度需求滞后期内产生了相应的制度供给，190 条未出现相关的制度供给，制度安排的供给数量与制度安排的需求数量之比为 0.68，按照均衡度等级划分标准，环境行政复议制度的总体供需数量均衡度为基本均衡。按照制度供给主体、客体、渠道来划分，环境行政复议主体、客体、渠道的制度供给对制度需求的满足率分别为 0.23、0.77、0.61,其供需数量均衡度分别为严重失衡、基本均衡、基本均衡,具体如表 7.32 所示。

表 7.32 环境行政复议制度供需数量均衡分析结果

类型	具体制度需求落点数量(条)	已有相应滞后制度供给的具体制度需求落点数量(条)	供需数量均衡度	
环境行政复议主体	13	3	0.23	严重失衡
环境行政复议客体	223	172	0.77	基本均衡
环境行政复议渠道	309	189	0.61	基本均衡
环境行政复议制度总计	585	395	0.68	基本均衡

(2) 环境行政复议制度供需结构均衡分析

环境行政复议制度供需结构均衡分析结果如表 7.33 所示。由表 7.33 可知,环境行政复议主体、客体、渠道相关制度供给子系统结构与制度需求子系统结构的比值分别为 0.36、1.14、0.91,这表明环境行政复议主体、客体、渠道相关制度供需结构均衡度分别为严重失衡、基本均衡和优质均衡。

表 7.33 环境行政复议制度供需结构均衡分析结果

类型	制度供给子系统结构	制度需求子系统结构	制度供给子系统结构/制度需求子系统结构	供需结构均衡度
环境行政复议主体	0.8% (3/395)	2.2% (13/585)	0.36	严重失衡
环境行政复议客体	43.5% (172/395)	38.1% (223/585)	1.14	基本均衡
环境行政复议渠道	47.8% (189/395)	52.8% (309/585)	0.91	优质均衡

(3) 环境行政复议制度供需内容均衡分析

环境行政复议主体的制度需求落点包括:保障行政复议申请人权益、建立健全行政复议赔偿制度、建立健全律师代理制度、扩大行政复议申请人范围,其中保障行政复议申请人权益和建立健全律师代理制度这两项制度需求落点未出现相关的制度供给,其他两项制度需求落点相对应的制度供给情况及制度供给后相同制度需求落点再次出现的时间如表 7.34 所示。由表 7.34 可知,建立健全行政复议赔偿制度这项制度需求落点的制度供给时间为 2017 年,此后相同制度需求落点再未出现,因此目前该项制度安排处于供需内容的轻度失衡状态;而扩大行政复议申请人范围这项制度需求落点出现后并无相关的制度供给(已有制度供给出现于制度需求之前),因此按照制度供给时间与制度需求落点首次出现的时间间隔判断,该项制度安排也处于供需内容的轻度失衡状态。

表7.34 环境行政复议主体相关制度供需内容均衡分析结果

制度需求落点	制度需求落点首次出现时间	制度供给情况	制度需求落点再次出现时间
建立健全行政复议赔偿制度	2015 年	2017 年修正《行政复议法》	无
扩大行政复议申请人范围	2010 年	2008 年《环境行政复议办法》	2014 年

环境行政复议客体的制度需求落点主要包括：加强环境行政复议机构建设、加强环境行政复议队伍建设与管理、建立健全行政复议监督体制、调整和完善行政复议管辖制度、建立健全行政复议责任追究机制、推行相对集中行政复议权等。其中，建立被申请人受案制度、建立复议机关行政应诉主导机制两项制度需求落点未出现相关的制度供给，其他几项主要的制度需求落点相对应的制度供给情况及制度供给后相同制度需求落点再次出现的时间如表7.35 所示。由表7.35 可知，加强环境行政复议机构建设、加强环境行政复议队伍建设与管理、建立健全行政复议监督体制、调整和完善行政复议管辖制度四项制度需求落点处于制度供需内容的严重失衡状态；建立健全行政复议责任追究机制、推行相对集中行政复议权、明确行政复议机关的司法豁免权三项制度需求落点处于制度供需内容的轻度失衡状态；而明确行政复议机构及其工作人员的职责权限处于制度供需内容的基本均衡状态。

表7.35 环境行政复议客体相关制度供需内容均衡分析结果

制度需求落点	制度需求落点首次出现时间	制度供给情况	制度需求落点再次出现时间
加强环境行政复议机构建设	1987 年	2007 年《关于贯彻执行行政复议法实施条例进一步加强环境行政复议工作的通知》；2008 年《关于在部分省、直辖市开展行政复议委员会试点工作的通知》；2008 年《关于加强市县政府依法行政的决定》；2017 年修正《行政复议法》	2009—2017 年；2019 年
加强环境行政复议队伍建设与管理	1993 年	2007 年《行政复议法实施条例》；2007 年《关于贯彻执行行政复议法实施条例进一步加强环境行政复议工作的通知》；2008 年《关于在部分省、直辖市开展行政复议委员会试点工作的通知》；2017 年修正《行政复议法》	2009—2016 年；2019 年
建立健全行政复议监督体制	2004 年	2007 年《行政复议法实施条例》；2008 年《关于在部分省、直辖市开展行政复议委员会试点工作的通知》；2017 年修正《行政复议法》	2009—2014 年
调整和完善行政复议管辖制度	1996 年	2008 年《关于在部分省、直辖市开展行政复议委员会试点工作的通知》；2017 年修正《行政复议法》	2009—2011 年；2013 年

制度需求落点	制度需求落点首次出现时间	制度供给情况	制度需求落点再次出现时间
建立健全行政复议责任追究机制	1998 年	2017 年修正《行政复议法》	无
推行相对集中行政复议权	2009 年	2008 年《关于在部分省、直辖市开展行政复议委员会试点工作的通知》	2012 年；2014—2016 年；2019 年
明确行政复议机关的司法豁免权	2010 年	2017 年修正《行政复议法》	无
明确行政复议机构及其工作人员的职责权限	1987 年	2009 年修正《行政复议法》；2017 年修正《行政复议法》	2015 年

　　环境行政复议渠道的制度需求落点主要包括：完善行政复议程序、明确并扩大行政复议受理范围、理顺行政复议与行政诉讼的关系、建立健全行政复议与信访工作协调机制、畅通行政复议渠道等。其中，取消原级复议和行政终局裁决制度、完善行政复议救济制度、完善行政复议申请类型三项制度需求落点未出现相关的制度供给，其他七项制度需求落点相对应的制度供给情况及制度供给后相同制度需求落点再次出现的时间如表 7.36 所示。由表 7.36 可知，完善行政复议程序的制度供需内容处于由轻度失衡转为严重失衡状态；明确并扩大行政复议受理范围、建立健全行政复议与信访工作协调机制、畅通行政复议渠道三项制度安排的历史发展处于制度供需内容的严重失衡状态；理顺行政复议与行政诉讼的关系则处于制度供需内容的优质均衡状态；实现行政复议方式的多元化、改革行政复议受理期限这两项制度需求落点出现后并无相关的制度供给，按照制度供给时间与制度需求落点首次出现的时间间隔判断，这两项制度安排处于供需内容的轻度失衡状态。

表 7.36　环境行政复议渠道相关制度供需内容均衡分析结果

制度需求落点	制度需求落点首次出现时间	制度供给情况	制度需求落点再次出现时间
完善行政复议程序	1998 年	2001 年《关于进一步提高行政复议法律文书质量的通知》；2004 年《关于印发全面推进依法行政实施纲要的通知》；2006 年《环境行政复议与行政应诉办法》；2007 年《行政复议法实施条例》；2007 年《关于贯彻执行行政复议法实施条例进一步加强环境行政复议工作的通知》；2008 年《环境行政复议办法》；2008 年《关于加强市县政府依法行政的决定》；2008 年《关于在部分省、直辖市开展行政复议委员会试点工作的通知》；2017 年修正《行政复议法》	2006—2017 年；2019 年

（续表）

制度需求落点	制度需求落点首次出现时间	制度供给情况	制度需求落点再次出现时间
明确并扩大行政复议受理范围	1990 年	2008 年《环境行政复议办法》；2017 年修正《行政复议法》	2009—2017 年；2019 年
理顺行政复议与行政诉讼的关系	1996 年	2008 年《环境行政复议办法》；2017 年修正《行政复议法》	2019 年
建立健全行政复议与信访工作协调机制	2007 年	2005 年《信访条例》；2006 年《环境行政复议与行政应诉办法》；2007 年《贯彻执行行政复议法实施条例进一步加强环境行政复议工作的通知》	2008—2009 年
畅通行政复议渠道	2007 年	2007 年《关于贯彻执行行政复议法实施条例进一步加强环境行政复议工作的通知》；2017 年修正《行政复议法》	2008—2009 年；2014 年
实现行政复议方式的多元化	2011 年	2007 年《行政复议法实施条例》；2008 年《关于加强市县政府依法行政的决定》	2013—2014 年
改革行政复议受理期限	2019 年	2017 修正《行政复议法》	无

7.4 司法机制供需均衡分析

7.4.1 环境行政诉讼制度供需均衡分析

（1）环境行政诉讼制度供需数量均衡分析

环境行政诉讼的制度需求最早产生于 1986 年,有关环境行政诉讼制度改革创新的政策建议数量总计为 423 条,即有关环境行政诉讼的制度需求强度总计为 423。在 423 条环境行政诉讼的制度需求落点中,290 条已于制度需求滞后期内产生了相应的制度供给,133 条未出现相关的制度供给,制度安排的供给数量与制度安排的需求数量之比为 0.69,按照均衡度等级划分标准,环境行政诉讼制度的总体供需数量均衡度为基本均衡。按照制度供给主体、客体、渠道来划分,环境行政诉讼主体、客体、渠道的制度供给对制度需求的满足率分别为 0.83、0.54、0.74,其供需数量均衡度分别为优质均衡、轻度失衡、基本均衡,具体如表 7.37 所示。

表 7.37　环境行政诉讼制度供需数量均衡分析结果

类型	具体制度需求落点数量（条）	已有相应滞后制度供给的具体制度需求落点数量（条）	供需数量均衡度	
环境行政诉讼主体	41	34	0.83	优质均衡
环境行政诉讼客体	133	72	0.54	轻度失衡
环境行政诉讼渠道与程序	234	172	0.74	基本均衡
环境行政诉讼制度总计	423	290	0.69	基本均衡

（2）环境行政诉讼制度供需结构均衡分析

环境行政诉讼制度供需结构均衡分析结果如表 7.38 所示。由表 7.38 可知，环境行政诉讼主体、客体、渠道相关制度供给子系统结构与制度需求子系统结构的比值分别为 1.21、0.79、1.07，这表明环境行政诉讼主体、客体、渠道相关制度供需均衡度分别为基本均衡、基本均衡和优质均衡。

表 7.38　环境行政诉讼制度供需结构均衡分析结果

类型	制度供给子系统结构	制度需求子系统结构	制度供给子系统结构/制度需求子系统结构	供需结构均衡度
环境行政诉讼主体	11.7%（34/290）	9.7%（41/423）	1.21	基本均衡
环境行政诉讼客体	24.8%（72/290）	31.4%（133/423）	0.79	基本均衡
环境行政诉讼渠道	59.3%（172/290）	55.3%（234/423）	1.07	优质均衡

（3）环境行政诉讼制度供需内容均衡分析

环境行政诉讼主体的制度需求落点包括放宽环境行政诉讼的原告资格、明确环境行政诉讼原告的权利范围、健全环境行政诉讼第三人制度等，其中设立环境行政诉讼原告奖励制度未出现相关的制度供给，其他制度需求落点相对应的制度供给情况及制度供给后相同制度需求落点再次出现的时间如表 7.39 所示。由表 7.39 可知，放宽环境行政诉讼的原告资格、建立健全诉讼代理人制度、建立原告保护制度三项制度需求落点的制度供给时间为 2017 年，此后相同制度需求落点再未出现，因此目前这三项制度安排处于供需内容的轻度失衡状态；由于明确环境行政诉讼原告的权利范围这项制度需求落点获得相关的制度供给后，制度需求再次出现的时间与制度供给时间相隔 15 年，因此该项制度安排处于供需内容的优质均衡状态；健全环境行政诉讼第三人制度也处于制度供需内容的优质均衡状态；而明确环境行政诉讼当事人的义务则处于制度供需内容的严重失衡状态。

表 7.39　环境行政诉讼主体相关制度供需内容均衡分析结果

制度需求落点	制度需求落点首次出现时间	制度供给情况	制度需求落点再次出现时间
放宽环境行政诉讼的原告资格	1993 年	2017 年修改《行政诉讼法》	无
明确环境行政诉讼原告的权利范围	1987 年	1989 年《行政诉讼法》；2017 年修正《行政诉讼法》	2004 年；2006 年；2007 年；2010 年；2013 年
健全环境行政诉讼第三人制度	2002 年	2005 年《关于落实科学发展观加强环境保护的决定》；2017 年修正《行政诉讼法》	2015 年
建立健全诉讼代理人制度	2007 年	2017 年修正《行政诉讼法》	无
明确环境行政诉讼当事人的义务	2013 年	2017 年修正《行政诉讼法》	2017 年
建立原告保护制度	2013 年	2017 年修正《行政诉讼法》	无

环境行政诉讼客体的制度需求落点包括设立行政法院或行政法庭，改革环境行政诉讼管辖制度，实现法院人事权、财政权、审判权的独立，提高环境司法人员素质与职务保障等。其中，完善环境行政诉讼费用制度和实现法院人事权、财政权、审判权的独立两项制度需求落点实现了供需内容的基本均衡；设立行政法院或行政法庭、建立生态环保法院或设置环保法庭、强化环境行政判决的执行力度三项制度需求落点在获得制度供给后，相同制度需求再次出现的时间间隔为三年至五年，因此这三项制度安排处于供需内容的轻度失衡状态；改革行政诉讼管辖制度、提高环境司法人员素质与职务保障、改革环境行政审判方式三项制度需求落点在获得制度供给后，相同制度需求再次出现的时间间隔为一年至两年，因而这三项制度安排处于供需内容的严重失衡状态；强化法院的职权调查这项制度需求落点由于制度供给时间为 2017 年，相同需求落点再未出现，因此目前无法判断该项制度安排供需内容的均衡状态；环境行政诉讼客体相关制度供需内容均衡分析结果具体如表 7.40 所示。

表 7.40　环境行政诉讼客体相关制度供需内容均衡分析结果

制度需求落点	制度需求落点首次出现时间	制度供给情况	制度需求落点再次出现时间
设立行政法院或行政法庭	1986 年	1989 年《行政诉讼法》；2017 年修正《行政诉讼法》；2018 年修正《人民法院组织法》	1994 年；1998 年；2002—2008 年；2010—2016 年

（续表）

制度需求落点	制度需求落点首次出现时间	制度供给情况	制度需求落点再次出现时间
改革行政诉讼管辖制度	1987 年	2000 年《关于执行〈中华人民共和国行政诉讼法〉若干问题的解释》；2017 年修正《行政诉讼法》；2018 年《关于深入学习贯彻习近平生态文明思想为新时代生态环境保护提供司法服务和保障的意见》	2001 年；2004—2008 年；2010—2014 年；2018 年；2019 年
实现法院人事权、财政权、审判权的独立	1993 年	1989 年《行政诉讼法》；2017 年修正《行政诉讼法》	1997 年；1998 年；2001 年；2004—2017 年
提高环境司法人员素质与职务保障	1986 年	2007 年《关于加强和改进行政审判工作的意见》；2017 年修正《行政诉讼法》；2018 年《关于深入学习贯彻习近平生态文明思想为新时代生态环境保护提供司法服务和保障的意见》；2018 年修正《人民法院组织法》；2019 年《法官法》	2009 年；2018 年；2019 年
改革环境行政审判方式	1996 年	2002 年《关于人民法院合议庭工作的若干规定》；2014 年《关于全面加强环境资源审判工作为推进生态文明建设提供有力司法保障的意见》；2017 年修正《行政诉讼法》；2018 年修正《人民法院组织法》；2019 年《推动新时代行政审判工作新发展》	2003—2008 年；2013 年；2016 年；2019 年
建立生态环保法院或设置环保法庭	1986 年	2010 年《最高人民法院印发〈关于为加快经济发展方式转变提供司法保障和服务的若干意见〉的通知》；2014 年《关于全面加强环境资源审判工作为推进生态文明建设提供有力司法保障的意见》；2016 年《关于充分发挥审判职能作用为推进生态文明建设与绿色发展提供司法服务和保障的意见》；2018 年《关于深入学习贯彻习近平生态文明思想为新时代生态环境保护提供司法服务和保障的意见》	2014—2016 年；2019 年
强化环境行政判决的执行力度	2003 年	2016 年《人民检察院行政诉讼监督规则（试行）》；2017 年修正《行政诉讼法》	无
完善环境行政诉讼费用制度	2007 年	2007 年《诉讼费用交纳办法》；2019 年《关于进一步做好环境损害司法鉴定管理有关工作的通知》；2019 年《关于印发江必新副院长在全国法院环境公益诉讼、生态环境损害赔偿诉讼审判工作推进会上讲话的通知》	2016 年
强化法院的职权调查	1998 年	2017 年修正《行政诉讼法》	无

　　环境行政诉讼渠道的制度需求落点包括明确并扩大环境行政诉讼的受案范围、健

全环境行政诉讼程序规范、建立环境行政诉讼调解机制与和解机制、健全环境行政诉讼的监督机制等，其中完善环境行政诉讼的类型和建立行政诉讼期间停止环境行政行为执行制度两项制度需求落点未出现相关的制度供给，其他几项制度需求落点相对应的制度供给情况及制度供给后相同制度需求落点再次出现的时间如表 7.41 所示。由表 7.41 可知，建立行政诉讼调解机制与和解机制实现了制度供需内容的优质均衡；完善行政复议前置程序处于制度供需内容的轻度失衡状态；明确并扩大环境行政诉讼的受案范围、健全环境行政诉讼程序规范、健全环境行政诉讼的监督机制三项制度安排则处于制度供需内容的严重失衡状态；而明确举证责任的归属、延长环境行政诉讼时效、简化和扩充被告制度、建立行政首长出庭应诉机制、增加审查过程的透明度五项制度需求落点由于制度供给时间处于 2016 年至 2019 年间，之后相同制度需求落点再未出现，因此无法判断这五项制度安排供需内容的均衡状态。

表 7.41　环境行政诉讼渠道相关制度供需内容均衡分析结果

制度需求落点	制度需求落点首次出现时间	制度供给情况	制度需求落点再次出现时间
明确并扩大环境行政诉讼的受案范围	1993 年	2014 年《全国人民代表大会常务委员会关于修改〈中华人民共和国行政诉讼法〉的决定》；2017 年修正《行政诉讼法》；2019 年《关于进一步规范适用环境行政处罚自由裁量权的指导意见》	2016 年；2017 年；2019 年
健全环境行政诉讼程序规范	1994 年	2016 年《关于在同一案件多个裁判文书上规范使用案号有关事项的通知》；2017 年《环境保护行政执法与刑事司法衔接工作办法》；2017 年修正《行政诉讼法》；2018 年《关于适用〈中华人民共和国行政诉讼法〉的解释》；2018 年《关于检察公益诉讼案件适用法律若干问题的解释》	2017 年；2019 年
建立行政诉讼调解机制和和解机制	1986 年	1989 年《行政诉讼法》；2017 年修正《行政诉讼法》	2003 年；2005—2008 年；2010 年；2013 年；2015 年；2017 年
健全环境行政诉讼的监督机制	1996 年	2016 年《关于充分发挥审判职能作用为推进生态文明建设与绿色发展提供司法服务和保障的意见》；2016 年《人民法院民事裁判文书制作规范》；2017 年修正《行政诉讼法》	2017 年
明确举证责任的归属	1999 年	2017 年修正《行政诉讼法》	无
延长环境行政诉讼时效	2001 年	2017 年修正《行政诉讼法》	无

（续表）

制度需求落点	制度需求落点首次出现时间	制度供给情况	制度需求落点再次出现时间
简化和扩充被告制度	2003 年	2016 年《关于进一步推进案件繁简分流优化司法资源配置的若干意见》；2017 年修正《行政诉讼法》	无
完善行政复议前置程序	1987 年	1989 年《行政诉讼法》；2017 年修正《行政复议法》	1994 年；2007 年；2009 年
建立行政首长出庭应诉机制	2005 年	2016 年《关于加强和改进行政应诉工作的意见》；2017 年修正《行政诉讼法》	无
健全环境司法鉴定制度	2016 年	2019 年《关于进一步做好环境损害司法鉴定管理有关工作的通知》	2019 年
增加审查过程的透明度	2001 年	2017 年修正《行政诉讼法》	无

7.4.2　环境民事诉讼制度供需均衡分析

（1）环境民事诉讼制度供需数量均衡分析

环境民事诉讼的制度需求最早产生于 1986 年,有关环境民事诉讼制度改革创新的政策建议数量总计为 340 条,即有关环境民事诉讼的制度需求强度总计为 340。在 340 条环境民事诉讼的制度需求落点中,133 条已于制度需求滞后期内产生了相应的制度供给,207 条未出现相关的制度供给,制度安排的供给数量与制度安排的需求数量之比为 0.39,按照均衡度等级划分标准,环境民事诉讼制度的总体供需数量均衡度为严重失衡。按照制度供给主体、客体、渠道来划分,环境民事诉讼主体、客体、渠道的制度供给对制度需求的满足率分别为 0.41、0.37、0.39,其供需数量均衡度分别为轻度失衡、严重失衡、严重失衡,具体如表 7.42 所示。

表 7.42　环境民事诉讼制度供需数量均衡分析结果

类型	具体制度需求落点数量（条）	已有相应滞后制度供给的具体制度需求落点数量（条）	供需数量均衡度	
环境民事诉讼主体	95	39	0.41	轻度失衡
环境民事诉讼客体	70	26	0.37	严重失衡
环境民事诉讼渠道	171	66	0.39	严重失衡
环境民事诉讼制度总计	340	133	0.39	严重失衡

（2）环境民事诉讼制度供需结构均衡分析

环境民事诉讼制度供需结构均衡分析结果如表 7.43 所示。由表 7.43 可知,环境民事诉讼主体、客体、渠道相关制度供给子系统结构与制度需求子系统结构的比值分别为 1.05、0.95、0.99,这表明环境民事诉讼主体、客体、渠道相关制度供需结构均衡度均为优质均衡。

表 7.43　环境民事诉讼制度供需结构均衡分析结果

类型	制度供给子系统结构	制度需求子系统结构	制度供给子系统结构/制度需求子系统结构	供需结构均衡度
环境民事诉讼主体	29.3% (39/133)	27.9% (95/340)	1.05	优质均衡
环境民事诉讼客体	19.5% (26/133)	20.6% (70/340)	0.95	优质均衡
环境民事诉讼渠道	49.6% (66/133)	50.3% (171/340)	0.99	优质均衡

（3）环境民事诉讼制度供需内容均衡分析

环境民事诉讼主体的制度需求落点包括赋予当事人程序选择权，明确检察机关在环境民事诉讼中的权力、责任与义务，明确环境民事诉讼当事人和第三人的范围及其权利等八项，其中完善环境侵权民事责任的分担机制未出现相关的制度供给，其他七项制度需求落点相对应的制度供给情况及制度供给后相同制度需求落点再次出现的时间如表 7.44 所示。由表 7.44 可知，明确界定提起附带民事诉讼者的范围处于制度供需内容的基本均衡状态；建立环境民事诉讼原告奖励制度处于制度供需内容的轻度失衡状态；赋予当事人程序选择权、放宽环境民事诉讼的原告资格与条件以及明确检察机关在环境民事诉讼中的权力、责任与义务三项制度需求落点处于制度供需内容的严重失衡状态；明确环境民事诉讼当事人和第三人的范围及其权利的制度供需内容从严重失衡变为轻度失衡状态，而完善环境民事诉讼法律援助制度和社会救助制度的制度供需内容则从轻度失衡变为严重失衡状态。

表 7.44　环境民事诉讼主体相关制度供需内容均衡分析结果

制度需求落点	制度需求落点首次出现时间	制度供给情况	制度需求落点再次出现时间
赋予当事人程序选择权	1994 年	2012 年《最高人民法院关于适用〈中华人民共和国刑事诉讼法〉的解释》；2012 年《民事诉讼法》	2013 年；2014 年；2018 年
明确检察机关在环境民事诉讼中的权力、责任与义务	2004 年	2012 年《最高人民法院关于适用〈中华人民共和国刑事诉讼法〉的解释》；2018 年《关于修改〈中华人民共和国刑事诉讼法〉的决定》	2013 年；2015 年
明确环境民事诉讼当事人和第三人的范围及其权利	1997 年	1992 年《最高人民法院关于适用〈中华人民共和国民事诉讼法〉若干问题的意见》；2007 年《最高人民法院关于进一步发挥诉讼调解在构建社会主义和谐社会中积极作用的若干意见》；2012 年《最高人民法院关于适用〈中华人民共和国刑事诉讼法〉的解释》	2009 年；2010 年；2012 年；2016 年

制度需求落点	制度需求落点首次出现时间	制度供给情况	制度需求落点再次出现时间
放宽环境民事诉讼的原告资格与条件	1999 年	2012 年《关于适用〈中华人民共和国刑事诉讼法〉的解释》；2015 年《关于审理环境民事公益诉讼案件适用法律若干问题的解释》	2014—2017 年
完善环境民事诉讼法律援助制度和社会救助制度	2004 年	2003 年《关于拓展和规范律师法律服务的意见》；2009 年《关于开展刑事被害人救助工作的若干意见》；2012 年《关于适用〈中华人民共和国刑事诉讼法〉的解释》；2015 年《关于审理环境民事公益诉讼案件适用法律若干问题的解释》；2016 年《国民经济和社会发展第十三个五年规划纲要》	2013 年；2017 年；2019 年
建立环境民事诉讼原告奖励制度	2001 年	2012 年《关于适用〈中华人民共和国刑事诉讼法〉的解释》	2016 年
明确界定提起附带民事诉讼者的范围	1994 年	2012 年《关于适用〈中华人民共和国刑事诉讼法〉的解释》	无

环境民事诉讼客体的制度需求落点包括改革环境民事诉讼管辖制度、加强环境资源审判队伍专业化建设、实现环境资源民事案件的专业化审判等。其中，明确法院及时告知的义务处于制度供需内容的基本均衡状态；实现环境资源民事案件的专业化审判、改革环境民事诉讼管辖制度、建立健全环境民事诉讼审判制度三项制度需求落点的制度供需内容由轻度失衡状态转变为严重失衡状态；而加强环境资源审判队伍专业化建设则处于制度供需内容的严重失衡状态。各项制度需求落点相对应的制度供给情况及制度供给后相同制度需求落点再次出现的时间如表 7.45 所示。

表 7.45　环境民事诉讼客体相关制度供需内容均衡分析结果

制度需求落点	制度需求落点首次出现时间	制度供给情况	制度需求落点再次出现时间
加强环境资源审判队伍专业化建设	1995 年	2005 年《人民法院第二个五年改革纲要（2004—2008）》；2010 年《最高人民法院印发〈关于进一步贯彻"调解优先、调判结合"工作原则的若干意见〉的通知》；2013 年《关于新形势下进一步加强人民法院队伍建设的若干意见》；2016 年《关于充分发挥审判职能作用为推进生态文明建设与绿色发展提供司法服务和保障的意见》；2019 年《法官法》	2008 年；2009 年；2011 年；2012 年；2014—2016 年；2018 年；2019 年

（续表）

制度需求落点	制度需求落点首次出现时间	制度供给情况	制度需求落点再次出现时间
实现环境资源民事案件的专业化审判	2012 年	2010 年《最高人民法院印发〈关于为加快经济发展方式转变提供司法保障和服务的若干意见〉的通知》；2017 年《中共中央办公厅、国务院办公厅印发〈国家生态文明试验区（江西）实施方案〉和〈国家生态文明试验区（贵州）实施方案〉》	2014—2016 年；2019 年
改革环境民事诉讼管辖制度	1986 年	2014 年《关于全面加强环境资源审判工作为推进生态文明建设提供有力司法保障的意见》；2016 年《关于充分发挥审判职能作用为推进生态文明建设与绿色发展提供司法服务和保障的意见》；2017 年修正《民事诉讼法》；2018 年《〈中华人民共和国监察法〉释义》	2018 年；2019 年
建立健全环境民事诉讼审判制度	2002 年	2010 年《最高人民法院关于改革和完善人民法院审判委员会制度的实施意见》；2016 年《关于充分发挥审判职能作用为推进生态文明建设与绿色发展提供司法服务和保障的意见》	2014 年；2019 年
明确法院及时告知的义务	1994 年	2000 年《关于刑事附带民事诉讼范围问题的规定》；2012 年《关于适用〈中华人民共和国刑事诉讼法〉的解释》	2006 年；2007 年

环境民事诉讼渠道的制度需求落点包括健全环境民事诉讼赔偿制度、完善刑事附带民事诉讼的相关规定、建立刑民分审制、完善环境民事诉讼调解机制与和解机制等。其中，完善环境民事诉讼期间制度未有相关的制度供给，其他十一项制度需求落点相对应的制度供给情况及制度供给后相同制度需求落点再次出现的时间如表 7.46 所示。由表 7.46 可知，健全环境民事诉讼赔偿制度、完善刑事附带民事诉讼的相关规定、建立刑民分审制、完善环境民事诉讼财产保全措施、明确附带民事诉讼的时效、明确并扩大环境民事诉讼受案范围、完善环境侵权诉讼鉴定制度七项制度需求落点处于制度供需内容的严重失衡状态；完善环境民事诉讼调解机制与和解机制的制度供需内容由基本均衡状态转变为轻度失衡状态；而改革诉讼费用制度的供需内容则由基本均衡状态转变为严重失衡状态；明确举证责任的归属、加大环境资源审判公众参与和司法公开力度两项制度需求落点由于制度供给时间分别为 2015 年和 2016 年，此后相同制度需求落点未出现，因此无法判断其制度供需内容的均衡状态。

表 7.46　环境民事诉讼渠道相关制度供需内容均衡分析结果

制度需求落点	制度需求落点首次出现时间	制度供给情况	制度需求落点再次出现时间
健全环境民事诉讼赔偿制度	1991 年	2001 年《关于确定民事侵权精神损害赔偿责任若干问题的解释》；2012 年《关于适用〈中华人民共和国刑事诉讼法〉的解释》；2012 年《〈中华人民共和国刑事诉讼法〉适用解答》；2018 年修正《刑事诉讼法》	2001—2011 年；2013—2016 年；2019 年
完善刑事附带民事诉讼的相关规定	1994 年	2012 年《关于适用〈中华人民共和国刑事诉讼法〉的解释》；2018 年修正《刑事诉讼法》	2013 年；2015 年；2018 年
建立刑民分审制	2002 年	2012 年《关于适用〈中华人民共和国刑事诉讼法〉的解释》；2018 年修正《刑事诉讼法》	2013 年
完善环境民事诉讼调解机制与和解机制	1994 年	2000 年《关于刑事附带民事诉讼范围问题的规定》；2007 年《关于进一步发挥诉讼调解在构建社会主义和谐社会中积极作用的若干意见》；2008 年《关于人民法院民事调解工作若干问题的规定》；2012 年《关于适用〈中华人民共和国刑事诉讼法〉的解释》	2006 年；2010—2012 年；2014 年；2016 年
完善环境民事诉讼财产保全措施	1994 年	2012 年《关于适用〈中华人民共和国刑事诉讼法〉的解释》；2018 年《关于修改〈中华人民共和国刑事诉讼法〉的决定》；2018 年修正《刑事诉讼法》	2013 年；2015 年
明确附带民事诉讼的时效	2003 年	1998 年《关于执行〈中华人民共和国刑事诉讼法〉若干问题的解释》；2012 年《关于适用〈中华人民共和国刑事诉讼法〉的解释》	2006—2007 年；2010 年；2012—2013 年
明确并扩大环境民事诉讼受案范围	2002 年	2012 年《关于适用〈中华人民共和国刑事诉讼法〉的解释》；2016 年《关于充分发挥审判职能作用为推进生态文明建设与绿色发展提供司法服务和保障的意见》	2014 年；2018 年；2019 年
完善环境侵权诉讼鉴定制度	2004 年	2014 年修订《环境保护法》	2016 年
改革诉讼费用制度	2003 年	2007 年《诉讼费用交纳办法》；2012 年《关于适用〈中华人民共和国刑事诉讼法〉的解释》；2015 年《关于审理环境民事公益诉讼案件适用法律若干问题的解释》	2013 年；2016 年
明确举证责任的归属	2005 年	2015 年《关于审理环境民事公益诉讼案件适用法律若干问题的解释》	无
加大环境资源审判公众参与和司法公开力度	1986 年	2016 年《关于充分发挥审判职能作用为推进生态文明建设与绿色发展提供司法服务和保障的意见》	无

7.4.3　环境刑事诉讼制度供需均衡分析

（1）环境刑事诉讼制度供需数量均衡分析

环境刑事诉讼的制度需求最早产生于 1990 年,有关环境刑事诉讼制度改革创新的政策建议数量总计为 237 条,即有关环境刑事诉讼的制度需求强度总计为 237。在 237 条环境刑事诉讼的制度需求落点中,111 条已产生了相应的制度供给,126 条未有相关的制度供给,制度安排的供给数量与制度安排的需求数量之比为 0.47,按照均衡度等级划分标准,环境刑事诉讼制度的总体供需数量均衡度为轻度失衡。按照制度供给主体、客体、渠道来划分,环境刑事诉讼主体、客体、渠道的制度供给对制度需求的满足率分别为 0.44、0.54、0.46,其供需数量均衡度均为轻度失衡,具体如表 7.47 所示。

表 7.47　环境刑事诉讼制度供需数量均衡分析结果

类型	具体制度需求落点数量（条）	已有相应滞后制度供给的具体制度需求落点数量（条）	供需数量均衡度	
环境刑事诉讼主体	27	12	0.44	轻度失衡
环境刑事诉讼客体	37	20	0.54	轻度失衡
环境刑事诉讼渠道	173	79	0.46	轻度失衡
环境刑事诉讼制度总计	237	111	0.47	轻度失衡

（2）环境刑事诉讼制度供需结构均衡分析

环境刑事诉讼制度供需结构均衡分析结果如表 7.48 所示。由表 7.48 可知,环境刑事诉讼主体、客体、渠道相关制度供给子系统结构与制度需求子系统结构的比值分别为 0.95、1.15、0.98,这表明环境刑事诉讼主体、客体、渠道相关制度供需结构均衡度分别为优质均衡、基本均衡、优质均衡。

表 7.48　环境刑事诉讼制度供需结构均衡分析结果

类型	制度供给子系统结构	制度需求子系统结构	制度供给子系统结构/制度需求子系统结构	供需结构均衡度
环境刑事诉讼主体	10.8%（12/111）	11.4%（27/237）	0.95	优质均衡
环境刑事诉讼客体	18.0%（20/111）	15.6%（37/237）	1.15	基本均衡
环境刑事诉讼渠道	71.2%（79/111）	73.0%（173/237）	0.98	优质均衡

（3）环境刑事诉讼制度供需内容均衡分析

环境刑事诉讼主体的制度需求落点包括明确并保障环境刑事诉讼被害人的权利、保障律师权利、完善环境刑事诉讼法律援助制度等。其中,放宽环境刑事诉讼的原告资格与条件、设立原告奖励制度两项制度需求落点未出现相关的制度供给,其他四项制度需求落点相对应的制度供给情况及制度供给后相同制度需求落点再次出现的时间如表

7.49 所示。由表 7.49 可知,完善环境刑事诉讼举报制度目前处于制度供需内容的基本均衡状态,保障律师权利处于制度供需内容的严重失衡状态,而明确并保障环境刑事诉讼被害人的权利、完善环境刑事诉讼法律援助制度两项制度需求落点的制度供需内容由轻度失衡转为严重失衡状态。

表 7.49　环境刑事诉讼主体相关制度供需内容均衡分析结果

制度需求落点	制度需求落点首次出现时间	制度供给情况	制度需求落点再次出现时间
明确并保障环境刑事诉讼被害人的权利	1996 年	2003 年《法律援助条例》;2012 年修正《刑事诉讼法》;2012 年《国家赔偿法》;2015 年《关于建立完善国家司法救助制度的意见(试行)》;2018 年修正《刑事诉讼法》;2019 年《关于深化执行改革健全解决执行难长效机制的意见——人民法院执行工作纲要(2019—2023)》;2019 年《关于适用认罪认罚从宽制度的指导意见》	2007 年;2009 年;2010 年;2011 年;2013 年;2017—2018 年
保障律师权利	1991 年	2014 年《中共中央关于全面推进依法治国若干重大问题的决定》;2015 年《关于依法保障律师执业权利的规定》	2016 年
完善环境刑事诉讼法律援助制度	2005 年	2014 年《关于深入整治"六难三案"问题加强司法为民公正司法的通知》;2017 年《关于开展法律援助值班律师工作的意见》	2017 年;2018 年
完善环境刑事诉讼举报制度	2006 年	2012 年修正《刑事诉讼法》	无

环境刑事诉讼客体的制度需求落点包括加强环境资源审判队伍专业化建设、建立环保审判庭或生态环保法院、完善环境资源案件管辖制度等。其中,扩大合议庭权力制度需求落点未出现相关的制度供给,其他五项制度需求落点相对应的制度供给情况及制度供给后相同制度需求落点再次出现的时间如表 7.50 所示。由表 7.50 可知,明确审判委员会的权限并完善审判委员会的审判机制这一制度需求落点的制度供需内容处于优质均衡状态;加强环境资源审判队伍专业化建设、完善环境资源案件管辖制度两项制度需求落点的制度供给内容处于轻度失衡状态,建立环保审判庭或生态环保法院的制度供给内容处于从轻度失衡转变为严重失衡再转变回轻度失衡的波动状态;而与建立审判委员会委员的回避制度这一需求落点相对应的几项制度供给均早于制度需求的首次出现时间,且相同需求落点再未出现,因此依据制度供给的首次出现时间与制度需求的首次出现时间的间隔,该项制度需求落点处于供需内容的优质均衡状态。

表 7.50　环境刑事诉讼客体相关制度供需内容均衡分析结果

制度需求落点	制度需求落点首次出现时间	制度供给情况	制度需求落点再次出现时间
加强环境资源审判队伍专业化建设	2000 年	2005 年《全国人民代表大会常务委员会关于完善人民陪审员制度的决定》；2007 年《关于为构建社会主义和谐社会提供司法保障的若干意见》；2010 年《关于改革和完善人民法院审判委员会制度的实施意见》；2011 年《关于在审判工作中防止法院内部人员干扰办案的若干规定》；2005 年《人民法院第二个五年改革纲要（2004—2008）》；2016 年《关于充分发挥审判职能作用为推进生态文明建设与绿色发展提供司法服务和保障的意见》；2018 年《关于学习贯彻〈中华人民共和国人民法院组织法〉的通知》；2019 年《关于印发江必新副院长在全国法院环境公益诉讼、生态环境损害赔偿诉讼审判工作推进会上讲话的通知》	2008 年；2010 年；2011 年；2017—2019 年
建立环保审判庭或生态环保法院	2011 年	2010 年《关于为加快经济发展方式转变提供司法保障和服务的若干意见》；2014 年《关于全面加强环境资源审判工作为推进生态文明建设提供有力司法保障的意见》；2016 年《关于充分发挥审判职能作用为推进生态文明建设与绿色发展提供司法服务和保障的意见》	2014—2016 年；2019 年
完善环境资源案件管辖制度	2014 年	2014 年《关于全面加强环境资源审判工作为推进生态文明建设提供有力司法保障的意见》	2018 年；2019 年
明确审判委员会的权限并完善审判委员会的审判机制	2000 年	2006 年修正《人民法院组织法》；2018 年《人民陪审员法》	无
建立审判委员会委员的回避制度	2016 年	2000 年《关于审判人员严格执行回避制度的若干规定》；2006 年修正《人民法院组织法》；2011 年《关于审判人员在诉讼活动中执行回避制度若干问题的规定》	无

　　环境刑事诉讼渠道的制度需求落点包括完善环境刑事诉讼证据搜集和审查制度、加强环境刑事诉讼的司法监督、完善环境刑事简易程序办案机制、完善检察机关起诉制度等。其中，建立健全环境刑事诉讼中的推定制度、健全书面审理制度、完善环境刑事诉讼审级制度、完善开庭审理制度四项制度需求落点未出现相关的制度供给，其他十五项制度需求落点相对应的制度供给情况及制度供给后相同制度需求落点再次出现的时间如表 7.51 所示。由表 7.51 可知，由于优化环境刑事诉讼庭前会议制度、明确环境刑事诉讼撤回起诉和不起诉的程序规范两项制度需求落点相对应的制度供给时间距今较

近，且制度供给后相同制度需求落点再未出现，因此无法判断这两项制度需求落点供给内容的均衡状态；而完善环境刑事诉讼证据搜集和审查制度、加强环境刑事诉讼的司法监督、完善环境刑事简易程序办案机制等十三项制度需求落点均处于制度供需内容的严重失衡状态。

表 7.51　环境刑事诉讼渠道相关制度供需内容均衡分析结果

制度需求落点	制度需求落点首次出现时间	制度供给情况	制度需求落点再次出现时间
完善环境刑事诉讼证据搜集和审查制度	2000 年	2009 年《关于进一步加强对诉讼活动法律监督工作的意见》；2012 年修正《刑事诉讼法》；2016 年《关于推进以审判为中心的刑事诉讼制度改革的意见》；2016 年《"十三五"时期检察工作发展规划纲要》；2017 年《人民法院办理刑事案件庭前会议规程（试行）》；2017 年《人民法院办理刑事案件第一审普通程序法庭调查规程（试行）》；2018 年修正《刑事诉讼法》	2010 年；2016—2018 年
加强环境刑事诉讼的司法监督	1991 年	2011 年《关于加强检察机关内部监督工作的意见》；2012 年修正《刑事诉讼法》；2016 年《关于推进以审判为中心的刑事诉讼制度改革的意见》；2017 年《关于人民检察院全面深化司法改革情况的报告》；2018 年修正《刑事诉讼法》；2018 年《关于办理减刑、假释案件具体应用法律若干问题的规定》	2012 年；2016 年；2018 年
完善环境刑事简易程序办案机制	2005 年	2016 年《关于进一步推进案件繁简分流优化司法资源配置的若干意见》；2018 年修正《刑事诉讼法》；2019 年《关于加强刑事审判工作情况的报告》；2020 年《民事诉讼程序繁简分流改革试点方案》	2017—2019 年
完善检察机关起诉制度	2005 年	2005 年《关于印发〈最高人民检察院关于进一步加强公诉工作强化法律监督的意见〉的通知》；2010 年《关于加强公诉人建设的决定》；2012 年修正《刑事诉讼法》；2017 年《关于人民法院全面深化司法改革情况的报告》；2018 年修正《刑事诉讼法》	2006—2008 年；2010 年；2012 年；2017—2019 年
完善证人出庭作证制度	2001 年	2015 年《关于适用〈中华人民共和国民事诉讼法〉的解释》；2016 年《关于推进以审判为中心的刑事诉讼制度改革的意见》；2019 年《人民检察院刑事诉讼规则》	2017—2019 年

（续表）

制度需求落点	制度需求落点 首次出现时间	制度供给情况	制度需求落点 再次出现时间
完善环境司法鉴定制度	2002 年	2016 年《关于印发〈环境损害司法鉴定机构登记评审办法〉〈环境损害司法鉴定机构登记评审专家库管理办法〉的通知》；2017 年《关于健全统一司法鉴定管理体制的实施意见》；2017 年《生态环境损害赔偿制度改革方案》	2017 年； 2019 年
完善环境刑事诉讼赔偿制度	2007 年	1998 年《关于执行〈中华人民共和国刑事诉讼法〉若干问题的解释》；2015 年《生态环境损害赔偿制度改革试点方案》；	2015 年； 2017 年； 2019 年
完善环境刑事诉讼证据开示制度	2005 年	2008 年《关于开展〈人民法院统一证据规定（司法解释建议稿）〉试点工作的通知》；2012 年修正《刑事诉讼法》；2014 年《关于全面加强环境资源审判工作为推进生态文明建设提供有力司法保障的意见》	2009 年； 2014 年； 2015 年
完善环境刑事诉讼辩护制度	2003 年	2007 年《关于为构建社会主义和谐社会提供司法保障的若干意见》；2008 年《关于开展〈人民法院统一证据规定（司法解释建议稿）〉试点工作的通知》；2017 年《关于开展刑事案件律师辩护全覆盖试点工作的办法》；2019 年《关于适用认罪认罚从宽制度的指导意见》	2008 年； 2010 年； 2016—2018 年
完善刑罚裁量标准和认罪认罚从宽制度	2010 年	2016 年《关于授权在部分地区开展刑事案件认罪认罚从宽制度试点工作的决定（草案）》；2018 年修正《刑事诉讼法》；2020 年《关于印发〈人民检察院办理认罪认罚案件监督管理办法〉的通知》	2017 年； 2018 年
优化环境刑事诉讼庭前会议制度	2015 年	2019 年《人民检察院刑事诉讼规则》	无
明确环境刑事诉讼撤回起诉和不起诉的程序规范	2001 年	2016 年《关于推进以审判为中心的刑事诉讼制度改革的意见》；2018 年修正《刑事诉讼法》	无
明确并扩大环境刑事诉讼的受案范围	2005 年	2008 年《关于公安机关管辖的刑事案件立案追诉标准的规定（一）》	2019 年
完善环境刑事附带民事诉讼的规定	1990 年	2018 年修正《刑事诉讼法》	2019 年
改革环境刑事诉讼费用制度	2016 年	2016 年《关于充分发挥审判职能作用为推进生态文明建设与绿色发展提供司法服务和保障的意见》	2017 年

7.4.4　环境公益诉讼制度供需均衡分析

（1）环境公益诉讼制度供需数量均衡分析

环境公益诉讼的制度需求最早产生于 2001 年,有关环境公益诉讼制度改革创新的政策建议数量总计为 712 条,即有关环境公益诉讼的制度需求强度总计为 712。在 712 条环境公益诉讼的制度需求落点中,516 条已产生了相应的制度供给,196 条未出现相关的制度供给,制度安排的供给数量与制度安排的需求数量之比为 0.72,按照均衡度等级划分标准,环境公益诉讼制度的总体供需数量均衡度为基本均衡。按照制度供给主体、客体、渠道来划分,环境公益诉讼主体、客体、渠道的制度供给对制度需求的满足率分别为 0.71、0.68、0.73,其供需数量均衡度均为基本均衡,具体如表 7.52 所示。

表 7.52　环境公益诉讼制度供需数量均衡分析结果

类型	具体制度需求落点数量（条）	已有相应滞后制度供给的具体制度需求落点数量（条）	供需数量均衡度	
环境公益诉讼主体	345	245	0.71	基本均衡
环境公益诉讼客体	53	36	0.68	基本均衡
环境公益诉讼渠道	172	126	0.73	基本均衡
环境公益诉讼制度总计	712	516	0.72	基本均衡

（2）环境公益诉讼制度供需结构均衡分析

环境公益诉讼制度供需结构均衡分析结果如表 7.53 所示。由表 7.53 可知,环境公益诉讼主体、客体、渠道相关制度供给子系统结构与制度需求子系统结构的比值分别为 0.98、0.95、1.01,这表明环境公益诉讼主体、客体、渠道相关制度供需结构均衡度均为优质均衡。

表 7.53　环境公益诉讼制度供需结构均衡分析结果

类型	制度供给子系统结构	制度需求子系统结构	制度供给子系统结构/制度需求子系统结构	供需结构均衡度
环境公益诉讼主体	47.5%（245/516）	48.5%（345/712）	0.98	优质均衡
环境公益诉讼客体	7.0%（36/516）	7.4%（53/712）	0.95	优质均衡
环境公益诉讼渠道	24.4%（126/516）	24.2%（172/712）	1.01	优质均衡

（3）环境公益诉讼制度供需内容均衡分析

环境公益诉讼主体的制度需求落点包括放宽环境公益诉讼的原告资格、建立环境公益诉讼的激励机制、明确并规范检察机关在环境公益诉讼中的地位与权利、培育环境公益诉讼主体等。其中,构建政府主导的环境公益诉讼模式、建立环境公益诉讼的保障制度、设置对滥用环境公益诉讼权的惩罚机制三项制度需求落点未出现相关的制度供给，其他几项制度需求落点相对应的制度供给情况及制度供给后相同制度需求落点再次出现的时间如表 7.54 所示。由表 7.54 可知，适当限制公众环境公益诉权这项制度需求落点相关的制度供给后制度需求再次出现的时间与制度供给时间相隔五年，因此该项制度安排处于供需内容的轻度失衡状态；而其他环境公益诉讼主体相关的制度需求落点均处于制度供需内容的严重失衡状态。

表 7.54　环境公益诉讼主体相关制度供需内容均衡分析结果

制度需求落点	制度需求落点首次出现时间	制度供给情况	制度需求落点再次出现时间
放宽环境公益诉讼的原告资格	2004 年	2009 年修正《民法通则》；2012 年修正《民事诉讼法》；2014 年《关于全面加强环境资源审判工作为推进生态文明建设提供有力司法保障的意见》；2014 年《关于推进环境保护公众参与的指导意见》；2014 年修正《环境保护法》；2015 年《关于审理环境民事公益诉讼案件适用法律若干问题的解释》；2015 年《关于加快推进生态文明建设的意见》；2015 年《环境保护公众参与办法》；2015 年《检察机关提起公益诉讼改革试点方案》；2015 年《人民检察院提起公益诉讼试点工作实施办法》；2017 年修正《民事诉讼法》	2009—2019 年
建立环境公益诉讼的激励机制	2003 年	2012 年修正《民事诉讼法》；2014 年《关于推进环境保护公众参与的指导意见》；2014 年《关于全面加强环境资源审判工作为推进生态文明建设提供有力司法保障的意见》；2015 年《关于加快推进生态文明建设的意见》；2015 年《环境保护公众参与办法》；2015 年《关于审理环境民事公益诉讼案件适用法律若干问题的解释》；2017 年修正《民事诉讼法》；2019 年《关于在检察公益诉讼中加强协作配合依法打好污染防治攻坚战的意见》	2012—2019 年
明确并规范检察机关在环境公益诉讼中的地位与权利	2005 年	2014 年《关于全面加强环境资源审判工作为推进生态文明建设提供有力司法保障的意见》；2015 年《关于审理环境民事公益诉讼案件适用法律若干问题的解释》；2015 年《检察机关提起公益诉讼改革试点方案》；2015 年《关于授权最高人民检察院在部分地区开展公益诉讼试点工作的决定》；2015 年《人民检察院提起公益诉讼试点工作实施办法》；2017 年修正《民事诉讼法》	2014—2019 年

（续表）

制度需求落点	制度需求落点首次出现时间	制度供给情况	制度需求落点再次出现时间
培育环境公益诉讼主体	2012 年	2014 年《关于全面加强环境资源审判工作为推进生态文明建设提供有力司法保障的意见》；2015 年《人民检察院提起公益诉讼试点工作实施办法》；2019 年《关于在检察公益诉讼中加强协作配合依法打好污染防治攻坚战的意见》	2014—2017 年；2019 年
建立防范环境公益诉讼权滥用机制	2006 年	2015 年《关于适用〈中华人民共和国民事诉讼法〉的解释》；2015 年《人民检察院提起公益诉讼试点工作实施办法》	2015—2016 年
健全环境公益诉讼的法律援助机制	2013 年	2014 年《关于全面加强环境资源审判工作为推进生态文明建设提供有力司法保障的意见》；2015 年《关于审理环境民事公益诉讼案件适用法律若干问题的解释》	2016 年；2018—2019 年
建立并完善检察机关支持起诉制度	2015 年	2012 年修正《民事诉讼法》；2015 年《检察机关提起公益诉讼改革试点方案》；2017 年修正《民事诉讼法》	2016 年
建立专门的环境损害评估鉴定机构	2015 年	2012 年《关于印发国家环境保护"十二五"规划重点工作部门分工方案的通知》；2016 年《关于全面推进政务公开工作的意见》	2016—2017 年
适当限制公众环境公益诉权	2013 年	2015 年《关于审理环境民事公益诉讼案件适用法律若干问题的解释》	2019 年
完善"法律规定的机关"的界定	2015 年	2014 年修正《环境保护法》；2015 年《关于审理环境民事公益诉讼案件适用法律若干问题的解释》	2016 年

　　环境公益诉讼客体的制度需求落点包括建立生态环保法院或设立专门环保法庭、明确环境公益诉讼的受案范围与管辖、改革并完善环境公益诉讼案件审判机制等。其中，赋予法院受理公益诉讼案件的权利和义务这项制度需求落点由于制度供给时间为2017 年，相同需求落点再未出现，因此无法判断该项制度安排供需内容的均衡状态；改革并完善环境公益诉讼案件审判机制的制度供给后制度需求再次出现的时间与制度供给时间相隔四年，因此该项制度安排处于供需内容的轻度失衡状态；其他三项制度安排均处于供需内容的严重失衡状态，具体如表 7.55 所示。

表 7.55　环境公益诉讼客体相关制度供需内容均衡分析结果

制度需求落点	制度需求落点首次出现时间	制度供给情况	制度需求落点再次出现时间
建立生态环保法院或设立专门环保法庭	2009 年	2012 年《民事诉讼法》；2012 年《关于印发国家环境保护"十二五"规划重点工作部门分工方案的通知》；2014 年《关于全面加强环境资源审判工作为推进生态文明建设提供有力司法保障的意见》；2016 年《关于充分发挥审判职能作用为推进生态文明建设与绿色发展提供司法服务和保障的意见》；2017 年《行政诉讼法》	2012—2017 年；2019 年
明确环境公益诉讼的受案范围与管辖	2006 年	2014 年修正《环境保护法》；2014 年《关于全面加强环境资源审判工作为推进生态文明建设提供有力司法保障的意见》；2015 年《关于审理环境民事公益诉讼案件适用法律若干问题的解释》；2015 年《关于适用〈中华人民共和国民事诉讼法〉的解释》；2017 年修正《民事诉讼法》	2014—2015 年；2017—2018 年
改革并完善环境公益诉讼案件审判机制	2014 年	2014 年《关于贯彻实施环境民事公益诉讼制度的通知》；2014 年《关于全面加强环境资源审判工作为推进生态文明建设提供有力司法保障的意见》；2015 年《关于审理环境民事公益诉讼案件适用法律若干问题的解释》	2018—2019 年
加强环境资源审判队伍专业化建设	2011 年	2014 年《关于全面加强环境资源审判工作为推进生态文明建设提供有力司法保障的意见》；2017 年修正《行政诉讼法》；2019 年《关于在检察公益诉讼中加强协作配合依法打赢污染防治攻坚战的意见》	2014—2015 年；2019 年
赋予法院受理公益诉讼案件的权利和义务	2006 年	2017 年修正《民事诉讼法》	无

　　环境公益诉讼渠道的制度需求落点包括建立健全环境公益诉讼程序、明确并适当扩大环境公益诉讼的适用范围及受案范围、合理分配环境公益诉讼的举证责任、延长环境公益诉讼时效等。其中,建立专门的环境损害评估鉴定机构未有相关的制度供给,其他几项主要的制度需求落点相对应的制度供给情况及制度供给后相同制度需求落点再次出现的时间如表 7.56 所示。由表 7.56 可知,建立健全环境公益诉讼程序、明确并适当扩大环境公益诉讼的适用范围及受案范围等七项制度需求落点的制度供给后制度需求再次出现的时间与制度供给时间间隔少于三年,因此这几项制度需求落点均处于制度供需内容的严重失衡状态。

表 7.56　环境公益诉讼渠道相关制度供需内容均衡分析结果

制度需求落点	制度需求落点首次出现时间	制度供给情况	制度需求落点再次出现时间
建立健全环境公益诉讼程序	2006 年	2014 年《关于全面加强环境资源审判工作为推进生态文明建设提供有力司法保障的意见》；2014 年《关于适用〈中华人民共和国民事诉讼法〉的解释》；2015 年《关于审理环境民事公益诉讼案件适用法律若干问题的解释》；2015 年《检察机关提起公益诉讼改革试点方案》；2015 年《人民检察院提起公益诉讼试点工作实施办法》；2018 年《关于检察公益诉讼案件适用法律若干问题的解释》	2014—2019 年
明确并适当扩大环境公益诉讼的适用范围及受案范围	2004 年	2014 年《关于全面加强环境资源审判工作为推进生态文明建设提供有力司法保障的意见》；2014 年修正《环境保护法》；2015 年《关于审理环境民事公益诉讼案件适用法律若干问题的解释》；2015 年《人民检察院提起公益诉讼试点工作实施办法》；2017 年修正《民事诉讼法》；2017 年修正《行政诉讼法》	2014—2019 年
合理分配环境公益诉讼的举证责任	2005 年	2008 年调整《关于民事诉讼证据的若干规定》；2014 年《关于全面加强环境资源审判工作为推进生态文明建设提供有力司法保障的意见》；2015 年《关于审理环境民事公益诉讼案件适用法律若干问题的解释》；2015 年《检察机关提起公益诉讼改革试点方案》；2015 年《人民检察院提起公益诉讼试点工作实施办法》；2017 年修正《行政诉讼法》	2008—2009 年；2012—2019 年
延长环境公益诉讼时效	2003 年	2014 年修正《环境保护法》；2015 年《人民检察院提起公益诉讼试点工作实施办法》	2014—2015 年；2017 年
完善环境公益诉讼证据制度	2015 年	2015 年《关于审理环境民事公益诉讼案件适用法律若干问题的解释》；2014 年《关于适用〈中华人民共和国民事诉讼法〉的解释》；2015 年《人民检察院提起公益诉讼试点工作实施办法》	2017 年
建立环境公益诉讼执行制度	2008 年	2014 年《关于全面加强环境资源审判工作为推进生态文明建设提供有力司法保障的意见》；2018 年《关于检察公益诉讼案件适用法律若干问题的解释》	2014 年；2016 年；2017 年；2019 年
建立健全环境公益诉讼公众参与制度	2015 年	2014 年《关于全面加强环境资源审判工作为推进生态文明建设提供有力司法保障的意见》；2015 年《关于审理环境民事公益诉讼案件适用法律若干问题的解释》	2017 年

第八章

中国环保公众参与机制供需
非均衡的成因分析

本书对中国环保公众参与机制供需均衡变迁分析的逻辑起点是供需非均衡,即制度供给未能适应或满足公众的制度需求,因此,本书基于制度均衡理论分析框架中的制度供给的影响因素、制度需求的影响因素和制度非均衡的成因三个方面的理论要素来具体分析中国环保公众参与机制供需非均衡的成因。结合中国环保公众参与机制供给的历史演变及其现状以及中国环保公众参与机制需求的历史考察,本书将中国环保公众参与机制供需非均衡的成因(或影响因素)归结为以下九个方面:宪法秩序、规范性行为准则(文化背景所决定的行为规范)、制度选择集合的改变、技术进步水平、现存制度安排的路径依赖、制度设计与实施成本、其他制度安排的变迁、制度均衡过程中的内在矛盾、焦点事件(偶然事件)。其中,制度选择集合的改变取决于两个因素:社会科学的进步和政治体系开放性的加强。

8.1 宪法秩序

宪法秩序是人类在制定共同生活和发展的社会规则时所内化出的一种社会生活状态,这里的社会规则就是宪法。因此,我们可以将宪法秩序理解为人类社会生活的共同秩序,这种社会秩序是基于满足人的生存和发展需要而长期普遍存在的,并且这种秩序不单指政治生活的有序性,还包括经济生活和文化生活的有序性,是一种全方位的、综合性的、用以调整和规范社会生活方式的秩序规则。此外,这种规则是最高位阶的,是凌驾于诸如社会道德规范、各种宗教的教义规则等之上的,且包含着法律规范的效力和内容,有极其强烈的法律属性。宪法秩序对中国环保公众参与机制供需非均衡的作用机理主要体现在以下几个方面:

第一,宪法秩序规定了社会调查与社会试验的自由度,从而影响制度供给所依赖的知识基础积累,进而影响制度创新,导致制度供需非均衡的产生。中华人民共和国成立之初,国家在文艺工作和科学工作领域实行"百花齐放、百家争鸣"的政策方针,此举极大地激励了广大学术工作者的热情,促使中国的哲学社会科学获得了前所未有的发展与繁荣。然而,"文革"的浩劫严重破坏了业已建立的宪法秩序,社会调查与社会试验的自由度严重受限,中国哲学社会科学陷入长期停滞和倒退状态,各项制度创新所依据或仰赖的社会科学知识积累受到严重削弱。改革开放后,中国的宪法秩序得以恢复和重建,哲学社会科学进入发展的新阶段,然而哲学社会科学的知识积累不是一朝一夕的事情,需要几代人的共同持续努力,因此中国环保公众参与相关制度创新的哲学社会科学知识积累尚显不足,不能有效指导制度改革与创新,致使制度供给受到阻碍,由此导致制度非均衡的产生。

第二,宪法秩序规定了制度安排的选择空间,同时影响制度变迁的进程和方式。《宪法》明确规定,我国的政体是人民代表大会制度,宪法对政体的明确规定界定了我国制度创新的基本方向和形式,也限定了我国制度创新的选择空间。为使新的制度安排能够切实巩固人民代表大会制度,中国政治决策者一般会采取渐进主义式的改革方式进行制度创新,以避免激进改革方式超越我国政权组织形式所界定的边界。这种渐进主义式的制度创新在一定程度上导致制度供给不能有效满足制度需求,从而形成制度非均衡。我国人民代表大会制度从根本上规定了环保公众参与的主体和客体构成以及公众参与的渠道和方式,任何与环保公众参与机制相关的改革措施都必须符合人民代表大会制度所规定的制度框架。因此,针对环保公众参与具体机制的各项制度需求落点,已有相关制度供给均为小步伐渐进式,由此导致大部分制度供需内容呈现失衡的状态。

第三,宪法秩序界定了国家的基本权力结构以及国家(政府)与社会的关系,由宪法秩序所规定形成的政府与社会的关系大致分为两类:大政府与小社会、小政府与大社会。其中,在大政府与小社会的格局下,政府处于支配地位,非政府主体权限很小,制度变迁主要是供给主导型,制度供给在很大程度上取决于政府进行制度创新的意愿。[①] 中国的宪法秩序长期以来形成了大政府与小社会的格局,社会主体或非政府主体的权限相对较弱,源自社会主体的制度需求能否得到满足在根本上由政治决策者是否愿意提供相应的制度供给所决定。中华人民共和国成立以来,中国政府已陆续颁布实施了大量环保公众参与相关的政策法规,在很大程度上满足了社会公众环保参与的需求,但供给主导型的制度供给势必难以有效满足社会公众日益增长的多样化的制度需求,由此引发了制度不均衡现象的发生。

8.2　规范性行为准则

规范性行为准则就是由特定的文化背景所决定的社会公认的行为规范和价值取向。规范性行为准则是一种植根于传统文化的制度类型,受到社会传统文化、道德、意识形态的深刻影响,对制度的安排、选择、创新和变迁起着重要的塑造作用,因而制度的安排必须要与社会规范性行为准则相适应,否则将会大大提高制度供给的成本。然而,和道德、习俗、意识形态一样,规范性行为准则由于形成的缓慢性和滞后性,其改变和调整也必然是一个长期循序渐进的过程。

规范性行为准则一般通过两个层面影响制度均衡,一是通过影响民众的思想观念

---

① 参见杨瑞龙:《论制度供给》,载《经济研究》1993 年第 8 期。

作用于民众的价值选择,如中国几千年的封建统治文化导致官本位观念在部分民众心中根深蒂固,他们认为政府与民众就是官与民、管理与被管理的关系,因而不愿参与到社会治理中,导致政府很难准确把握公众真正的制度需求,难以进行有效的制度安排和制度创新,进而导致制度供需不均衡。二是通过影响国家的治理理念作用于政府的行政行为,如传统计划经济时期全能管理型政府的治理观念,导致政府包揽一切,不重视民众的参与,再加上几千年封建社会中王道、霸道治理理念的影响,政府以权力为中心进行制度安排,无暇顾及公众的利益诉求与制度需求,因而出现制度供给无法满足制度需求的情况。

20世纪70年代以来,中国的环境保护事业一直遵循着从中央政府到地方政府再到社会民众的"自上而下"的路径推行,民众的环保意识和参与意识也在这一路径的推进过程中得以唤醒并逐步提升。然而,受中国封建统治文化的影响,长期以来民众的权利意识、参与意识、表达意识相对较弱,尤其在环境保护领域,公众的环境权利意识与环保参与意识更处于"初醒"状态,由此导致公众参与环境保护的相关制度需求长期处于缺失状态。与此同时,受全能管理型政府治理理念的影响,中国环保公众参与的相关制度供给一直处于政府推动、政府主导、以制度供给者思维为导向的格局,也导致政府部门在回应公众制度需求方面的懒政。近年来,环保公众参与的相关制度需求呈现不断增长的态势,政府部门也逐渐开始重视并回应公众的制度需求,但政府治理理念的转变是缓慢且循序渐进的,以供给为导向的思维导致制度供给仍未能有效回应公众的制度需求,由此引发制度非均衡的产生。

8.3 制度选择集合的改变

（1）社会科学的进步

社会科学的进步能改进人心的有界理性,不仅能提高个人管理现行制度安排的能力,而且还能提高人们领会和创造新制度安排的能力。社会科学的进步有助于制度创新,事实上,我们所掌握的社会科学知识越多,就越能够设计出与现实需求相适应的制度,制度选择集合得以扩大,制度供给水平随之上升。相反,若我们掌握的社会科学知识不足,我们领会并创造新制度安排的能力将会较低,制度选择集合变小,制度供给势必无法满足既有的制度需求,制度供需不均衡由此而生。

"文革"对中国的科学、文化、教育造成非常严重的破坏,由此导致制度选择集合大大缩小,制度供给数量和水平受到制约,在一定程度上导致制度供需不均衡。改革开放以来,社会科学迎来了发展的春天,但由于社会科学的进步需要长期积累,目前社会科学进步的不足仍在阻碍制度选择集合的扩展,因此制度供给未能适应不断增长的制度需求。在环保公众参与制度领域,由于政治学、法学、行政管理学、公共政策学、制度经济学等社会科学发展的不足,致使环保公众参与相关制度规划、设计与创新所必须具备的社会科学知识薄弱,制度创新有限,以致诸多制度内容长期处于非均衡状态。

（2）政治体系开放性的加强

加强政治体系的开放性、加强与其他经济体的交往能扩大制度选择集合，即以吸纳并借鉴其他社会制度安排的方式进行本社会的制度创新，能够大大降低用于基础社会科学研究的投资费用。[①] 政治体系越开放，可供借鉴的他国的制度安排越多，制度选择集合越大，制度供给的可选择范围越大，制度供给的数量和水平势必随之上升；反之，政治体系越封闭，可供借鉴参考的他国制度越少，制度选择集合越小，制度供给的可选余地越小，势必难以满足制度需求。

中华人民共和国成立之初，在美苏两极格局的国际形势下，中国实行以政府指令为主的计划经济体制和"一边倒"的外交战略，借鉴苏联模式，制度选择集合严重受限，制度供给的选择空间较窄，尤其在20世纪50年代末60年代初，中苏关系恶化，加之美国加紧对中国的封锁和遏制，中国的政治体系愈趋封闭，制度选择集合呈现单一化、同趋化与同构化的态势。改革开放后，中国实行社会主义市场经济体制，在"白猫黑猫论"思想的指引下，政治决策者重塑了对当代资本主义经济及其主导的国际政治经济秩序的认识，在不断深化对外开放的进程中加强了政治体系的开放性，通过不断扩大与其他经济体的接触，借鉴他国先进的制度安排，大大增加了制度供给的选择空间，制度供给的数量和水平得以提升。但在渐进主义式改革方案的指导下，中国政治体系开放性的加强需要经历一个由点到面的过程，制度借鉴也需要经历从初步认识到深化学习，到比较优劣，到本土化改造，到落地试点，再到反馈修正，最后到全面推广的循序渐进的长期过程，因此要实现制度供需均衡仍需要较长时间的探索和实践。

8.4　技术进步

马克思主义认为，技术创新与制度革新是相互影响、相互制约的关系。也有学者指出："尽管新制度未曾经人类设计，也非人类所期待，技术本身必然催生新的制度。"[②]技术进步对制度变迁的需求和供给都会产生一定影响，一方面，技术进步引发社会公众对制度创新的需求；另一方面，技术进步可以为政策制定者提供便利，从而提高制度供给的效率和水平。相反，技术发展不完善一方面会缺乏制度创新需求，另一方面也会阻碍制度的有效供给。技术进步主要从以下两个方面导致中国环保公众参与机制供需非均衡的产生：

（1）技术进步引发新的制度需求，由此导致制度供不应求

首先，科学技术的发展使人们的思维观念、生产方式和生活方式都发生了明显的变化，由此激发了对制度变革和制度创新的需求。一些技术发明能够引起产权和交易权

[①]　参见徐大伟编：《新制度经济学》，清华大学出版社2015年版，第221—223页。

[②]　〔美〕简·E.芳汀：《构建虚拟政府：信息技术与制度创新》，邵国松译，中国人民大学出版社2010年版，第8页。

的变化,如技术发展使跨地域排污行为变得更易发生,也促使跨域污染治理得以开展,由此导致跨地域污染纠纷时而发生,因而急需对排污交易权进行界定并对有偿使用的原则进行详细规定,同时也对建立跨域生态环保法院和完善环境资源案件管辖等产生了较强的制度需求,但相应制度供给却严重滞后甚至缺失,由此导致制度供需的轻度失衡或严重失衡。

其次,技术创新在推动生产力发展的同时也会产生潜在的外部效应,对自然环境、社会发展等方面产生不良影响,因此需要采取强制性的手段进行约束,对其造成的损害进行赔偿,这便催生了新的有关环境诉讼赔偿方面的制度需求。例如,一些重化工业项目的建设对周围环境和居民身体健康造成危害,需要制定新的法律法规进行管制和约束,因此对于"完善环境诉讼赔偿制度"的政策需求不断出现,我国也通过修订相关法律法规或出台司法解释对此进行规范,但仍难以满足技术进步所引发的不断增长的制度需求。

最后,技术进步引发制度需求内容的阶跃。技术进步使人们的生产方式和生活方式发生变化,从而诱发了新的制度需求,而随着技术的不断进步,人们对相关制度的需求内容也呈现梯级阶跃,即由相对低层次的制度需求内容不断转向相对高层次的制度需求内容,这便是技术引发的"制度需求层次论"。不断阶跃的制度需求内容极大地挑战了制度供给者的能力,在此情况下制度非均衡随之产生。例如,随着互联网技术的普及,社会公众对环境信息公开的途径与方式提出了新的需求,政府网站和政务新媒体等平台建设也因此越来越完善;然而,面对环境信息公开表层化与形式化等问题,社会公众又进一步提出"明确并扩大环境信息公开范围""规范环境信息公开之例外"等制度需求,但政府对此未能进行有效的制度供给,由此导致制度供需内容处于严重失衡状态。

（2）技术进步影响制度供给的效率和水平

技术进步有助于提升制度供给的效率和水平,而技术进步不足则导致制度供给缓慢、制度缺乏创新。近年来,互联网、大数据等先进技术的应用提高了数据资料搜集和整理的速度,也促进了办公系统、政府网站和政务新媒体的快速发展,为实现制度有效供给提供了较为坚实的技术基础。21世纪以来,中国环保公众参与机制相关制度的供给效率和水平也在技术进步的支撑与推动下得到了前所未有的提高,尤其是近十年来,相关制度供给总量呈直线上升态势。然而,在具体制度领域,仍存在技术进步不足或技术实操较难等问题,由此导致部分具体制度供给效率和水平较低,不能满足社会公众的制度需求。以环境信访制度为例,互联网技术的发展催生了网上信访受理制度,但是中国开通网上信访只有很短的时间,信访技术系统的应用水平较低,再加上基层政府部门对系统操作业务不熟等原因,对信访信息进行汇集处理和共享比较困难,网上信访平台的设置难以起到应有的作用,网上信访办理制度的供给水平也停滞不前。由此可见,技术应用水平较低降低了制度的供给水平。

8.5　现存制度安排的路径依赖

制度的"路径依赖"理论是由美国经济学家道格拉斯·诺斯正式提出的。他认为，事物一旦进入某一路径，无论这一路径的发展趋势如何，都会对既定发展轨迹产生依赖性。现存制度安排之所以会产生路径依赖，主要是因为：第一，人们过去的选择会影响他们今后的决定方向。一方面，一项制度的形成会催生新的既得利益集团，为了维持和保护既得利益，他们会选择巩固和强化现有制度，而不管这项制度是否适应新的社会变化。另一方面，个人存在自我强化机制。[①] 诺斯认为，行为者作出的主观选择影响制度变迁过程中的边际调整。[②] 考虑到原有制度运行中"沉没成本"的付出，人们不会轻易作出改变。第二，一项新的制度，从进入政策议程到政策设计再到政策出台，需要投入很多成本，随着政策的实施，推行阻力减小，前期投入的初始设置成本下降，追加成本也会减少。第三，制度变迁也存在边际报酬递增现象，一项制度被推行后，政策的认知度和认同感会逐渐提高，这将降低延续这项制度的不确定性，使制度安排带来的社会效益得以增加。[③] 现存制度安排的路径依赖主要在以下三个方面影响中国环保公众参与机制的制度均衡：

（1）现存制度安排的路径依赖影响制度供给的数量

制度的路径依赖现象意味着，在面对变化了的社会环境时，人们依旧倾向于选择现存的制度，而不是出台新的制度，这使得制度供给在数量上无法满足不断增加的政策需求。从各类具体环保公众参与机制的供需数量均衡分析中可以看出，环境行政听证制度和环境刑事诉讼制度处于供需数量的轻度失衡状态，其中环境行政听证制度的具体制度需求落点数量与已有相应滞后制度供给的具体制度需求落点数量之比是 2∶1，环境民事诉讼制度则处于供需数量的严重失衡状态，造成这种制度供需数量失衡现象的原因在于政策制定者对现存相关制度安排的路径依赖。

（2）现存制度安排的路径依赖影响制度供给的内容

制度的路径依赖现象是中国在政治制度改革中选择渐进模式的一个重要原因。[④] 这种模式使得中国在进行政治制度变革时，会维持核心政治制度的关键内容，仅根据经济社会变化作一些策略性的调整，使得制度的变革成为一个速度缓慢、不断累积的过程。这种渐进的改革方式有利于规避制度变迁所带来的不利影响和危害，但是不利于一些突发性的社会问题的预防和解决，也不能适应日益增长的多样化的制度需求内容。

---

① 参见〔美〕道格拉斯·C.诺思：《制度、制度变迁与经济绩效》，杭行译，格致出版社、上海三联书店、上海人民出版社 2014 年版，第 126—127 页。

② 参见〔美〕道格拉斯·C.诺思：《政治学中的交易成本论》，左建龙译，载《国外社会科学》1991 年第 7 期。

③ 参见田永峰：《再论制度变迁中的创新精神》，载《现代经济探讨》2010 年第 6 期。

④ 参见李月军：《中国政治制度变迁中的路径依赖》，载《学海》2009 年第 4 期。

例如，人民代表大会制度是中国的根本政治制度，政协制度是中国的一项基本政治制度。这两项制度如果进行改革容易产生"牵一发而动全身"的重大影响，尤其是人民代表大会制度直接关系到党和国家的决策是否正确。虽然人大机制存在着人大代表构成比例不合理、人大代表素质和能力差异化明显等问题，但是针对这些问题的实质性改革措施则一直处于"难产"状态。再如，政协制度涉及党派利益，对政协制度的改革需要协调好执政党与参政党的利益，把政治协商纳入决策程序的机制还没有完全建立起来，在一些重大事项的决策过程中，政治协商的设置还比较随意，产生的作用也比较微弱，对于政治协商内容的规定也比较宽泛，这些问题的解决也触及多方利益，需要进行长时间的渐进调试。路径依赖现象使得人们不想破坏一项制度的"根基"，而只是修整"细枝末节"。关乎政治体制的问题，需要经过详细的探讨和多方利益博弈，因此对于根本政治制度、基本政治制度等重要制度内容的创新和改革相对较少，由此导致制度供需内容不均衡现象的出现。

（3）现存制度安排的路径依赖影响制度供给的结构

一直以来，中国法治实践中都存在"重实体、轻程序"的观念，这一观念使得中国的实体法形成了相对较为完备的体系，而程序法的体系不够健全，现存实体法中有关程序规定的条文也不够明确。在"重实体、轻程序"的观念影响下，各领域政策法规均对程序规定的具体性有所疏漏，这便形成了"轻程序"的路径依赖。在环保公众参与制度领域，有关环保公众参与渠道的相关制度规定，诸如公众参与环境影响评价的渠道、环境行政诉讼的渠道、环境信访的渠道等，均呈现笼统、宽泛的特征。因此，即便决策者不断修订或颁布实施相关政策法规以满足社会公众对环保公众参与渠道的制度需求，但宽泛的政策规定一方面无法有效满足社会公众较为细致的制度需求，另一方面也导致制度供给结构的非均衡。

8.6　制度设计与实施成本

任何制度都需要一定成本的投入。科斯提出了交易成本理论，对"交易"的范围进行扩大，认为通过讨价还价的谈判方式缔结契约、督促契约履行等工作都会产生交易费用。布劳指出，"建立一个正式程序要求一种资源投入，它保存社会行为和关系的模式并使它们固定化"[①]。汪丁丁从机会成本的角度进行分析，认为"制度的成本只不过是某个实现了的博弈均衡对每个参与博弈的主体的主观价值而言的机会成本"[②]。从制度的形成过程来看，制度成本主要包括制度设计和制度实施两方面的成本，这两方面的成本均对制度供给有重要影响，可以引发制度供不应求现象的出现。

（1）制度设计成本

一项制度在设计之初需要一系列的费用投入。第一，要想设计出一个收益较高的

---

① 〔美〕布劳：《社会生活中的交换与权力》，孙非、张黎勤译，华夏出版社 1988 年版，第 315 页。
② 汪丁丁：《在经济学与哲学之间》，中国社会科学出版社 1996 年版，第 33 页。

制度安排,需要对新制度有初步的了解,也就是知识积累的过程,制度设计前期还需要进行现场调研、意见征集,这些信息的获取需要专家学者的参与、时间和资金的支持。第二,制度的设计和制定也是不同利益相关者进行讨论协商的过程,存在着拟定和实施契约的成本。

以环境信访制度为例,从《关于处理人民来信和接见人民工作的决定》的颁布到《信访条例》的出台,信访工作逐步法治化、程序化,《环境信访办法》的颁布对社会公众的环境信访行为进行了进一步规范。环境信访制度的演变也是一个边实践探索边向法治轨道靠近的过程,虽然也曾出现过信访排名制度导致恶性事件发生的不良后果,但是通过完善信访约谈制度、建立网上受理信访制度,已经增加了信访受理的透明度,这有利于群众合法合理诉求的实现。这些制度的设计和完善经过了长期的探索和实践,付出了大量的时间和精力,如果再次出现对这项制度的变革需求,政策制定者会考虑到前期投入的"沉没成本",不会轻易作出变革制度的选择,容易导致制度供需不均衡的现象出现。

(2)实施新制度安排的预期成本

制度供给是用新的制度安排去替代原有的制度安排。新的制度在实施过程中难免会给个人和群体造成各种损失或者说产生负效用。关于制度实施成本的形成原因,林毅夫指出:"由于安排者的偏好和有限理性、意识形态的刚性、官僚机构的问题、集团利益的冲突和社会科学知识的局限性等,新制度的实施总是或多或少地要遇到一些障碍,总要付出一定的成本。"[①]具体而言,实施新制度安排的预期成本主要包括以下几个方面:

第一,组织实施新制度的成本。一项新制度投入运行过程中所产生的一切费用,都属于新制度的实施成本。例如,环境行政听证制度刚开始实施时,公众可能不了解听证程序和注意事项,需要对制度的具体内容进行宣传讲解;还要激励公众积极参与,理性表达自己的意见;有关部门准备听证会这项工作本身也需要投入大量的人力资源和资金支持;选拔独立的合适的行政听证会主持人也需要时间和资金的投入,这些都属于组织实施新制度的成本。第二,消除制度变迁阻力的费用。实施新制度可能会对官僚机构和统治者权威的合法性产生负面影响,他们为了个人和小集体的利益,倾向于维持原有的制度安排。因此,有必要消除推行新制度的阻力,而这无疑会增加成本。第三,补偿制度变迁造成的损失。新的制度安排可能给既得利益者带来损失,也可能产生负效用,对新的制度安排可能产生的损失和制度运行的负效用加以补偿,也是制度变迁需要考虑的预期成本。当然,在现实的制度设计中,对于制度变迁可能造成的损害通常已经作了适当的调整,因而这方面的预期成本相对较少。第四,社会交易成本。新制度安排刚开始实行时容易出现一些社会矛盾,这些矛盾和冲突影响了要素在各地区之间的自由流动,可能需要重新界定和控制产权,这就使交易成本不断增加。此外,预期成本还

---

① Justin Lin, An Economic Theory of Institutional Change: Induced and Imposed Change, *The Cato Journal*, 1989, 9(1).

包括对新制度的实施进行监督管理的成本。新制度刚推行时内容不够完善，通常需要引入第三方对制度运行和实施效果进行评估，也需要组织专家学者、社会公众和新闻媒体等进行评价和监督，这也是预期成本组成的一部分。

制度设计与实施成本主要影响的是制度供给方面，政策制定者出于对成本—收益的考量，不会轻易对一项制度安排进行大范围的革新。无论前期制度设计的成本、制度实施过程中的成本还是进行监督管理的成本，均具有成本递增趋势。从制度安排的实施成本看，意识形态刚性、个人或集团的利益冲突、官僚机构问题等，都会使制度供给成本呈边际递增趋势。[①] 意识形态的刚性是指意识形态一旦形成就很难转变，这种特征使得制度创新因思维固化而不易产生。例如，"以经济建设为中心"的片面解读曾经使得决策者更加看重经济效益，对于环境保护等社会效益的关注不足。个人或集团的利益冲突也会增加制度供给成本，例如，一些强制性的制度容易引发不同主体间的利益纠纷，化解矛盾、维护社会稳定的费用会增加。再如，官僚机构设置不合理、职责不明确等问题也会导致制度制定和新制度安排的推行受到阻碍，增加制度供给成本，制度供给成本的增加给制度供给造成阻碍，也增加了反对制度变革的声音，导致制度需求难以得到满足，从而出现制度不均衡的现象。在环保公众参与机制中，保障环境行政听证参与人的代表性与专业性、明确并扩大环境行政听证当事人范围、实现环境行政听证组织者与决策者的分离、放宽环境信访人提出的信访事项范围、放宽环境行政诉讼的原告资格、扩大环境公益诉讼的适用范围等多项制度安排均存在较高的制度设计与实施成本，由此导致至今未出现相关的制度供给，从而产生制度供需内容的严重失衡。

8.7 其他制度安排的变迁

在同类制度结构中，各项制度安排的实施往往是相互联系、相互影响的，倘若对一项特定制度安排实施变迁，其他制度安排受其影响也会产生变迁的需求。[②] 林毅夫认为，各项制度在施行的过程中不可能做到完全的独立运作，制度的整体结构往往会呈现出一种十分微妙的依存关系，这种依存会使得一项制度安排的变迁导致与其在同一结构下的一项或多项制度安排的供需均衡被打破，进而呈现出制度安排供不应求或供大于求的局面。[③] 本书将其他制度安排的变迁视为中国环保公众参与机制供需非均衡的关键成因之一，认为在这一特定领域内其他制度安排的变迁会引发与其存在关联的制度安排的供不应求。在现代社会中，国家是制度安排的主体，能够对各项制度安排作出理性判断，这使得制度之间避免了无序冲突，各项制度有条不紊地发挥其功能。但与此

---

① 参见卢现祥主编：《新制度经济学（第二版）》，武汉大学出版社2011年版，第158页。

② See Justin Lin, An Economic Theory of Institutional Change: Induced and Imposed Change, *The Cato Journal*, 1989, 9(1).

③ 参见林毅夫：《关于制度变迁的经济学理论：诱致性变迁与强制性变迁》，上海人民出版社1994年版，第7—8页。

同时,作为制度安排的主体,国家进行制度安排所依靠的是政府中的各职能部门,那么同领域的制度安排将会有很大的概率由同一部门作出决策,这就使得同领域的制度在制定的过程中会被人为地设定成互为因果、互为补充、相辅相成的关系,在中国环保公众参与机制中也不例外。

以环境行政诉讼制度与环境行政复议制度为例,尽管二者在内容、方式、法律后果等方面存在着不同,但这两类制度在设立之初具有共同目的,即帮助当事人维护其合法权益,妥善解决环境领域的行政争议,同时规范行政机关依法履行其范围内职权。就其目的而言,两类制度有着密切联系,是一种典型的相辅相成关系。伴随着社会的发展,人们的思想观念逐渐发生变化,此时与公众利益息息相关的各项制度也势必会发生变化,以适应公众提出的各项新需求。就现实而言,公众倘若对行政复议的决定不服,可以向审判机关提起行政诉讼。如果环境行政复议的制度安排发生了变迁,那么公众维护自身合法权益的方式也会发生变动,环境行政诉讼与环境行政复议是紧密相连的,在公众明晰环境行政复议制度安排的变迁方向后,更新环境行政诉讼制度的需求便会随之变得强烈。但制度规划部门在短时间内无法修订原有环境行政诉讼制度或制定新的制度以有效衔接环境行政复议制度,此时环境行政诉讼制度无论从结构、内容还是数量上,都无法与变迁后的环境行政复议制度进行有效串联,于是便形成了制度供不应求的局面。

与此情况类似的还有环境信息公开制度与环境行政听证制度,公众进行环境行政听证的基础是环境信息的有效公开,因此环境信息公开制度安排的变迁也会影响到环境行政听证制度的供需均衡。公众知情权在当今社会越来越受到重视,政府为维护公众合法权益、满足公众需求,不断对环境信息公开制度安排进行创新,从《政府信息公开条例》到《关于全面推进政务公开工作的意见》,环境信息公开的力度逐渐加大,公众能够获取的环境信息也不断增多,这使得公众在环境行政听证的过程中拥有更加权威的证据来质疑政府行为。原有的环境行政听证制度对公众权利与义务的规定已不再符合实际情况,公众对于话语权需求的增加产生了对环境行政听证制度中扩大公众话语权的需求,新的制度需求与原有的制度供给不能匹配,环境行政听证制度的供需数量及供需内容呈现失衡态势。由此可见,其他制度安排的变迁在影响中国环保公众参与机制供需均衡方面发挥着不可忽视的作用。

8.8　制度均衡过程中的内在矛盾

李松龄认为,即使制度选择集合、技术、要素和产品的相对价格以及其他制度安排不发生变化,对新制度安排的需求也会出现,这是因为人们对现行制度安排有一个由表及里、由现象到本质的认识过程。当预期制度变迁确实能够带来收益时,社会公众在制度安排需求和供给方面的意识便会增强。人们出于对自身利益的追求而产生一种制度变迁的需求,以突破已有的制度均衡的格局,使制度出现一种非均衡的状态,所以虽然制度变革的外部条件没有发生改变，但均衡过程中的内在矛盾也会引起制度的非均衡。[①]

一项制度是否能够达到均衡态势主要取决于公众认为制度能否达到其预期收益，当公众切实体会到制度带来的预期收益时，便会对当前的制度安排表示满意，制度的供给与需求达到动态平衡，供需均衡态势出现；而当公众认为当前制度的预期收益与自己的预期不符时，便会对现有的制度安排产生不满情绪，要求将现有制度进行变迁，对于新制度的需求随之增加，制度非均衡态势由此产生。制度均衡过程中的内在矛盾不仅影响制度供需的数量均衡，而且影响制度供需的结构均衡和内容均衡。

（1）制度均衡过程中的内在矛盾会导致制度供需结构的非均衡

以环境信访制度为例，环境信访机制供给子系统内环境信访主体的相关制度供给比例结构与其相对应的制度需求比例结构存在着失衡状况。在现实生活中，任何人都希望自己的利益得到制度保障，作为环境信访的主体，公众亦希望环境信访制度能够对信访主体的权益进行有效维护。只有为环境信访主体提供了安全可靠的制度保障，公众才敢于对环境破坏行为进行信访投诉。因此，在制度需求子系统结构中环境信访主体相关的制度需求占比较高，而目前制度供给子系统结构中环境信访主体相关制度的占比远低于公众预期，这就使得公众出于对自身利益的追求不断提出环境信访制度变迁的需求，制度的供需结构非均衡问题由此产生。

（2）制度均衡过程中的内在矛盾会导致制度供需内容的非均衡

再以环境信访制度为例，信访作为公众表达自身意见、维护自身权利的有效手段，在恢复公众受损利益、处理不公待遇等方面发挥了关键作用。伴随着国家对于环境保护重视程度的逐年提升，公众的生态环境保护意识也逐渐提升，越来越多的公众认识到环保与自身利益息息相关，因此当公众在日常生活中遇到环境污染、生态破坏等现象时，会选择通过信访等方式向相关机构或部门反映情况。而公众参与环境信访的过程也可被视作他对于现行环境信访制度由表及里、由现象到本质的认识过程。当环境信访制度不能够帮助公众收获预期效益时，公众便会要求打破现有的制度供需均衡局面，通过寻求制度变迁来维护自身利益。2005 年之前，环境信访制度中并未明确信访人的权利与义务，这使得信访人无法依靠现有制度有效维护自身权益，制度的供给内容已经无法满足公众的制度需求，制度的供需内容非均衡局面出现。基于这一问题，部分学者提出应尽快明确信访人所享有的权利与应当履行的义务，对现行制度内容进行完善与补充。在此之后，国家陆续出台了《关于建立律师参与化解和代理涉法涉诉信访案件制度的意见（试行）》《信访工作责任制实施办法》《关于改革完善信访投诉工作机制推进解决群众身边突出生态环境问题的指导意见》等政策文件，对信访人的权利与义务予以明确规定，使制度供需内容非均衡局面得到一定程度的改善。

[①] 参见李松龄：《制度、制度变迁与制度均衡》，中国财政经济出版社 2002 年版，第 183 页。

8.9　焦点事件(偶然事件)

焦点事件(偶然事件)也是中国环保公众参与机制供需非均衡的一个重要成因,在某种情况下,焦点事件对制度供需均衡的影响是非常大的。[①] 焦点事件基于中介变量——"注意力"对制度供需产生作用,注意力是指公众对于当前所发生的热点事件的关注程度。[②] 本书认为,中国环保公众参与机制供需非均衡的一个重要成因便是焦点事件对制度需求的影响。焦点事件会在短期内引发公众对于某一制度的关注,进而针对这一制度提出各项需求,使得制度的需求水平远大于当前的供给水平,导致制度供需非均衡态势的发生。焦点事件对于中国环保公众参与机制供需非均衡的影响机理大致可分为三个层次,如图 8.1 所示。

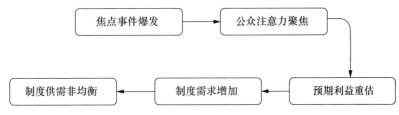

图 8.1　焦点事件对制度供需非均衡的影响机理

首先,焦点事件会引发社会关注度的指数性增加。焦点事件具有社会影响大、波及范围广、传播速度快等特点,因而当焦点事件发生时,民众通过手机、电脑、电视等渠道能够快速了解事件发生的第一手信息,并产生对于事态关注的浓厚兴趣。例如,2013 年年初在华北地区发生的大范围雾霾天气,不仅成为当年两会期间的热点话题,更引发了社会舆论的广泛关注,公众开始关注空气的污染指数,对于企业排放废气的行为也纷纷予以批评指责。此后,2014 年的亚太经济合作组织(APEC)会议,2015 年的阅兵活动作为当年的焦点事件都引发了社会公众的广泛关注,而"APEC 蓝""阅兵蓝"更是引发公众对于大气污染治理的重视,"环境保护""废气排放"等词汇成为当时的年度热搜关键词,这为后来公众对于制度的需求提升奠定了基础。

其次,焦点事件引发公众对于预期利益的理性重估。在一般情况下,公众利益通常是多元且分散的,不同民众拥有不同的利益目标,每个社会个体都会从自身利益出发去匹配现有制度,以现有制度为依托实现个人利益最大化。此时的制度供给与需求能够保持可控的动态均衡局面,民众对于制度的需求与当前制度的供给大致均衡。然而,当焦点事件发生后,公众会思考焦点事件背后是否牵涉自身利益,此时的焦点事件会产生强大的聚合力,将公众利益的关注点集中至特定领域,如大气污染、水污染等,进而引发

① 参见袁庆明:《新制度经济学(第二版)》,复旦大学出版社 2019 年版,第 250 页。
② 参见陈晓运:《跨域治理何以可能:焦点事件、注意力分配与超常规执行》,载《深圳大学学报(人文社会科学版)》2019 年第 3 期。

公众对于自身健康的担忧，由此产生对现有制度下个人预期利益的理性评估。

最后，焦点事件引发公众对于相关制度安排变迁的需求，制度供给与需求的非均衡由此产生。焦点事件作为非常时期的非常事件，短期内能够吸引社会公众的注意力并引发公众进行利益重估，这促使公众认识到现有制度不足以实现个人的预期效益，需要对制度进行变革，也表明现有制度的供给已经不能满足公众的利益诉求，焦点事件作为导火索引燃了公众对于现有制度供给的不满，公众对于制度的需求激增，既有的制度均衡局面被打破，制度的供给与需求出现轻度失衡或严重失衡。以环境信息公开制度为例，在"雾霾围城"等焦点事件爆发后，公众纷纷要求国家出台相关政策强制企业公开环境检测信息，对于环境信息公开制度的内容需求与数量需求大幅增加，为了改善环境信息公开制度的供需失衡态势，国家相继出台了《国家重点监控企业污染源监督性监测及信息公开办法(试行)》《关于推进环保设施和城市污水垃圾处理设施向公众开放的指导意见》等政策文件，以此实现环境信息公开制度在供给与需求上的相对均衡。

第九章

中国环保公众参与机制需求的现状描述

制度需求包括需求内容和需求强度,其中需求内容包括制度安排的需求指向和需求落点。由于环保公众参与机制的需求指向已定,包括人大和政协机制、行政机制和司法机制,因此本书主要探讨制度安排的需求落点。本书采纳学术探究法和媒介内容分析法测量了社会公众对环保公众参与机制的需求内容及需求强度的历史变迁。本章以第六章中国环保公众参与机制的制度需求落点、制度需求强度统计结果以及第七章制度供需均衡分析结果为基础,探究中国环保公众参与机制需求强度的现状。如第六章第一节所述,本书采纳制度需求优先序调查法测量社会公众对环保公众参与机制需求强度的现状,制度需求优先序调查法在具体运用时采用了两种方式:一是将制度安排的具体需求指向和需求落点编制成问卷题项,并运用李克特的五点量表法调查人们对制度的需求强度,其中"1"表示非常不需要,"2"表示不需要,"3"表示可有可无,"4"表示需要,"5"表示非常需要;二是将制度安排的具体需求指向和需求落点编制成问卷题项,要求被调查者根据自身实际需求,在问卷题项中选出最需要的几项,并按照需求强度排序。为确保研究方法与本书研究目的的契合性,笔者对两种方式进行了测试,并最终选择了第二种方式来调查社会公众对给定制度需求落点的需求强度。

9.1 研 究 设 计

9.1.1 调查问卷编制

根据中国环保公众参与机制中各类具体机制的制度需求落点、制度需求强度统计结果以及制度供需均衡分析结果,选择近 20 年内制度需求强度较高且处于制度供需内容严重失衡状态的制度需求落点作为问卷主体题项编制的基础,如附录一所示。各类具体机制最终选择的需求落点数量分别为:人大机制 6 个、政协机制 5 个、公众参与环境影响评价制度 7 个、环境信息公开制度 8 个、环境行政听证制度 9 个、环境信访制度 8 个、环境行政复议制度 5 个、环境行政诉讼制度 6 个、环境民事诉讼制度 5 个、环境刑事诉讼制度 6 个、环境公益诉讼制度 8 个。

由于问卷主体题项部分的学术性和专业性较强,不易理解,为确保问卷调查的顺利实施及调查结果的有效性,在编制正式调查问卷前,本书通过预调查对初步调查问卷的语言表述进行了通俗化处理。预调查的具体过程如下：首先，课题组成员在兼顾年龄、性别、学历、专业等差异化的基础上，运用方便抽样的方法选取了 20 名受访者，并向其详细阐述调查的目的与要求；其次，课题组成员通过线上与线下相结合的方式将初步调查问卷发放给受访者，部分年龄较大和学历较低的受访者在课题组成员的陪同下阅读问卷，其他受访者独立阅读问卷内容，并将问卷中不理解、不易理解或需进一步阐述的术语、句子等做好标记；再次，课题负责人与课题组成员将受访者阅读标记后的问卷及其修改建议回收整理，并根据受访者的反馈，对初步调查问卷的题项逐一进行字斟句酌地修改，修改内容主要包括增加阐释、细化表述、替换词汇等；之后，课题组成员将修改后的问卷返回给受访者，进一步调查他对修改后问卷的意见与建议；最后，课题负责人与课题组成员根据第二轮调查的反馈意见，对问卷主体题项内容再次进行优化和通俗化处理，并最终确定本书的正式调查问卷，如附录二所示。

正式调查问卷首先采用了李克特五分量表法对环保公众参与机制的改革需求进行测量。为提高正式调查问卷实施的效率、效果及调查结果的有效性，课题组运用方便抽样的方法选取了 30 名被调查者，对正式调查问卷实施了网络预调查。预调查结果显示，几乎所有被调查者对各项具体机制所涉政策建议的打分都集中在 4 与 5 之间，这一方面表明学术文献和大众媒介中出现频率较高的需求落点确实能够反映社会公众的制度需求情况，但另一方面也表明李克特五分量表法不能对既定的需求落点作出需求强度的差异排序。因此，课题组对正式调查问卷的调查方式进行了调整，废弃了李克特五分量表法，改为要求被调查者在问卷题项中选出最重要（也即最需要）的一项或多项，如附录三所示。修正后的正式调查问卷的预调查结果显示，该调查方式能够较好地呈现社会公众对环保公众参与各具体机制的需求落点的需求强度差异。

9.1.2 问卷调查与实施

（1）调查对象选取

本书主要对中国社会民众对于环保公众参与机制的改革需求（也即制度需求）进行统计调查，调查对象所在地区必须已施行全国人民代表大会及其常务委员会、国务院及其组成部门、最高人民法院、最高人民检察院等国家机关以及中国人民政治协商会议等出台的有关环保公众参与的各项制度。本书选择中国的 31 个省级行政单位（包括省、自治区、直辖市）作为调查问卷的发放范围，发放对象为省级行政单位辖区内的中国居民，中国香港特别行政区、中国澳门特别行政区和中国台湾地区民众不在本次调查范围内。根据中国总人口规模、99% 的置信水平、5% 的误差幅度和 50% 的响应分布以及可能存在的无效问卷等情况，正式调查最终确定问卷发放数量为 2100 份。

（2）正式调查实施

在正式问卷的发放过程中，本书采用方便抽样的方法，方便抽样是一种非概率抽样方法，是在调查过程中由调查员依据方便的原则，自行确定入抽样本的单位。虽然方便抽样方法在抽样的正确性和样本的代表性方面都不如概率抽样，但由于其具有的便于实施、调查成本相对较低、调查效率相对较高等优点，方便抽样方法在社会科学研究中运用较为广泛。[1] 本书研究使用网络问卷发放的形式,选择稳定性与可靠性相对较高的"腾讯问卷"(wj. qq. com)在线系统作为问卷编辑与统计平台,通过微信、QQ 等多媒介渠道进行问卷的转发,选取 2100 位居民对问卷进行填写。课题组成员采用动态监测方式,以"天"为单位,实时对问卷发放数量与发放质量进行监督,确保问卷发放的顺利实施。

9.1.3　问卷回收与整理

正式问卷调查共计 20 天,回收问卷 2145 份。课题组成员在问卷正式发放结束后,利用"腾讯问卷"平台基于用户标识与答题时间长度,对回收数据进行调查对象的身份核查,将出现重复回答的问卷予以删减,确保问卷的真实有效。同时,本书对回收的问卷中关键信息填写不完整、漏选某项制度的题项或将某项具体制度所涉的所有题项全部选择的问卷予以剔除,最终获得有效问卷 1751 份,有效问卷回收率为 81.63%,符合问卷回收预期目标。

本书采用 SPSS21.0 等统计软件对问卷回收数据进行描述性统计分析,问卷样本人口统计学特征如表 9.1 所示。由表 9.1 可知,从被调查者所在的省份看,首先调查对象来自东北地区与华东地区的较多,分别占比 26.67% 与 24.83%;其次是华北地区,占比 19.80%;来自西南与西北地区的调查对象占比最少,均为 6.16%。从被调查者的性别看,男性占比 50.2%,女性占比 49.8%,男性占比略高于女性,根据第六次人口普查,中国人口性别占比为男性 51.27%,女性 48.73%,本书被调查者的性别占比与第六次人口普查的性别占比大致相同。在被调查者的年龄结构方面,18—35 岁的青年人占比最高,占比为 47.97%,36—55 岁的中年人占比其次,为 46.43%,65 岁以上的老年人仅占比 2.4%,低于第六次人口普查中 65 岁以上老年人占比 8.87%的比重,这可能与大部分老年人不常使用智能手机与电脑有关,因此填写网络问卷的人数较少,也可能与 65 岁以上老年人平均受教育水平相对较低有关,因而难以有效填写带有一定专业性的问卷。从被调查者的学历结构看,初中及以下学历的被调查者占比为 5.25%,多数被调查者的学历层次是大学本科与研究生学历,占比为 69.21%,高于第六次人口普查 40.05%的比重,说明网络问卷面向群体的受教育水平较高。从职业结构看,调查对象所涉及的行业分布较广,其中国家机关、事业单位人员占比最高,为 31.87%;其次是企业管理人员,占比 12.85%;再次为专业技术人员,占比 12.62%。从月收入水平看,月收入在 3000—8000 元的被调查者接近半数,占比 48.37%;月收入在 10000 元以上的被调查者占比为 15.98%,据《2019 国人工资报告》显示,工作 10 年以上且月收入超过 1 万元的民众占比为 22.44%,工作 10 年及以下且月收入超过 1 万元的民众占比不足两成,本书被调查者的收入水平特征与《2019 国人工资报告》的相关统计数据基本匹配。

---

① 参见张平:《中国城市居民社区自治行为研究》,东北大学出版社 2014 年版;Xiaojie Zhang, Jiao Liu, Ke Zhao, Antecedents of Citizens' Environmental Complaint Intention in China: An Empirical Study Based on Norm Activation Model, *Resources, Conservation & Recycling*, 2018, 134。

从政治面貌看，群众与中共党员数量占比较多，分别为41.06％与37.18％，共青团员占比为21.13％，民主党派成员占比为0.63％。

表9.1 问卷样本人口统计学特征描述

变量	类别	人数	百分比（％）	有效百分比（％）
所在省份	北京市	130	7.42	7.42
	天津市	71	4.05	4.05
	河北省	75	4.28	4.28
	山西省	71	4.05	4.05
	内蒙古自治区	38	2.17	2.17
	辽宁省	315	17.99	17.99
	吉林省	117	6.68	6.68
	黑龙江省	35	2.00	2.00
	上海市	30	1.71	1.71
	江苏省	138	7.88	7.88
	浙江省	40	2.28	2.28
	安徽省	40	2.28	2.28
	福建省	21	1.20	1.20
	江西省	11	0.63	0.63
	山东省	155	8.85	8.85
	河南省	46	2.63	2.63
	湖北省	87	4.97	4.97
	湖南省	12	0.69	0.69
	广东省	77	4.40	4.40
	广西壮族自治区	9	0.51	0.51
	海南省	17	0.97	0.97
	重庆市	9	0.51	0.51
	四川省	30	1.71	1.71
	贵州省	11	0.63	0.63
	云南省	58	3.31	3.31
	陕西省	11	0.63	0.63
	甘肃省	10	0.57	0.57
	青海省	13	0.74	0.74
	宁夏回族自治区	13	0.74	0.74
	新疆维吾尔自治区	61	3.48	3.48
	合计	1751	100.00	100.00
	缺失	0	0	0
性别	男	879	50.20	50.20
	女	872	49.80	49.80
	合计	1751	100.00	100.00
	缺失	0	0	0

变量	类别	人数	百分比(%)	有效百分比(%)
年龄	18—25 岁	315	17.99	17.99
	26—35 岁	525	29.98	29.98
	36—45 岁	506	28.90	28.90
	46—55 岁	307	17.53	17.53
	56—65 岁	56	3.20	3.20
	65 岁以上	42	2.40	2.40
	合计	1751	100.00	100.00
	缺失	0	0	0
学历	小学或以下	7	0.40	0.40
	初中	85	4.85	4.85
	高中(含中专)	162	9.25	9.25
	大专	285	16.28	16.28
	大学本科	902	51.51	51.51
	研究生	310	17.70	17.70
	合计	1751	100.00	100.00
	缺失	0	0	0
职业	国家机关、事业单位人员	558	31.87	31.87
	企业管理人员	225	12.85	12.85
	专业技术人员	221	12.62	12.62
	工人	80	4.57	4.57
	商业、服务业人员	153	8.74	8.74
	非政府组织、社会团体人员	29	1.66	1.66
	农民	38	2.17	2.17
职业	离退休人员	65	3.71	3.71
	军人	3	0.17	0.17
	失业、待岗人员	21	1.20	1.20
	学生	183	10.45	10.45
	自由工作者	175	9.99	9.99
	合计	1751	100.00	100.00
	缺失	0	0	0
月收入	1000 元以下	191	10.91	10.91
	1001—2000 元	75	4.28	4.28
	2001—3000 元	159	9.08	9.08
	3001—5000 元	439	25.07	25.07
	5001—8000 元	408	23.30	23.30
	8001—10000 元	199	11.36	11.36
	10001—15000 元	154	8.79	8.79
	15001—20000 元	41	2.34	2.34
	20000 元以上	85	4.85	4.85
	合计	1751	100.00	100.00
	缺失	0	0	0

（续表）

变量	类别	人数	百分比（%）	有效百分比（%）
政治面貌	中共党员	651	37.18	37.18
	共青团员	370	21.13	21.13
	民主党派成员	11	0.63	0.63
	群众	719	41.06	41.06
	合计	1751	100.00	100.00
	缺失	0	0	0

9.2 人大和政协机制需求的现状

9.2.1 人大机制需求内容与需求强度的现状

中国社会公众对人大机制的制度需求内容及需求强度的现状如表9.2所示。由表9.2可知，公众需求强度最高的制度需求落点是：适度降低领导干部在全国人大代表中所占比重，提高基层人大代表特别是一线工人、农民、知识分子代表比重。该制度需求落点的相对需求强度为68.82%，表明68.82%的被调查者将其列为人大机制改革中最需要的制度需求。公众需求强度其次的制度需求落点是把竞争机制引入人大代表选举中去，该制度需求落点的相对需求强度为67.96%，表明67.96%的被调查者认为人民代表大会制度最需要进行此方面的制度改革。公众需求强度再次的制度需求落点包括：逐步实行人大代表的专职化和扩大各级人大代表直接选举的范围，其相对制度需求强度分别为32.38%和30.33%。

表9.2 人大机制需求内容与需求强度现状统计

制度需求指向	制度需求落点	绝对制度需求强度	相对制度需求强度（%）
人民代表大会制度	适度降低领导干部在全国人大代表中所占比重，提高基层人大代表特别是一线工人、农民、知识分子代表比重	1205	68.82
	把竞争机制引入人大代表选举中去，使代表候选人在公开、公平的竞争中充分展示自己，便于选民的选择	1190	67.96
	逐步实行人大代表的专职化，使其不再兼任其他职务	567	32.38
	修改选举法，扩大各级人大代表直接选举的范围	531	30.33
	在保证人大代表广泛代表性的前提下，减少代表的数量	486	27.76
	逐步实现人大常委会委员的专职化，使其不再兼任其他职务	399	22.79

9.2.2 政协机制需求内容与需求强度的现状

中国社会公众对政协机制的制度需求内容及其需求强度的现状如表9.3所示。由表9.3可知，社会公众需求强度最高的制度需求落点是扩大政协委员的主体构成，补充新的社会阶层代表作为政协委员，该制度需求落点的相对需求强度为63.85%，表明

63.85％的被调查者将其列为政协机制最需要的制度改革措施。公众需求强度其次的制度需求落点是完善政协委员提案、视察、调研等一系列参政议政的制度措施,该制度需求落点的相对需求强度为59.22％,表明59.22％的被调查者认为中国人民政治协商制度最需要进行此方面的制度改革。公众需求强度再次的制度需求落点为建立政协委员参政议政情况的考核和评价制度,其相对制度需求强度为57.62％。

表9.3　政协机制需求内容与需求强度现状统计

制度需求指向	制度需求落点	绝对制度需求强度	相对制度需求强度(％)
政协制度	扩大政协委员的主体构成,补充新的社会阶层(包括法律界和社会组织界等)代表作为政协委员	1118	63.85
	完善政协委员提案、视察、调研等一系列参政议政的制度措施	1037	59.22
	建立政协委员参政议政情况的考核和评价制度	1009	57.62
	丰富、创新和细化人民政协政治协商的内容和形式	795	45.40
	要把政治协商制度纳入党委和政府的决策程序	626	35.75

9.3　行政机制需求的现状

9.3.1　环境信息公开制度需求内容与需求强度的现状

中国社会公众对环境信息公开制度的需求内容及需求强度的现状如表9.4所示。由表9.4可知,社会公众需求强度最高的制度需求落点是不断拓宽环境信息公开渠道,该制度需求落点的相对需求强度为71.16％,表明71.16％的被调查者将其列为环境信息公开制度最需要的改革措施。公众需求强度其次的制度需求落点是建立健全环境信息公开平台,该制度需求落点的相对需求强度为67.96％,表明67.96％的被调查者认为环境信息公开制度最需要进行此方面的制度改革。公众需求强度再次的制度需求落点依次包括:进一步明确和扩大政府环境信息、企业环境信息和产品环境信息的公开范围与公开程度,建立健全环境信息公开责任追究制度和扩大环境信息披露的企业范围,这三项制度需求落点的相对需求强度分别为49％、48.37％、45.06％。

表9.4　环境信息公开制度需求内容与需求强度现状统计

制度需求指向	制度需求落点	绝对制度需求强度	相对制度需求强度(％)
环境信息公开制度	不断拓宽环境信息公开渠道,充分利用新闻发布会、政府公报、广播、电视、报纸、信息公开栏、互联网等媒体途径公开环境信息	1246	71.16
	建立健全环境信息公开平台,包括政府环境信息公开平台、企业环境信息公开平台、公众参与信息沟通平台	1190	67.96
	要进一步明确和扩大政府环境信息、企业环境信息和产品环境信息的公开范围与公开程度	858	49.00

（续表）

制度需求指向	制度需求落点	绝对制度需求强度	相对制度需求强度（％）
环境信息公开制度	建立健全环境信息公开责任追究制度	847	48.37
	扩大环境信息披露的企业范围，将上市公司、公用事业特许经营企业、对环境造成严重影响的企业以及环境敏感型企业等列入强制信息披露的范围	789	45.06
	建立健全具有可操作性的环境信息公开考核制度和社会评议制度	619	35.35
	以清单形式明确列出依法不应当公开的环境信息事项	606	34.61
	建立健全环境信息公开工作的领导机制和环境信息收集、整理与公开的管理机制	579	33.07

9.3.2 公众参与环境影响评价制度需求内容与需求强度的现状

中国社会公众对公众参与环境影响评价制度的需求内容及需求强度的现状如表9.5所示。由表9.5可知，社会公众需求强度最高的两项制度需求落点依次为：扩大环境影响评价参与主体的范围，健全规划部门和建设单位、环境影响评价编制单位以及审批单位对公众意见的反馈机制及对公众意见采纳情况的社会公示机制，这两项制度需求落点的相对需求强度分别为59.51％、59.39％。公众需求强度其次的两项制度需求落点包括：在环境影响评价的各个阶段全面引入公众参与机制、法律应当赋予公众针对其参与权被限制或者被剥夺情况进行救济的权利，这两项制度需求落点的相对需求强度分别为48.43％、47.17％。公众需求强度再次的制度需求落点是：逐步拓宽公众参与环境影响评价的范围，其相对需求强度为43.18％。与人大机制、政协机制和环境信息公开制度相比，公众参与环境影响评价制度排序前几位的各项制度需求落点的需求强度差异较小。

表9.5 公众参与环境影响评价制度需求内容与需求强度现状统计

制度需求指向	制度需求落点	绝对制度需求强度	相对制度需求强度（％）
公众参与环境影响评价制度	扩大环境影响评价参与主体的范围，既要包括评价范围内直接受影响的人群和社会团体，也要包括受项目间接影响的人、对项目感兴趣的人和非政府环境保护组织	1042	59.51
	健全规划部门和建设单位、环境影响评价编制单位以及审批单位对公众意见的反馈机制及对公众意见采纳情况的社会公示机制	1040	59.39
	在环境影响评价的各个阶段（包括前期准备和调研阶段、分析论证和预测评价阶段、环境影响评价文件编制阶段）全面引入公众参与机制	848	48.43
	针对公众参与权被限制或者被剥夺的情况，法律应当赋予公众采取措施进行救济的权利，如行政复议权、行政诉讼和民事诉讼权等	826	47.17

制度需求指向	制度需求落点	绝对制度需求强度	相对制度需求强度（%）
公众参与环境影响评价制度	逐步拓宽公众参与环境影响评价的范围，从现在的建设项目和专项规划逐步拓展到综合规划、政策、立法，直至战略规划	756	43.18
	根据项目的类型和层次、环境影响的程度和范围进行分类，并据此规定不同的公众参与形式和调查内容	597	34.09
	尽快制定并颁布"环境影响评价中信息公开和公众参与技术导则"	565	32.27

9.3.3　环境行政听证制度需求内容与需求强度的现状

中国社会公众对环境行政听证制度的需求内容及需求强度的现状如表9.6所示。由表9.6可知，社会公众对环境行政听证制度需求强度最高的制度需求落点是扩大环境具体行政行为的听证范围，将环境抽象行政行为也纳入行政听证的适用范围，该制度需求落点的相对需求强度为59.22%，表明59.22%的被调查者将扩大环境行政听证的范围选为最需要的环境行政听证制度的改革措施。公众需求强度其次的制度需求落点是完善保持听证会主持人独立性与中立性的制度，该制度需求落点的相对需求强度为56.42%，表明56.42%的被调查者认为环境行政听证制度最需要进行此方面的制度改革。公众需求强度再次的两项制度需求落点依次包括：建立科学、合理、公正、公开的听证代表产生机制，明确规定听证会主持人的任职资格与条件，这两项制度需求落点的相对需求强度分别为46.09%、43.52%。与公众参与环境影响评价制度相类似，环境行政听证制度排序前几位的各项制度需求落点的需求强度差异也较小。

表9.6　环境行政听证制度需求内容与需求强度现状统计

制度需求指向	制度需求落点	绝对制度需求强度	相对制度需求强度（%）
环境行政听证制度	扩大环境具体行政行为（如行政处罚、行政许可、行政合同等行为）的听证范围，将环境抽象行政行为（如政府制定发布环境保护政策法规的行为）也纳入行政听证的适用范围	1037	59.22
	完善保持听证会主持人独立性与中立性的制度	988	56.42
	建立科学、合理、公正、公开的听证代表产生机制	807	46.09
	明确规定听证会主持人的任职资格与条件	762	43.52
	建立健全违反行政听证程序的监督救济制度，即针对环保行政机关违反听证程序的行为，当事人可以对此提出行政复议或行政诉讼	696	39.75
	建立健全行政听证前、听证过程和听证结果的信息公开机制	687	39.23
	尽快出台统一的"行政程序法"，并设专章规定行政听证规则	655	37.41
	立法明确规定行政听证笔录的法律效力，行政机关只能根据听证笔录中认定的事实作出最终决定	644	36.78
	明确并扩大听证申请人和参加人的范围	505	28.84

9.3.4　环境信访制度需求内容与需求强度的现状

中国社会公众对环境信访制度的需求内容及需求强度的现状如表9.7所示。由表9.7可知,社会公众对环境信访制度需求强度最高的两项制度需求落点为明确信访机构及其工作人员在信访工作中的具体责任和义务、整合信访工作机构,这两项制度需求落点的相对需求强度分别为59.62％和59.57％。公众需求强度其次的制度需求落点是要明确信访机构的地位和职权、赋予信访机构更多的实体性权利,该制度需求落点的相对需求强度为51.11％,表明51.11％的被调查者认为环境信访制度最需要进行此方面的制度改革。公众需求强度再次的两项制度需求落点依次包括:运用科学技术进一步拓宽信访渠道、改革信访工作考核机制和评价办法,这两项制度需求落点的相对需求强度分别为47.06％、46.15％,表明近半数的被调查认为环境信访制度最需要进行这两方面的制度改革。

表 9.7　环境信访制度需求内容与需求强度现状统计

制度需求指向	制度需求落点	绝对制度需求强度	相对制度需求强度(％)
环境信访制度	明确信访机构及其工作人员在信访工作中的具体责任和义务,对于违反任何相关规定的工作人员都要依法追究其法律责任	1044	59.62
	整合信访工作机构,建立"人民代表大会监督专员"制度;或在各级人大及其常委会设立"信访局"或"信访委员会",统一受理群众来信来访	1043	59.57
	要明确信访机构的地位和职权,赋予信访机构更多的实体性权利,如协调权、调查权、质询权、督办权、干部考核奖惩建议权,增强其督办能力	895	51.11
	在保持原有信访渠道畅通的同时,要运用科学技术进一步拓宽信访渠道,丰富信访方式,为人民群众提供更加便捷的信访渠道	824	47.06
	改革信访工作考核机制和评价办法,建立信访结案的奖励机制,对于信访终结以后再去上访的现象不应该问责地方党委和政府	808	46.15
	建立律师参与接访制度,同时完善领导干部和党代表、人大代表、政协委员参与接访制度	633	36.15
	建立规范的信访纠纷处理程序,统一出台较为完备的信访工作流程规范性制度	592	33.81
	明确信访处理的事项范围,且明文规定信访不予受理的范围	542	30.95

9.3.5　环境行政复议制度需求内容与需求强度的现状

中国社会公众对环境行政复议制度的需求内容及需求强度的现状如表9.8所示。由表9.8可知,社会公众对环境行政复议制度需求强度最高的制度需求落点是建立全

国统一的、独立的行政复议机关来集中受理、审理行政复议案件,保持行政复议机构的
独立性,该制度需求落点的相对需求强度为 64.53%,表明 64.53% 的被调查者将其选
为最需要的环境行政复议制度的改革措施。公众需求强度其次的制度需求落点是切实
加强环境行政复议队伍建设与管理,建立行政复议人员的任职资格和后续培训制度,该
制度需求落点的相对需求强度为 52.77%。公众需求强度再次的两项制度需求落点依
次包括:设立行政复议的监督机构,构建行政复议监督体系;明确并扩大行政复议的受
理范围,这两项制度需求落点的相对需求强度分别为 49.74%、47.63%。

表 9.8　环境行政复议制度需求内容与需求强度现状统计

制度需求指向	制度需求落点	绝对制度需求强度	相对制度需求强度(%)
环境行政复议制度	建立全国统一的、独立的行政复议机关来集中受理、审理行政复议案件,保持行政复议机构的独立性	1130	64.53
	切实加强环境行政复议队伍建设与管理,建立行政复议人员的任职资格和后续培训制度	924	52.77
	设立行政复议的监督机构,构建行政复议监督体系	871	49.74
	明确并扩大行政复议的受理范围,将抽象行政行为(比如制定发布政策法规的行为)、行政不作为、民事争议进一步纳入行政复议范围	834	47.63
	借鉴司法程序对行政复议审理程序进行完善,建立以听证审理为主、书面审理为辅的审理方式	766	43.75

9.4　司法机制需求的现状

9.4.1　环境行政诉讼制度需求内容与需求强度的现状

中国社会公众对环境行政诉讼制度的需求内容及需求强度的现状如表 9.9 所示。
由表 9.9 可知,社会公众对环境行政诉讼制度需求强度最高的制度需求落点是放宽环
境行政诉讼的原告资格,该制度需求落点的相对需求强度为 58.42%,表明 58.42% 的
被调查者将其选为环境行政诉讼制度最需要施行的改革措施。公众需求强度其次的两
项制度需求落点依次包括:探索建立与行政区域适当分离的环境司法管辖制度;加强专
业培训和业务交流,强化环保法官考核制度,提高环境资源审判人员和相关人员的专业
化水平,这两项制度需求落点的相对需求强度分别为 51.86%、51.28%。公众需求强度
再次的两项制度需求落点依次包括:设立独立的行政法院以处理环境行政诉讼案件、扩
大环境行政诉讼的案件受理范围,这两项制度需求落点的相对需求强度分别为
43.35%、42.32%。

表 9.9　环境行政诉讼制度需求内容与需求强度现状统计

制度需求指向	制度需求落点	绝对制度需求强度	相对制度需求强度（%）
环境行政诉讼制度	放宽环境行政诉讼的原告资格，即凡与行政行为有利害关系的公民、法人或者其他组织，对该行政行为不服的，都可以提起环境行政诉讼	1023	58.42
	探索建立与行政区域适当分离的环境司法管辖制度，确保跨行政区域的环境保护案件得到公正审理	908	51.86
	加强专业培训和业务交流，强化环保法官考核制度，提高环境资源审判人员和相关人员的专业化水平	898	51.28
	设立独立的行政法院以处理环境行政诉讼案件	759	43.35
	扩大环境行政诉讼的案件受理范围，将抽象行政行为（如政府制定发布环保政策法规的行为）也加入环境行政诉讼的案件受理范围	741	42.32
	健全环境行政诉讼起诉、立案登记、审判等程序规范	682	38.95

9.4.2　环境民事诉讼制度需求内容与需求强度的现状

中国社会公众对环境民事诉讼制度的需求内容及需求强度的现状如表 9.10 所示。由表 9.10 可知，社会公众对环境民事诉讼制度需求强度最高的制度需求落点是立法规定扩大环境民事诉讼当事人主体范围，该制度需求落点的相对需求强度为 64.88%，表明 64.88% 的被调查者将其选为环境民事诉讼制度最需要施行的改革措施。公众需求强度其次的制度需求落点是赋予被害人充分的选择权，让他们能够在进行刑事诉讼过程中或者刑事诉讼结束之后，另行提出民事诉讼，该项制度需求落点的相对需求强度为 59.51%。公众需求强度再次的两项制度需求落点依次包括：将精神损害赔偿纳入民事诉讼赔偿范围、放宽提起因犯罪行为所引起的民事赔偿请求的时间范围，这两项制度需求落点的相对需求强度分别为 54.43%、51.28%，表明过半数的被调查者将其选为环境民事诉讼制度最需要的改革措施。

表 9.10　环境民事诉讼制度需求内容与需求强度现状统计

制度需求指向	制度需求落点	绝对制度需求强度	相对制度需求强度（%）
环境民事诉讼制度	立法规定扩大环境民事诉讼当事人主体范围，允许所有被害人，包括被害人及其法定代理人、死亡被害人的近亲属等一切因受犯罪行为牵连而受到直接损失的人都有权提起环境民事诉讼	1136	64.88
	赋予被害人充分的选择权，让他们能够在进行刑事诉讼过程中或者刑事诉讼结束之后，另行提出民事诉讼	1042	59.51
	进一步规范并适当扩大环境民事赔偿范围，将精神损害赔偿纳入民事诉讼赔偿范围	953	54.43

（续表）

制度需求指向	制度需求落点	绝对制度需求强度	相对制度需求强度（%）
环境民事诉讼制度	放宽提起因犯罪行为所引起的民事赔偿请求的时间范围,规定凡因犯罪行为所引起的民事赔偿请求,均可以在刑事诉讼中附带提出,也可以在刑事案件审结后,在民事诉讼时效期间内,向民事法庭另行提起民事诉讼,还可以在刑事案件未立案时向民事法庭单独提出	898	51.28
	在环境民事诉讼中实行调审分离,将调解从审判程序中分离,使之成为与审判活动相等同的独立程序	620	35.41

9.4.3　环境刑事诉讼制度需求内容与需求强度的现状

中国社会公众对环境刑事诉讼制度的需求内容及需求强度的现状如表9.11所示。由表9.11可知,社会公众对环境刑事诉讼制度需求强度最高的制度需求落点是明确并保障环境刑事诉讼被害人在刑事诉讼中的各项权利,该制度需求落点的相对需求强度为69.45%,表明近70%的被调查者将其选为环境刑事诉讼制度最需要施行的改革措施。公众需求强度其次的制度需求落点是加强环境资源审判队伍专业化建设,提高环境司法人员素质与职务保障,该项制度需求落点的相对需求强度为55.68%。公众需求强度再次的两项制度需求落点依次包括:建立和完善非法证据排除制度,完善技术侦查证据相关程序;深化环保司法改革,设置环保法庭,并适时建立生态环保法院,这两项制度需求落点的相对需求强度分别为50.26%、48.2%。

表 9.11　环境刑事诉讼制度需求内容与需求强度现状统计

制度需求指向	制度需求落点	绝对制度需求强度	相对制度需求强度（%）
环境刑事诉讼制度	明确并保障环境刑事诉讼被害人在刑事诉讼中的各项权利,包括知情权、参与权、上诉权、获得法律援助的权利等	1216	69.45
	加强环境资源审判队伍专业化建设,提高环境司法人员素质与职务保障	975	55.68
	建立和完善非法证据排除制度,完善技术侦查证据的移送、审查、法庭调查和使用规则以及庭外核实等程序	880	50.26
	深化环保司法改革,设置环保法庭,并适时建立生态环保法院	844	48.20
	完善环境刑事诉讼监督制度,在刑事诉讼规则中明确规定人民监督员的监督程序	739	42.20
	建立环境刑事案件繁简分流机制,实现简单案件快速办理、复杂疑难案件精细审理	677	38.66

9.4.4　环境公益诉讼制度需求内容与需求强度的现状

中国社会公众对环境公益诉讼制度的需求内容及需求强度的现状如表9.12所示。由表9.12可知,社会公众对环境公益诉讼制度需求强度最高的制度需求落点是建立环境公益诉讼的激励机制，该制度需求落点的相对需求强度为 60.14％，表明超过 60％的被调查者将其选为环境公益诉讼制度最需要施行的改革措施。公众需求强度其次的两项制度需求落点依次包括：放宽环境公益诉讼的原告资格、建立环境公益诉讼的跨地区司法管辖制度，这两项制度需求落点的相对需求强度分别为 55.34％、51.23％，表明过半数的被调查者将这两项制度需求落点选为环境公益诉讼制度最迫切需要进行的改革。公众需求强度再次的两项制度需求落点依次包括：合理配置环境公益诉讼的举证责任，确立举证责任倒置原则；完善环境公益诉讼案件程序规定，设置环境公益诉讼前置程序，这两项制度需求落点的相对需求强度分别为 44.15％、42.6％。

表 9.12 环境公益诉讼制度需求内容与需求强度现状统计

制度需求指向	制度需求落点	绝对制度需求强度	相对制度需求强度（％）
环境公益诉讼制度	建立环境公益诉讼的激励机制，如设立环境公益基金会、减免诉讼费用、奖励环境公益诉讼原告等	1053	60.14
	放宽环境公益诉讼的原告资格，逐步将国家机关、企事业单位、环保公益团体和个人纳入原告范围	969	55.34
	建立环境公益诉讼的跨地区司法管辖制度，即确定几个中级或高级人民法院统一受理一个省或几个省的环境公益诉讼案件	897	51.23
	合理配置环境公益诉讼的举证责任，确立举证责任倒置原则（即由环境污染者提供证据证明其污染行为与损害后果之间不存在因果关系）	773	44.15
	完善环境公益诉讼案件程序规定，设置环境公益诉讼前置程序（即诉讼前告知或检举）	746	42.60
	明确并适当扩大可以提起环境公益诉讼的事项范围	636	36.32
	培育环境公益诉讼主体，包括公益律师、环保组织等，加强公益诉讼主体的专业化建设	586	33.47
	立法规定环境公益诉讼不受诉讼时效的限制	473	27.01

第十章

中国环保公众参与机制创新的政策建议

　　本书基于中国环保公众参与机制供需非均衡的成因,以制度均衡为目标,从宪法秩序、规范性行为准则、社会科学的进步、政治体系的开放性、技术的进步、现存制度安排的路径依赖、制度设计与实施成本、其他制度安排的变迁、制度均衡过程中的内在矛盾、焦点事件等方面提出了中国环保公众参与机制改革与创新的一般性政策建议。同时,本书基于中国环保公众参与机制需求的现状,秉承"以制度需求为导向"的原则,选择每项具体制度中相对制度需求强度在 40%以上且需求强度排序在前四位的制度需求落点作为基础,提出了中国环保公众参与各具体机制改革与创新的个性化路径选择与优化对策。

10.1　一般性政策建议

10.1.1　健全宪法秩序,培育良好的制度环境

　　宪法秩序直接影响建立新制度的立法基础的难易程度,即既得利益集团对于新的立法的态度会影响制度创新的进行。基于此,政府应协调与平衡各利益集团的需求,尤其当制度需求与既得利益集团发生冲突时,要合理审视制度需求与社会发展之间的关系,必要时可以使用行政手段推动弱势利益主体进入政治体系的进程。制度环境能否从根本上得以改善,核心在于政府,宪法秩序作为规定规则的规则,受社会强势群体领导人的影响极大,制度供给究其根本是由政治领导人对于政治秩序的控制能力及其变更既定宪法秩序的意愿水平所决定的,[①]政府要为环保公众参与机制建设提供良好的制度环境,成为各要素的组织者与协调者。同时,应健全完善中国的宪法秩序,使其能够为中国环保公众参与机制提供达成社会共识的用以解决冲突的基本价值和程序,优化制度供给,以便能够真正满足公众的制度需求,逐步实现动态的制度供需均衡。

---

　　① 　参见汪洪涛:《制度经济学:制度及制度变迁性质解释》,复旦大学出版社 2009 年版,第 13—14 页。

10.1.2 培育现代公民精神，与中国传统文化相融合

中国环保公众参与机制相关制度变迁深受中国传统思想观念的制约，因此制度供给部门要重视和了解传统文化和道德观念，了解民众的思想内核和共同价值取向，并以此为基础培育现代公民精神。在吸收优秀传统文化和道德观念精华的同时，对中国传统文化观念与现代公民精神的价值进行均衡与融合，将"苟利天下生死以，岂因祸福避趋之"的社会责任感与现代公民精神中的参与意识相融合，提升民众的政治参与主动性，充分发挥社会监督的重要作用，从而推动环境信息公开制度与公众参与环境影响评价制度的落实和健全完善。将"威武不能屈"的高尚节操与现代公民精神中的权责观念和规则意识相融合，推动公众积极参与环境保护，主动参与环境行政听证，进行环境信访，推动环境行政听证制度和环境信访制度的改革与完善。将传统法家思想的处事价值观与现代公民精神中的主体与法治意识相融合，引导公众懂法、守法、用法，以法律武器为底气进行环境利益表达，从而推动环境行政复议制度、环境行政诉讼制度、环境民事诉讼制度和环境刑事诉讼制度的落实与完善。通过中国传统文化和现代公民精神的融合与发扬，针对公众不同的制度需求，切实优化制度供给，促使中国环保公众参与机制逐步实现供需均衡。

10.1.3 创新国家治理理念，重视环保公众参与

国家治理理念对政府行为具有深刻影响，创新国家治理理念有利于推进政府重视环保公众参与。一方面，基于互补视角治理理念，积极纳入多元主体。国家治理可以解构为政府治理、市场治理和社会治理三个层次体系，三个层次互为补充，共同构成了国家环境治理体系的核心内容。在新型国家治理理念的建构过程中，要转变传统的单一政府核心的治理理念，重视市场和社会的作用。尤其在传统全能型政府理念的社会现实背景下，要更加注重培育社会公众的参与力量，重视公众参与，关注环保公众参与的制度需求。另一方面，基于互动视角治理理念，创新多元治理方式。"治理"一词，本身就包含着互补和互动两层含义。未来，要在新型国家治理理念的指引下，探索不同主体包括政府、市场和社会公众三股环保力量之间的互动方式，确保不同主体能够在有序、稳定、常态的前提下合作、共治，不断畅通公众参与渠道，做到理念与行动相一致，逐步实现中国环保公众参与机制的供需均衡。

10.1.4 持续增加基础科学研究投入，增强社会科学在制度创新中的应用水平

社会科学的进步能够降低制度创新的成本，因此要持续增加基础科学研究的投入，吸收公共政策、法律、社会工作等多领域专家组建人才智库，为制度创新提供理论支持。建立有效的沟通协调机制，推动政府部门政策研究与智库咨询研究的有效对接。加强交流合作，消除部门、区域、学科、机构之间的屏障，整合党政部门、科研院所、高等院校以及社科研究基地等方面的资源，促进智库要素跨部门、跨学科、跨区域汇集，同时提升

政策制定者的社会科学文化水平,增加其法律、经济、社会工作、环境保护等专业知识和技能,深化对现存制度的理解,为制度安排的统筹和新制度创新提供科学性保障。健全决策咨询体系,以科学咨询支撑科学决策,从而尽可能降低制度设计和完善所需的成本,继而推动环保公众参与机制供需均衡化发展。

10.1.5　深化对外开放,合理借鉴国外制度创新的成功经验

采用借鉴其他国家和地区的社会制度安排的方式进行本国或本地区的制度变迁,能够节省基础社会科学研究方面的投入。为此,要进一步加强中国政治体系的开放性,继续深化对外开放,吸收其他国家的成功经验以推动中国环保公众参与机制向供需均衡化发展。以环境行政复议制度为例,考证不同国家或地区环境行政复议制度的实践经验对于中国环境行政复议制度的发展和完善有建设性意义,如针对明确并扩大行政复议受理范围的制度需求,可以吸收借鉴日本行政不服审查制度中关于行政不服审查对象的规定,即行政厅的处分及其他相当于行使公权力的行为,具体包括处分行为、事实行为和不作为三种。[①] 针对完善行政复议程序的制度需求可以借鉴美国行政裁决制度的适用程序,美国的行政裁决制度在适用程序上有正式程序裁决和非正式程序裁决之分。按照正式程序裁决争议,须依次经历通知、听证和裁决三个阶段;而非正式程序裁决是指行政机关不通过审判型的听证程序进行的行政处理,由于其程序上更加灵活和自由,因此在应用范围上更具有普适性,故而事实上大多数裁决都采取非正式程序。非正式程序的裁决原则上首先以单项法律中规定处理某一类行政事项的程序为准,当单项法律中没有明确规定时,行政机关则根据公正和效率的原则,或参考美国《联邦行政程序法》中可以利用的原则,主动制定适用于处理事项的程序规则。[②] 合理借鉴国外制度创新的成功经验,能够降低制度创新的成本,并能够在相对较短时间内完成制度创新,从而满足社会公众的制度需求。

10.1.6　加大先进技术的推广普及,提升技术应用水平

近年来,中国的互联网、智慧办公等信息技术获得跨越式发展,中国已成为全球信息技术的领跑者。但在制度规划与设计中,先进技术的普及与应用却并没有达到预期目标。一方面,新技术从实验室走向市场需要较长的成果转化期,其推广与普及进度缓慢,同时政府部门对于新技术的效用持谨慎态度,这使得技术研发后不能及时应用到制度领域;另一方面,部分政府部门尤其是基层政府工作人员对新技术了解不深,认为新技术难以操作,对新技术的应用持抵触态度,这也使得新技术在制度设计领域的推广普及受到阻碍。因此,要发挥技术进步对制度供给效率和供给水平的提升作用,应当从两方面入手:

---

① 参见行政立法研究组编译:《外国国家赔偿行政程序行政诉讼法规汇编》,中国政法大学出版社 1994 年版,第 422 页。

② 参见王名扬:《美国行政法(上)》,中国法制出版社 1995 年版,第 536 页。

第一，要加大先进技术的推广普及力度。就中国环保公众参与机制的相关制度领域而言，与此息息相关的技术主要为依托互联网的自动化办公技术。因此，为提升相关制度的供给水平，政府相关部门应当密切关注自动化办公技术的发展，出台相关政策鼓励支持自动化办公技术的推广，缩短先进技术的成果转化期，通过设立试点及时对新技术进行应用与测试，对效果显著的技术予以全面普及，使技术创新成果真正在制度领域落地开花。

第二，要着力提升政府工作人员的技术操作能力。新技术的推广与应用仅仅是提升制度供给水平的第一步，使用者的操作水平对于一项技术的作用发挥也具有重要影响。因此，若要切实提升制度供给水平，在引进新技术后应当及时对政府工作人员进行技术应用的系统培训。以环境信访制度为例，一方面，通过技术展示向政府工作人员介绍新技术在提高办事效率、简化工作程序方面的显著成效；另一方面，通过组织诸如对网上信访办理系统、智慧政务审批系统等后台的操作培训，帮助政府工作人员尽快熟练掌握新技术的操作流程。应使政府工作人员熟练掌握操作要领，解决新技术应用过程中出现的信访信息"汇总难""共享难"等问题，帮助政府部门及时掌握民众诉求，真正实现制度供给水平的有效提升。

10.1.7 打破现存制度安排的路径依赖，优化制度变革的路径

现存制度安排的路径依赖能够引起制度供给不足的问题，导致制度供需非均衡，不利于环保公众参与的有效实现。因此，必须打破这种制度变迁中的"惯性"现象，根据既定的制度变迁目标和社会环境的变化，选择适宜的制度变革路径并不断进行调整，逐步深化制度改革，使其适应社会发展。

首先，应当更新思想观念，从思想上打破路径依赖现象。[①] 路径依赖是人们倾向于选择巩固现有制度的现象，而思想观念是影响制度选择的重要因素。因此，打破制度的路径依赖首先要从思想上对制度规划的设计者进行宣传引导，使其摆脱传统思想观念的束缚，作出适应社会环境变化的制度选择。例如，可以通过加大教育和宣传力度增强决策者的民主决策意识和环保意识，使其在进行政策设计、项目规划时多考虑社会公众的利益诉求与环保因素，自觉维护公众的参与权与环境权。

其次，要打破政策惯性，改善制度演变路径。受整个体制机制约束，某项特定制度的发展轨迹不易改变，但可以通过财税改革、创新调控方式等措施，增强具体政策或者政策实施机构的独立性与灵活性，由此该项制度的发展路径被改变的可能性会增大。例如，通过明确各机构的职责权限，保证司法机关的独立性，落实职责配置的细致化及其与机构改革的双向互动，[②]将有助于创新环保公众参与客体的治理体系。

---

① 参见黄新华、马万里：《从需求侧管理到供给侧结构性改革：政策变迁中的路径依赖》，载《北京行政学院学报》2019 年第 5 期。

② 参见吕同舟：《新中国成立以来政府职能的历史变迁与路径依赖》，载《学术界》2017 年第 12 期。

再次,增加制度创新的净收益,激励制度变革。提高制度创新的净收益,能够激励上层决策集团主动改变现有制度安排,从而有利于推动制度创新。增加制度创新净收益的方法包括:第一,提高技术进步水平,以此提升制度供给的效率和水平;第二,科学辨别制度变革的受益者和受损者,采取多种手段对受益者进行激励,对受损者给予相应的利益补偿。

最后,倡导多主体参与,综合考量各利益相关者的诉求。与制度创新相关的既得利益团体在制度设计和实施中发挥着重要作用,新制度的确立还可能催生新的利益团体,因此在进行制度变革时要充分考虑各个相关利益群体的意见和建议,尽可能协调各方利益以减小制度变革的阻力。例如,发挥社会主义协商民主的独特优势,听取各民主党派及社会各界的政策建议;拓宽普通公民和新闻媒体参与政策制定、监督制度实施的渠道,给予他们更多参与和表达利益诉求的机会。

10.1.8 降低制度设计与实施成本,实现制度效能的最大化

制度的设计和执行都需要付出一定的成本,努力降低制度设计和执行的各项成本,争取以最小的制度成本获取最大的制度收益,有助于实现制度效能的最大化。

(1)降低制度设计成本,选择合理的制度方案。制度设计成本包括知识积累和拟定新契约的成本。为实现制度设计的科学合理,降低制度设计的成本,要提高决策者的知识素养,同时加强智库建设、引入专业的调研团队和评估机构,为制度创新提供专业化的指导,有效提高制度创新的效率和水平。此外,要充分利用现有的数据、成功案例等信息,创新信息获取的方式,努力降低信息成本。对于环保公众参与机制的局部革新,可以参照国外部分国家或地区的成功经验,以"他山之石"对现有制度的具体内容进行创新。

(2)完善运行机制,提高制度执行效率。除了降低成本,提高制度执行效率也可以有效增加制度的净收益。为促进环保公众参与机制的高效运行,降低制度实施成本,需要对制度实施过程的工作机制进行更为详细合理的规定。例如,通过完善代表议案建议提交与处理程序来缩短议案搜集整理的时间;通过健全环境信息公开程序提高信息审核和发布的效率;通过建立健全环境公益诉讼程序加快环境污染案件进入司法程序的进程等。此外,建立健全环境信息数据库、案例库等基础设施建设,实现资源共享,健全工作协调配合机制,也都可以有效地促进横向部门之间的沟通与协作。

(3)健全监督保障机制,强化制度执行的监督约束。制度的实施不仅需要付出社会交易成本,还要投入一定的费用来消除制度变迁阻力,补偿因制度创新造成的损失。为此,在各类具体环保公众参与机制运行过程中,要建立健全监督保障机制,降低既得利益集团对制度变迁的阻力。例如,发挥人大、政协的监督职能,完善检察机关在环境诉讼中的监督机制,健全环境影响评价公众参与的外部监督机制,健全信访工作的监督机制等。在各项具体制度实施过程中,要加强公众的社会监督和媒体的舆论监督,充分发挥公众和媒体的监督作用。

10.1.9 关注相关制度安排变迁，及时满足公众制度需求

其他制度安排的变迁通常会对同一制度结构下相关制度的供需均衡产生重要影响，公众对某一制度的需求程度往往会伴随相关的制度变迁而愈发强烈。基于这一逻辑，政策制定部门应当密切关注相关制度安排的变迁，当某项制度因为不符合时代发展而需要进行内容调整时，政策制定部门便需要将这一制度所属的制度结构进行完整梳理，统计出与之相关的各类制度，依照这一制度的变迁要求对与之相关的制度进行及时补充与调整，这样既能实现相关制度的供需均衡，又能实现制度间的有效匹配。

相对而言，当同一制度结构下的各项制度归属于同一部门制定时，解决制度需求非均衡的难度相对较低，同一部门可以在修改某类制度的同时，结合公众意愿，及时对与之相关的各类制度进行改革，以满足公众对于相关制度的需求。当同一制度结构下的各项制度归属于不同部门时，制度的调整往往会在其归属部门作出，其他部门不能及时根据该项制度的改变对本部门制定的制度进行调整。因此，不同部门之间要加强沟通，及时感知相关制度安排的变迁，使各项制度都能够及时得到完善，实现制度供需的均衡。

10.1.10 及时了解公众利益诉求，着力缓解制度供需内在矛盾

公众的利益诉求在各个时期并不总是一成不变的，社会各个阶层的利益诉求也不尽相同，这会导致不同公众在不同时期对待同一制度的效益预测结果呈现不同的态势，进而引发对该制度的需求指数提升，导致出现制度供给与制度需求的失衡。因此，为缓解制度均衡过程中的内在矛盾，政策制定部门需要做到未雨绸缪，常态化跟踪了解社会公众的利益诉求，有效化解制度供给与需求的内在矛盾，尽可能实现制度供需的长期动态相对均衡。

在环保公众参与领域，公众的环境利益诉求呈现多样化、阶跃式提升，与之相对应的制度需求也呈现多元化、梯级式提升。因此，环保公众参与相关制度规划部门需要及时感知公众的环境利益诉求和相关制度需求。一方面，应当建立官方和非官方的社情民意调查机构，跟踪测量和预测社会公众的环保利益诉求与制度需求，并定期向政府部门提交环保民意调查报告，促使政府深入了解公众环境利益诉求与相关制度需求的现状与发展趋势；另一方面，应当将"从群众中来，到群众中去"的党的群众路线切实贯彻于环保公众参与相关制度的规划设计中，制度规划设计者应当深入群众，及时了解社会公众的环境利益诉求与制度需求，并将其作为制度设计与改革的基础，以实现制度供给不断满足日益增长的制度需求，有效化解制度供需的内在矛盾。

10.1.11 密切监测焦点事件走向，有效预估公众制度需求

焦点事件对制度供需非均衡的影响历程大致可分为五步，即焦点事件爆发、公众注意力聚焦、预期利益重估、制度需求增加与制度供需非均衡。焦点事件作为突发事件，能够在短期内引发公众的注意力聚焦，进而使公众作出对预期利益重估的行为，相关制

度需求也会随之增加,导致制度供需非均衡现象的发生。因此,需要对焦点事件的发展走向进行密切监测,及时掌握制度需求增长的原因,根据原因预估公众对制度的潜在需求,从而有效提供相应的制度供给,保持制度供给与需求的相对均衡状态。

当焦点事件发生时,有关部门首先应当迅速查清焦点事件发生的原因,及时与民意调查机构或舆情监测机构进行沟通,获取社会公众对于焦点事件的评价。其次,有关部门应当迅速组织专业人员对公众的态度进行分析,从中提取公众对于现有相关制度的需求,深入探讨制度完善的可行性。再次,伴随事件的进一步发酵,政策制定部门应当密切关注事件发展走向,持续跟踪统计公众态度、意见与需求的变化,以此获取公众需求强度较高的制度需求落点,组织专家进行专项制度改革研究,并在适当时间推出制度的改革方案,向全社会征集对于新制度的意见。最后,政策制定部门可以结合专家建议与公众意见,对政策草案进行补充完善,正式颁布新制度,提升制度的供给水平,以保证公众对制度预期效益评估持有较高的满意度,有效满足公众对于制度的需求,进而改变制度在供给与需求方面的长期失衡状态。

10.2 个性化政策建议

10.2.1 人大和政协机制创新的政策建议

10.2.1.1 人大机制创新的政策建议

人民代表大会代表的构成会影响人大机制的民主性和人大议案的质量。在职业结构方面,以十三届全国人大为例,在 2980 名人大代表中,一线工人、农民代表的人数占代表总数的 15.7%,党政领导干部代表的人数占代表总数的 33.9%。总体来说,公务人员比例较高,这样的结构不利于深入基层听取人民群众的建议,也无法有效行使监督职能。因此,应当适度降低公务人员在人大代表中所占比例,提高工人、农民和知识分子代表的数量。具体到环保领域,应当吸纳部分环保组织成员、环保志愿者、环保领域的专家学者以及基层环卫工人等职业的人员进入人大代表队伍。对于具体的人数,必须要在立法层面设置人大代表的结构比例,根据全国各职业从业人数的比例进行科学配置。此外,在年龄结构层面,要多吸纳青年代表,倾听年轻代表们的思想。

10.2.1.2 政协机制创新的政策建议

（1）优化人民政协的界别设置

政协机制的界别设置经过了一个长期的调整优化过程。目前,根据党派、团体、行业、民族等标准,人民政协委员共有 34 个界别。改革开放以来,伴随着经济的迅猛发展和人们物质文化需求的不断增加,社会上出现了一些新的行业和职业,如新媒体运营、外卖配送员等,催生了四大"新的社会阶层人士",其中包括私营企业和外资企业的管理人员和技术人员、社会组织从业人员、自由职业人员和新媒体从业人员等。这些新兴社会阶层的产生对经济社会结构调整产生深刻影响,为适应并充分利用这一变化,应该优化人民政协的界别设置,充分吸收具有影响力和凝聚力的优秀代表,将专业优势转化为经济社会发展优势。在环保领域，社会组织扮演着至关重要的角色，建议在各级政协中增设"社会组织和社会服务界"，增加委员名额和人选，将社会组织运营者、环保企业管理者、环保志愿者以及基层环卫人员等从事环保工作的代表纳入其中，让专业的环保人士参政议政，为社会决策提供专业的指导意见，有效保障公众参与环境保护。针对界别委员人数构成不平衡的问题，应当根据经济社会的变化和需求调整各界别的人数比例，对各职业进行科学划分，相邻界别可以进行适当的整合。此外，还可以将界别调整与委员产生机制进行衔接，使界别委员规模更加科学合理。[1]

（2）健全政协委员参政议政制度

在参政议政过程中，政协委员仍然存在着工作态度不认真、提案无法反映群众意见、缺乏广泛基层调研等问题。因此，应当健全政协委员参政议政制度，从制度上督促与激励政协委员深入群众、勤政务实，切实履行参政议政职责。第一，建立健全政协委员调研工作考核制度。应该制定合理规范的考核和评价标准，对整个调研过程和调研报告进行评估，选取切实可行的方案进行专题汇报，形成提案。第二，健全政协委员视察制度。应当对政协委员进行视察的形式、内容和程序等作出详细规范，对视察报告进行深入探讨，避免"走马观花"的形式主义。为保障调研工作和视察工作有序进行，要扩大政协委员的知情权，还要进一步完善联络协调和后勤保障制度。[2] 第三，完善提案审查制度，严格把好质量关。政协委员提案审查的内容包括资格审查、内容审查和格式审查，应当加强对提案内容的"三点四性"评估，"三点"包括点出问题、点出原因、点出建议，"四性"包括重要性、普遍性、紧迫性、可行性。第四，建立健全政协委员履职述评制度和激励机制，增加调研、视察和提案等工作成果在考评和晋升中的比重，提高政协委员参政议政的积极性。

（3）建立政协委员履职考评制度

政协委员来自各行各业，在一定程度上代表社会各界群众的态度和想法，对科学民主决策和公众利益表达发挥着重要作用。但是，政协委员和人大代表一样，大部分是"兼职"，由于缺少有效制约和监督，会出现参与工作不积极、提出的建议不切实际等问题，严重影响环保公众参与的效能，因此需要建立健全政协委员履职考评制度，以促进政协委员尽职尽责。首先，要完善政协委员履职积分制考核制度，对政协委员的学习培训、参加会议、视察调研、提交提案、报送信息等工作完成情况进行全面考核。一方面，细化评价标准，对提出的提案、社情民意搜集、会议发言等工作参与情况的数量和质量设置更为精确的测量标准；另一方面，也要对政协委员的政治素养、道德修养等方面制

① 参见谢力丹：《社会分层结构变化视角下优化人民政协界别设置的思考》，载中共北京市委统战部、北京社会主义学院编：《统一战线理论研究（2013）》，学苑出版社 2013 年版，第 245—252 页。

② 参见杨卫东：《创新工作机制，提高政协参政议政水平》，载周淑真：《世界政党格局变迁与中国政党制度发展》，中国友谊出版公司 2013 年版，第 627—631 页。

定定性评价标准,并将综合测评结果与委员评选评优活动、动态管理等挂钩。① 其次,创新考评方式。目前,政协委员的考评多采取"委员个人述职—专委会考评—综合评价"的方法。监督考核在内部进行,容易流于形式,因此可以增加所属界别内人员的"同行评价",体现考评的科学性。最后,增强考核工作的公开透明度,在官方网站上及时公布政协委员的考评信息,接受媒体和公众的监督和质疑。此外,还要建立健全激励和约束机制,对表现优异者给予表彰奖励,对工作懈怠者加以惩戒甚至免职,以提升政协委员的水平和履职尽责的能力。

（4）丰富、创新和细化政治协商的内容和形式

作为人民政协的主要职能之一,政治协商涵盖的范围越来越广,目前主要包括国家大政方针和地方重要举措、社会主义建设各方面的重要问题、各党派参加人民政协工作的共同性事务等 14 项内容。各种协商会议是政治协商的主要形式,包括政协全体会议、常委会会议、专题座谈会和协商会等。为有效发挥政协作为环保公众参与机制的重要作用,需要进一步丰富、创新和细化人民政协政治协商的内容和形式。首先,细化政治协商的内容。《中国人民政治协商会议章程》中对协商讨论的内容仅作了笼统的表述,为了使政治协商在实践中深入推进,可以采取清单列举的方式对政治协商中的社会主义建设各方面的重要问题、国家大政方针和地方重要举措等具体内容作出更加详细的规定,避免主观缩小协商范围。其次,丰富和扩充政治协商的内容。目前,政治协商的内容主要集中在国家大政方针的决策上,对于基层群众的诉求关注不够,应该重视社情民意。通过健全政协信访制度,将群众来信来访中反映的普遍问题及时纳入协商讨论范围。最后,完善政治协商会议制度,创新协商会议形式。例如,在正式会议召开前邀请社会组织成员、专家学者、企业等共同召开有关问题的讨论会;充分利用网络信息平台,开展线上政治协商活动,实现线上协商（网络协商）与线下协商（会议协商）的有机结合。

10.2.2　行政机制创新的政策建议

10.2.2.1　环境信息公开制度创新的政策建议

（1）不断拓宽环境信息公开渠道

伴随互联网技术的迅猛发展,以自媒体为代表的新兴媒体凭借时效性与易得性逐渐受到民众关注,成为民众获取信息资讯的重要载体。但当前中国政府环境信息公开的速度与覆盖面不能满足社会公众对于环境信息获取的需求。因此,政府有关部门应当完善环境信息公开的相关制度,对公开的渠道进行及时扩展,实现信息公开的"双管齐下"。一方面,继续发挥传统媒体如广播、电视、报纸、信息公开栏等的信息发布效能;另一方面,重视依托互联网技术的新媒体如公众号、短视频等在信息传播方面的作用。通过环境信息公开制度的完善推动政府部门以多途径对新闻发布会、政府公报等进行

---

① 参见朱洪明:《加强委员队伍建设·切实发挥政协委员主体作用》,载《联合日报》2018 年 8 月 30 日第 2 版。

实况转播与实时报道，为公众打造方便、快捷的信息获取环境，以实现对公民环境知情权的有效保障。

（2）建立健全环境信息公开平台

《环境保护法》等法律法规均规定环境保护主管部门、重点排污单位与建设单位有义务向社会公开相关环境信息，公众也有权利向生态环境主管部门举报环境污染行为。但对于相关主体如何公开信息以及公众如何参与环境保护却仅提出建设性意见，不具有强制实施效力，这导致相关规定无法真正实施。因此，应当及时在已颁布的政策法规中增设建立环境信息公开平台的强制性要求，如针对政府的环境公报等信息公示建立政府环境信息公开平台，针对企业的环境检测公示等建立企业环境信息公开平台，针对民众的信息反馈建立公众参与信息沟通平台。通过制度规范，为环境信息互通网络的建立奠定制度基础，以有效加大环境信息公开平台的建设力度，助力"互联网＋环保"战略落地，进而实现政府、企业、公众三方主体环境信息的有效沟通。

（3）明确并扩大环境信息的公开范围与公开程度

现行的法规对于环境信息公开的规定并不完善，存在着诸如"突发环境事件""轻微环境事故"等名词定义不明、部分条文表述存在歧义、信息公开的保密界限划定模糊等问题。这就导致相关主体在实际的环境信息公开过程中存在着"钻空子"的行为，选择性公开对自身有利的信息，隐藏对自己不利的信息。此外，《环境影响评价法》对于公众参与意见反馈方面的规定也经常使用"应当""考虑"等词组，这种较为模糊的表述在具体执行过程中可能会存在"变通"现象，不利于环境信息的有效公开。因此，应当对现有制度进行补充完善，调整或删除存在歧义的条文，明确规定环境信息公开应当执行的程序以及必须公开的内容，对不公开相关信息的保密情况也应以负面清单的形式进行逐项列举。同时，环保部门还应当及时了解公众对于环境信息公开的诉求，举行研讨会分析公众诉求的可行性，在制度中明确列出可以进行公开但尚未公开的内容，适当扩大公开范围与公开程度，做到环保制度真正为民所想、环境信息真正为民所用。

（4）建立健全环境信息公开责任追究制度

环境信息公开责任追究制度的建立是对环境信息公开过程中产生不良影响的举动进行追责与纠正的有效举措。目前，中国多个省市已制定《环境信息公开责任追究制度》，对环境信息公开的工作纪律予以明确，但在国家层面尚未正式出台该项制度，且现有制度仅规定相关部门需要对信息公开进行监督，但如何监督、如何追责并无明确说明。因此，应当参考地方建立该项制度的经验，尽快建立国家层面的环境信息公开责任追究制度，对环境信息公开责任追究的主体、事项、流程及处置等进行详细规定。同时，在责任追究的相关事项中，既要包括不主动履行公开职责的情况，也要包括过度公开导致违反国家保密法律法规的情况，通过该制度的建立推动政府相关部门及时纠正环境信息公开方面出现的违规行为，使工作人员在职责履行中能够真正做到依法依规公开环境信息。

10.2.2.2　公众参与环境影响评价制度创新的政策建议

（1）扩大环境影响评价公众参与主体的范围

根据《环境影响评价法》及其他相关法律法规的规定，环境影响评价公众参与的主体主要是有利害关系的公民、法人以及其他组织，其中以受专项规划或建设项目直接影响的项目周边公众为主，而一些无直接利害关系的社会主体，如受规划或项目间接影响的公众、对规划或项目感兴趣的公众及非政府环境保护组织，却没有获得参与环境影响评价的法律资格。《环境保护法》第53条规定："公民、法人和其他组织依法享有获取环境信息、参与和监督环境保护的权利。"这为公众参与环境影响评价提供了明确的法律基础，任何公民、法人或其他组织都应该有参与环境影响评价的主体资格。此外，环境影响评价对专业知识和经验水平有一定的要求，但与建设项目有直接利害关系的普通公众通常很难达到环境影响评价所需的专业水平要求，且由于涉及利益，在实际参与过程中也存在缺乏决策理性的可能，这不仅不利于维护公众正当环境权益，环境影响评价的实质效果也难以保证。相较而言，非政府环境保护组织更具备相关的专业知识和经验，能投入足够的精力研究规划或建设项目对资源和环境的影响，将其吸纳为环境影响评价的参与主体既有助于切实保障公众的合法权益，同时又能增强环境影响评价的科学性。因此，应当在环境影响评价相关法律法规中拓宽公众参与环境影响评价的主体范围，将非政府环境保护组织、受建设项目间接影响的公众以及对建设项目感兴趣的公众都列为环境影响评价公众参与的主体。

（2）健全公众意见反馈机制及公众意见采纳情况的社会公示机制

公众意见反馈及公众意见采纳情况的社会公示包括两个阶段：一是环境影响报告编制阶段，二是环保部门作出环境影响报告审查决定阶段。《环境影响评价公众参与办法》虽然对建设单位环境影响报告书编制阶段对公众意见的反馈和社会公示机制作出了一系列规定，并要求建设单位将环境影响报告书编制过程中公众参与的相关原始资料存档备查，但是该环节缺乏系统的监督机制。因此，要健全建设单位环境影响报告编制阶段公众意见反馈及采纳的监督机制，搭建社会公示技术平台，推动公众意见提出及意见反馈过程的全透明化。同时，应明确规定，针对编制环境影响评价报告书草案前未采纳的公众意见需要说明理由并附证明材料，以及针对环境影响评价报告书草案编制阶段未被采纳的意见对建设单位或主管部门进行质询。此外，在环境影响评价报告书审查阶段，现行《环境影响评价公众参与办法》对生态环境主管部门采纳公众意见反馈和公示的相关规定较为模糊，仅规定必要时以适当方式进行公示和反馈。因此，还应当完善相关政策法规，对生态环境主管部门反馈公众意见和公示意见采纳情况作出强制性规定，并明确规定公众意见反馈与公示的渠道与方式。

（3）推动环境影响评价公众全过程参与

现行法律法规仅对环境影响评价文件编制阶段和审批阶段的公众参与作出了系列规定，缺乏对前期准备和考察阶段、分析考证和预估评价阶段公众参与的相关规定，导致公众实际参与规划或建设项目环境影响评价的过程十分有限，公众意见难以起到应有的作用。因此，政府应当修订相关政策法规，拓宽公众参与环境影响评价的阶段与过程,在项目尚未立项前的规划阶段、调研阶段和论证阶段就引入公众参与机制,以听取公众的意见。此外,公众全过程参与的前提是信息的及时公开,因此政府应该搭建环境影响评价信息公开的统一平台,在规划准备阶段就公开相关信息,以供公众查阅,鼓励公众留下有效联系方式以便进行意见反馈,同时设立电子邮箱等匿名平台为公众匿名表达意见创造条件。

（4）健全环境影响评价公众参与的救济措施

《环境影响评价法》等公众参与环境影响评价的相关法律法规对公众参与权受到侵害如何救济、建设单位忽视公众的意见应当承担何种法律责任、建设单位不按规定流程组织公众参与环境影响评价的法律后果及其他有碍于公众参与环境影响评价的制裁措施等缺乏应有的规定,相关行政救济机制与司法救济机制的缺失很难为公众参与环境影响评价提供保障。因此,针对公众参与权被限制或者被剥夺的情况,相关法律应当赋予公众采取措施进行补救的权利,如行政复议权、行政诉讼权和民事诉讼权等。例如,针对《环境影响评价法》第四章的法律责任条款,应当明确规定如果专项规划的编制机关、建设单位或环境影响评价文件审批单位未组织公众参与、妨碍公众参与或对公众参与的组织过程弄虚作假,有关单位、专家和公众可依法提起行政复议、行政诉讼或民事诉讼。此外,行政复议与行政诉讼等制度也需要进行配套改革,进一步将行政不作为等纳入行政复议和行政诉讼的适用范围。

10.2.2.3　环境行政听证制度创新的政策建议

（1）扩大环境行政听证的适用范围

目前,中国的环境行政听证制度存在适用范围过窄的问题,应当进一步扩大环境行政听证的适用范围,将所有可能侵犯相对人权利的不利行政行为均纳入环境行政听证的适用范围,以有效保障公民的合法环境权利。第一,应当扩大环境具体行政行为的听证范围,将环境行政处罚、环境行政许可、环境行政合同、环境行政裁决、环境行政强制以及其他设定义务的具体行政行为均纳入环境行政听证范围。第二,应将环境抽象行政行为也纳入环境行政听证的适用范围,抽象行政行为是指行政机关制定具有普遍约束力的可以反复适用的法规、规章和其他规范性文件的行为,环境抽象行政行为即指政府制定发布环境保护相关政策法规的行为。针对立法表述,应首先对环境行政听证的适用范围作一般性的概括,如环境行政机关作出任何可能对公民、法人或其他组织的合法权益产生不利影响的行政行为时,受影响的公民、法人或其他组织有权依法提出听证要求;之后再分别对环境行政听证的适用范围进行肯定列举和否定列举,如扩大适用听证程序的具体行政行为范畴、将涉及国家利益和国家安全的环境行政行为予以排除等。

（2）完善保持环境行政听证会主持人独立性与中立性的制度

听证会主持人在环境行政听证程序中具有举足轻重的地位,实际指挥和控制着听证进程、举证和质证听证活动,听证会主持人个人立场和态度倾向能够对听证代表的意见表达起到重要的影响,一个专业的行政听证会主持人是听证会得以公平公正地顺利举行的必要保障。因此,保证听证会主持人的中立与独立是避免其对听证会产生不利影响的必然选择。要建立和完善听证会主持人的中立制度,通过立法对主持人的权责加以明确,以避免其个人立场对听证会产生不良影响。此外,要通过法律赋予听证会主持人独立性,规定听证会主持人不得兼任听证会调查人,使其与所在的环境行政机关"脱钩";由政府专设部门统一管理听证会主持人,以避免听证会主持人的立场受外界压力影响,从而保障环境行政听证会的公平与公正,切实维护听证参与人的合法权益。

(3)建立健全环境行政听证代表产生机制

建立健全环境行政听证代表产生机制,重点在于保证听证代表的代表性和代表产生过程的公平性,这就要求听证代表产生的程序和过程首先必须是面向社会公开的。环境问题性质特殊,涉及不特定的个人利益,因此提高环境行政听证代表产生过程的透明度尤为重要。为此,可以采取以下两种方式遴选环境行政听证代表:第一,由生态环境部门发布环境行政听证公告,公民自愿报名参加,然后由非利益相关的政府部门在充分考虑学历水平、年龄、职业类别、地域划分等内容的前提下,从自愿报名的群体中选择代表。这种方法有利于维护利益相关者的合法权益,同时也有助于形成合理的听证代表结构。第二,生态环境部门可以根据学历水平、知识结构、年龄、背景、社会阶层、财富水平等一系列标准,以等比例为原则,事先组建环境行政听证代表数据库,当需要举行环境行政听证会时,从该听证代表数据库中随机抽取听证代表,这种方法可以保证听证代表产生过程的公平性,因为是数据库随机产生的,所以能够避免听证代表被指定情况的发生。无论采取何种方法,当环境行政听证代表产生后,可根据需要向社会公开遴选的听证代表的联系方式,以便社会公众能够与听证代表交流意见,促使所选择的听证代表真正具有代表性。

(4)明确规定环境行政听证会主持人的任职资格与条件

环境行政听证会主持人的职业具有特殊性,除了必须具备一定的环境行政工作经验外,还必须具有相应的法律专业知识和高尚的职业操守,因此选择和任命适当的环境行政听证会主持人是环境行政听证有效开展的必要前提。结合国外的先进经验和中国的实际情况,在选择环境行政听证会主持人时,需明确对于专业、学历以及工作经验的要求,并通过立法将听证会主持人的资格法定化,以保证主持人主持环境行政听证会的专业能力和操作水平。此外,应建立完善的行政听证会主持人考试制度,不仅考核其环境知识、法律知识等专业知识储备,也要考核其职业道德水平,高能力和高素质兼备的听证会主持人是环境行政听证会成功举行的重要保障。

10.2.2.4 环境信访制度创新的政策建议

(1)健全环境信访机构的职能规定,明确信访工作人员的责任义务

现行的《环境信访办法》中单独设立了"环境信访工作机构、工作人员及职责"章节,这一章节对环境信访工作机构的职责进行了概括性列举,确立了环境信访工作"专人专事"原则。但在实际执行过程中,相关规定中没有对信访机构工作人员的责任与义务予以明确。此外,该办法中仅列出了环境信访工作机构的职责,但对于职责如何实施以及具体的职能分配与执行流程并没有作出详细规定,这使得环境信访机构的工作效率缓慢。因此,应当对涉及环境信访工作机构的相关规定进行完善,对机构具体承担的职能进行逐一列明,使公众能够根据制度中的职能规定到环境信访机构申请相关业务的办

理,有的放矢地进行环境利益表达。同时,环境信访政策法规中还应当增列条款,对环境信访工作人员的责任与义务进行定岗定责,使工作人员能够明确自身应当履行的责任,并明确相关部门针对工作人员违反规定的行为应追究的法律责任。

（2）整合信访工作机构,设立归属人大的信访委员会

目前,中国各级人大常委会均设立了人大常委会信访工作室（部分地区称"信访接待室"）,用以接待和处理人大代表及民众的来信来访。除此之外,各级党委与政府还设立了信访局,实行属地管理原则,对本地区的信访事项进行处理,这就导致一个地区存在多个信访机构,各机构之间职能重合且分属不同部门管理,当民众信访的事项属于"烫手山芋"时,不同的信访工作机构会相互推诿,将事项推给其他机构,严重影响民众通过信访途径实现环境利益表达。基于此,本书建议整合各类信访工作机构,在各级人大及其常委会设立统一的信访工作机构——信访委员会,通过改革现有信访制度,明确规定人大信访委员会的职能,将信访事项的接待权与处置权归于信访委员会,并派专人负责,以实现信访效率与民众满意度的稳步提升。

（3）赋予信访机构更多实体性权利,增强信访机构督办能力

中国现行的《环境信访办法》对于信访机构的职责进行了规定,赋予信访机构向上级领导汇报的权力,但与此重要职责不相匹配的是其较弱的事项督办权。因此,应当对现有的信访制度进行变革,在其职权规定中明确赋予信访机构调查权、督办权、考核建议权等实质性权力,并对上述职权进行范围界定,赋予信访机构工作人员处理信访相关事项的强制执行权力,以确保信访机构工作人员在督办信访相关工作时不受外部压力威胁,保证信访工作的权威。同时,在制度规定中也需要对信访机构工作人员督办权的使用进行限制,明确工作人员在督办信访事件过程中的禁止行为,使工作人员严格遵守廉政纪律,避免以权谋私、设租寻租等违反党纪国法现象的发生。

（4）进一步拓宽信访渠道

近年来,伴随公众的权利意识不断增强,信访权的保障成为社会关注的焦点,如何有效保障公民的信访权,使民众既能顺利进行信访,又能及时知悉信访事项处置流程,成为各级信访工作机构需要攻克的难题。目前,伴随互联网技术的发展,网上信访受理制度应运而生,但由于信访技术系统尚不成熟,再加上信访工作人员对网上受访业务不熟等原因,网上信访平台的设置并未发挥其应有功效,还严重阻碍了信访渠道的有效延展。因此,国家应当出台相关政策鼓励兼具可操作性与实用性的信访技术系统的研发,并在信访工作人员的责任与义务中明确规定工作人员具有接受新系统培训的义务,使工作人员在较短时间内快速掌握网上信访平台的业务办理流程。通过科学技术进一步拓宽信访渠道,丰富信访方式,提高信访业务办理效率,为人民群众提供更加便捷的信访渠道。

10.2.2.5　环境行政复议制度创新的政策建议

（1）建立统一独立的环境行政复议机构

建立统一的环境行政复议机构是指集中环境行政复议职责,要求一级环保机关只设立一个环境行政复议机构,受理以下级环保部门为被申请人的行政复议案件。而独

立的环境行政复议机构能够独立地受理行政相对人对具体环境行政行为不服的复议申请并作出复议决定,有助于实现环境行政复议化解环境行政纠纷、切实保障行政相对人合法权益的功能。中国目前的环境行政复议机构大多为环保机关内设的法制机构,可以从两条思路出发建立统一独立的环境行政复议机构:一是采取环境行政复议委员会模式,将环境行政复议委员会作为环境行政机关的复议机构,环境行政复议委员应由两部分人员组成,即常任专职委员及从社会各界的专业人士中筛选的非专职委员,这种引进体制外专业人士参与环境行政复议案件审理的机制,既可以提升环境行政复议机关的办案水平和能力,又能够在一定程度上保证环境行政复议机构的独立性,保障环境行政复议工作的科学性和公正性。二是可以将环境行政系统内部作为环境行政复议机关的法制机构从所在的行政系统内部分离出去,单独设为环境行政复议机构,并根据职能将其划分为立案、审理和应诉三部门,同时完善监督机制,以阻止环境行政复议审理人员与复议机构之间产生利益关系,从而确保环境行政复议工作的公平公正。

（2）加强环境行政复议队伍建设

解决环境行政争议、维护公众环境权益是环境行政复议的中心任务,而环境行政争议往往具有较强的专业性和技术性,对环境行政复议人员的专业能力和职业道德素质具有较高的要求。环境行政复议人员不但需要掌握环境专业知识和法律知识、具备理性判断环境行政争议的专业素质,还需具备与其职责相适应的良好的品行,如公平正义、廉洁奉公等,因此必须加强环境行政复议队伍建设,不断提高环境行政复议人员的职业能力与水平。首先,要尽快研究制定环境行政复议人员资格制度,明确环境行政复议人员的专业知识、业务能力以及品行要求,可以将取得法律职业资格证书作为资格遴选的条件之一。其次,要重视对现有环境行政复议人员的管理,探索建立符合环境行政复议工作特点的激励机制。最后,要加强对环境行政复议人员的培训与考核,将组织定期的培训会与建立日常学习小组相结合,将专业能力培训与作风建设相结合,打造专业知识牢固、业务能力过硬、思想作风优良的环境行政复议队伍。

（3）构建环境行政复议监督体系

环境行政复议机构的监督缺位是造成环境行政复议工作低效的重要原因,因此应建立环境行政复议监督制度,构建环境行政复议监督体系,全面提升环境行政复议机构的责任意识。为此,首先需要理顺上下级环境行政机关及上下级环境行政复议机构之间的关系,并通过法律将其明确,以强化上级环境行政复议机构对下级环境行政复议机构的监督和指导作用。其次要完善环境行政复议机构责任追究制度,如可以实行错判误判案件累积制度,对于多次错判案件的环境行政复议工作人员无限期追责,依法给予处分。此外,要加强社会监督,建立环境复议工作报告制度,并将报告内容向社会公开,以此推动环境行政系统内外部监督相配合,构建完善的环境行政复议监督体系。

（4）明确并扩大环境行政复议的受理范围

环境行政复议作为环境行政诉讼的前行环节,具有成本低廉、程序简单且专业性强的优点,是公民维护合法环境权益、解决行政争议的重要渠道。因此,应进一步明确并扩大环境行政复议的受理范围，充分发挥环境行政复议的功能和作用。为此可以从以下三个方面进行制度改革：一是取消对具体行政行为的限定，可以将具体行政行为普遍纳入环境行政复议的受理范围，即公民、法人和其他组织认为环境行政机关作出的具体行政行为侵犯其合法权益的，均可依法申请环境行政复议。在此基础上，采用否定列举的方式，将涉及国家安全和国家利益等不适用环境行政复议的具体行政行为予以排除。二是将抽象行政行为纳入环境行政复议的审理范围，改变抽象行政行为不能复议的固有观念，明确规定对于环境行政机关制定的具有普遍约束力的法规、规则及规范性文件，当事人认为其违法且侵害其合法权益的，均可依法申请环境行政复议，并且无需以具体行政行为为前提。三是将行政不作为的情况也纳入环境行政复议的审理范围，推动环境行政复议切实保障公民合法权益的功能。

10.2.3　司法机制创新的政策建议

10.2.3.1　环境行政诉讼制度创新的政策建议

（1）放宽环境行政诉讼原告资格

《行政诉讼法》第 2 条规定："公民、法人或者其他组织认为行政机关和行政机关工作人员的行政行为侵犯其合法权益，有权依照本法向人民法院提起诉讼。"司法解释中以"法律上的利害关系标准"来确立原告资格，在原告资格认定上缺乏明确统一的标准。[①] 环境损害行为难以认定，再加上原告资格的限制，更加不利于保护环境污染或生态破坏受害者的合法权益。面对日益增多的环境行政争议，中国需要从法律层面对环境行政诉讼原告资格进行重新界定。根据现有法律框架，建议以利害关系为标准，对环境权益进行更加详细的规定，为扩展环境行政诉讼起诉资格奠定基础。[②] 之后再对《行政诉讼法》中的具体条款加以修改，明确规定凡与行政行为有利害关系的公民、法人或者其他组织，对该行政行为不服的，均有权提起行政诉讼，让直接利害人拥有提起行政诉讼的权利，并结合权益受损情况和影响程度赋予间接利害关系人起诉权。同时，还要明确当一个组织或所属成员的权益受到侵害而法定代表人不愿起诉时，要赋予组织内部成员进行起诉的权利。

（2）探索建立跨行政区域环境司法管辖制度

《行政诉讼法》《关于人民法院跨行政区域集中管辖行政案件的指导意见》等法律法规的颁布，开启了行政案件跨行政区域集中管辖改革试点，全国近一半的高级法院都进行了尝试。[③] 实践证明，采取集中管辖的模式有利于统一裁判尺度，实现司法协作和协

---

① 参见余雅蓉：《行政诉讼原告资格判定标准研究——王春等诉环境保护部环境影响报告书批复案评释》，载《公法研究》2019 年第 1 期。

② 参见张芸瑛：《对环境行政诉讼原告资格的思考》，载《法制与社会》2013 年第 30 期。

③ 参见程琥：《行政案件跨行政区域集中管辖与行政审判体制改革》，载《法律适用》2016 年第 8 期。

同治理,[1]为建立起全国统一的跨行政区域环境司法管辖制度奠定了基础。为此,需要在以下三个方面深化改革:第一,要通过网上立案、巡回审判等现代化的、便捷的方式为诉讼当事人提供便利。第二,在审判队伍方面,完善法官生活保障和激励制度。对跨行政区域法院行政法官和工作人员给予生活保障、发放福利及其他激励措施,弥补因调动工作岗位带来的不便。第三,深化法院人财物管理制度改革,传统法院按照行政区域划分,财政由当地政府调拨,跨区域法院财政也由当地政府拨付,这种事权与财权的失衡容易导致法院与政府"官官相护",在一些环境侵权案件上偏向行政机关。因此,应建立司法审判与司法行政相分离的制度,改变目前行政法院的财权受行政机关控制的现象,改由中央财政拨付。此外,在行政案件跨区域集中管辖积累更多经验后,可以尝试在改革试点基础上探索建立跨行政区划行政审判专门法院。

（3）提高环境资源审判人员的专业化水平

环境资源案件与一般的行政诉讼案件相比,其牵涉范围广,案情更为复杂,案件审判往往涉及理学、工学、法学等多学科知识,而且环境污染后果难以明确界定。为顺应生态文明建设与绿色发展新形势,应着力提高环境资源审判队伍的专业化水平。首先,提高环境资源审判人员的遴选标准,根据专业知识和工作经验,选择高素质、专业化的法官;同时增设法官助理和人民陪审员,帮助法官更顺利地开展审判工作。第二,完善环境资源审判人员培训制度,包括准入培训制度和在职提升培训制度。加大对环境行政审判人员的培训力度,加强对审判实务和实际操作能力的培养,还要提高其群众工作能力、调查研究能力、沟通协调能力等,在培训期间和结束后进行考试测评。第三,建立环境资源审判案件专家咨询制度。建立环境资源审判智库,对一些难以决断的、涉及重大社会问题的案件,邀请智库中的专家学者进行深入研讨,听取其意见和建议。第四,强化环境资源审判人员考核制度。审判工作具有极强的专业性,不能单纯地以结案数、结案率为标准,应该综合考量审判人员在职业能力、思想道德、职业操守和工作业绩等各方面的表现;还要注重实际操作能力考核,增加庭审考评所占比重,[2]将考核结果与逐级晋升制度相衔接,这也有助于审判人员自觉提高自身专业化水平。

（4）设立独立的行政法院

行政法院指专门审理行政诉讼的法院。目前,中国的行政诉讼案件由各级法院的行政审判庭进行审理,诉讼过程中容易受到地方行政干预,从而影响审判的公正性。从域外诉讼制度发展经验看,设置一个独立于地方党政机关的司法审判机构,能够有效防止地方干预,提高行政案件审判的独立性和公正性。目前,中国对行政案件跨区域集中管辖已经积累了一定的经验,这为探索建立跨区域行政审判专门法院奠定了实践基础。但是,设立独立的行政法院仍欠缺法律保障,因此首先要在《行政诉讼法》中修改相关条

---

① 参见范蕊:《行政诉讼跨行政区域管辖制度探究》,载《法制与社会》2018 年第 25 期。

② 参见张曦:《审判绩效考核的困境、缘由与脱困路径》,载《上海交通大学学报(哲学社会科学版)》2019 年第 6 期。

款内容,明确增加"设行政法院,独立审理行政诉讼案件"的条款,以此授予行政法院合法地位。[①] 同时还要建立健全行政法院的运行机制,规定行政法院在人财物等方面不受行政机关的制约,由最高人民法院直接负责,受同级人大的监督。此外还要保障行政法官权利,可以借鉴欧美国家的法官终身制和高薪制,在身份、薪酬等方面给予优待,使行政法官行使权力无后顾之忧。

10.2.3.2 环境民事诉讼制度创新的政策建议

（1）扩大环境民事诉讼当事人主体范围

环境侵权案件具有复杂性,其造成的危害后果往往也具有延迟性、长期性与不可预见性,[②]这为环境资源案件的审判工作带来较大困难。按照《民事诉讼法》的规定,原告资格需要具备"直接利害关系",这就将间接受侵权行为影响的人排除在外,不利于环境侵权受害者维护自身利益。为此,需要扩大环境民事诉讼当事人的主体范围,赋予所有被害人提起民事诉讼的权利。首先,借助司法解释对"被害人"作出更为详细的界定,即所有因该犯罪行为造成损失的人,包括因受环境污染造成间接损失的人。其次,修改《民事诉讼法》的相关内容,结合其他相关实体法中对公民检举和控告主体范围的界定,以及环境污染民事公益诉讼案等一些典型判例,取消对当事人主体范围的一些不必要的限制,赋予与环境侵权案件无直接利害关系的一般公民、社会组织和团体原告资格。[③]再次,完善对直接利害关系和间接利害关系进行判定的司法审查制度,保障利益相关认定的准确性和诉讼主体的平等。最后,对于社会组织诉讼或者其他团体提起的诉讼,要对代表人选择标准等作出具体规定,明确原告资格和权利归属。

（2）赋予被害人环境民事程序选择权

"民事程序选择权"指的是诉讼当事人在合法条件下,具有自主选择纠纷解决方式、诉讼程序及其他与程序有关事项的权利。《民事诉讼法》及相关司法解释都规定了案件处理要遵循"先刑后民"的原则,这能够在司法审判中有效避免裁判不统一,也有利于提高诉讼效率。但是,这一原则在使用中也产生了负面效果,如因诉讼时效限制导致受害人权益无法得到保障、无法提起精神损害赔偿诉求等。[④] 为保障民事诉讼当事人的合法权益,应赋予被害人充分的程序选择权,结合自身情况选择维护权益的法律程序。具体而言,当一起案件同时涉及刑事侵权责任和民事侵权责任时,被害人可以自主选择在进行刑事诉讼过程中或者刑事诉讼结束之后,是否另行提出民事诉讼,或选择先行提起民

---

① 参见马怀德：《设立行政法院时机已成熟》,载《民主与法制时报》2014年1月20日第14版。

② 参见肖双：《环境民事诉讼中确认未来世代诉讼主体地位的法理学思考》,载《法制与社会》2020年第19期。

③ 参见王翼妍、满洪杰：《论环境民事公益诉讼原告资格的实践扩张》,载《法律适用》2017年第7期。

④ 参见石春玲：《"先刑事后民事原则"及其在司法实践中的作用考察》,载《山东社会科学》2007年第5期。

事诉讼。例如,当环境刑事诉讼中的犯罪嫌疑人逃逸或者出现经济状况恶化的情形时,被害人可以先行提起民事诉讼以获取相应赔偿。中国目前对于程序选择权的规定并不明确,且具有职权主义色彩,容易导致民事程序选择权流于形式。当前法律中对于刑事诉讼和民事诉讼的时效、赔偿标准等规定也存在较大差异,给程序选择造成一定阻碍。因此,赋予并保障被害人的程序选择权,首先要保障被害人通过不同途径能得到相同的救济并且诉讼程序设置没有太大的差异性。其次,根据"先刑后民"例外原则的适用情形以及刑民交叉案件的典型判例,对优先提起民事诉讼的原告资格和受案范围进行详细规定,尤其是涉及国家安全和公共利益的案件;并且明确指出,无论是附带提起民事诉讼还是优先选择民事诉讼,一旦进入诉讼程序,不得轻易变更,驳回起诉必须经过严格审查。最后,明确规定程序选择权与立案权的关系。如果被害人在刑事诉讼过程中再提请民事诉讼,需要经由法院审查后确定是否将其纳入刑事附带民事诉讼范围;在刑事诉讼结束后另行提请民事诉讼,也需要经过审查程序再将案件移送处理,审查标准应当进行详细的规定和阐释,包括该案件是否涉及当事人以外的民事责任、有无重大过错和特殊侵权行为等。

(3)扩大环境民事诉讼赔偿范围

近年来,环境污染案件数量越来越多,如何确定环境污染损害赔偿责任及具体赔偿标准对维护公众合法环境权益具有重要影响。现实中,环境民事侵权行为不仅影响生命财产安全,也有可能造成精神损害。例如,一些具有高度污染性的企业排放的污染物造成了"癌症村"的不良后果,使当地居民生活在恐惧之中。这种因环境污染造成的精神上的伤害很难被界定和衡量,在诉讼过程中往往被忽略。随着人们对环境侵权了解程度加深,2020年颁布的《民法典》将环境污染和破坏生态的行为纳入惩罚性赔偿责任的适用范围。为切实保护受害人的环境权益,需要进一步规范并适当扩大环境民事赔偿范围,将精神损害赔偿纳入其中。可以通过颁布新的司法解释,对由于环境污染带来的身心健康的损害确定合理的赔偿范围、赔偿标准及补偿方式,再逐步从立法层面制定统一的精神损害赔偿范围和标准。

10.2.3.3 环境刑事诉讼制度创新的政策建议

(1)明确并保障环境刑事诉讼被害人在刑事诉讼中的各项权利

由于中国的环境刑事诉讼制度建立时间较晚,制度的完善度与成熟度相较于其他诉讼制度而言总体较低,尤其在环境刑事诉讼被害人权利方面,没有作出详细、清楚的说明。环境刑事诉讼被害人的权利得不到应有的制度保障,使得被害人遭受环境犯罪之后可能在环境刑事诉讼中遭受二次伤害,这无疑严重影响了被害人的合法权益。因此,应当及时对现有的环境刑事诉讼相关制度予以完善健全,在制度中明确规定被害人的各项权利,包括知情权、参与权、上诉权、获得法律援助的权利等,为环境案件受害者获取环境犯罪的证据、获得强有力的法律援助等奠定基础,使其在拥有制度保障的前提下敢于拿起法律武器与环境犯罪行为做斗争,积极维护合法权益。

（2）加强环境资源审判队伍专业化建设

环境刑事诉讼案件通常由司法部门中专门的环境资源审判队伍予以审理，与其他诉讼案件不同，环境刑事诉讼案件通常涉及对生态环境的破坏，而生态价值往往难以估量，这对于环境资源审判队伍在环境领域的专业知识积累提出了极高的要求。此外，环境刑事诉讼中往往会牵涉经济犯罪，这也要求审判队伍掌握经济学的相关知识。而中国目前的环境资源审判队伍总体专业水平有待提高，这无疑增加了环境刑事诉讼案件审理过程中的误判、错判风险。因此，司法部门应当加强环境资源审判队伍的专业化建设，通过出台相关政策对环境资源审判队伍的专业化培训提出明确要求，并颁布专业化考核标准，对达到专业化要求的司法人员予以奖励，对多次未通过专业化考核的司法人员予以警告并调离环境资源审判队伍，以此调动环境资源审判队伍成员提升自身专业知识储备、加强专业审判能力的积极性，为环境司法人员专业素质的全方位提升打下坚实的制度基础。

（3）健全非法证据排除制度，完善技术侦查证据使用程序

非法证据排除主要指将通过法律所不允许的搜查或羁押等手段获得的证据及基于法律所不允许的途径取得的相关供述认定为无效证据并予以排除。[①] 2017年，最高人民法院、最高人民检察院等五部门联合颁布了《关于办理刑事案件严格排除非法证据若干问题的规定》，该文件主要对非法证据排除制度中的若干细节予以完善，是对中国现有非法证据排除制度的关键补充。但该文件并未对有关技术侦查证据的移送、审查、法庭调查和使用规则以及庭外核实等程序进行详细说明，导致在实际的刑事诉讼案件审理过程中仍会出现违规操作。因此，司法部门应当继续对非法证据排除制度进行完善，并对现有技术侦查证据使用程序中所产生的系列问题进行探讨，通过修订制度予以解决，并在制度中规定司法部门有义务对证据收集的合法性进行审查，以确保审判采纳的证据合法合规。

（4）深化环保司法改革，健全专门的环保司法机构

近年来，为解决环境保护领域的司法案件，一些地方开始逐步探索设立环保法庭，在一定程度上维护了公众的生态环境权益，对环境犯罪行为起到了震慑作用。但与此同时，这些新设立的专门环保司法机构也存在着环保案件审判程序僵化、案件受理对口范围过于狭窄、审判后的结果执行缺乏强制力等问题。因此，应当深化环保司法机制改革，出台相关政策对专门的环保司法机构的设置予以制度保障，通过扩大环保司法机构的受案范围、授予审判法官合理创新环保案件审判程序的相机权力、明确规定环保案件审判后结果执行的强制力等举措解决环保司法机构面临的突出问题，保证专门的环保司法机构能够更加严谨高效地审理环保案件并执行审判判决，进而实现对公众环保权益的"兜底"维护。

---

① 参见卢刚：《刑事诉讼非法证据范围研究》，载《苏州大学学报（哲学社会科学版）》2012年第1期。

10.2.3.4　环境公益诉讼制度创新的政策建议

（1）建立环境公益诉讼激励机制

相较于其他诉讼，环境公益诉讼的主要差别在于诉讼目的是利他而非利己，而基于"理性人"假设，社会主体都是追求自身利益最大化的个体，由于环境公益诉讼无私性与利他性难以被社会广泛认可并接受，[①]很多国家基于该假设设立了环境公益诉讼的激励机制。当前，中国的环境公益诉讼缺乏相应的激励机制，难以推进社会主体加入环境公益诉讼。因此，国家应当适时建立环境公益诉讼的激励机制，如设立免除环境公益诉讼费用、代缴诉讼调查取证费用、对主动揭发破坏环境行为的公众给予精神和物质奖励、通过"正诉激励"免除相关主体参与环境公益诉讼的后顾之忧。与此同时，在激励机制建立的过程中也需要考虑到"滥诉"情况，可以通过设立对恶意谋取奖励的诉讼主体予以责任追究的相关条款，避免环境公益诉讼激励机制反向作用的出现。

（2）放宽环境公益诉讼原告资格，扩大环境公益诉讼原告范围

《民事诉讼法》将环境公益诉讼的诉讼主体规定为有关机关和社会团体，较之前的法律法规而言填补了环境公益诉讼制度的诉讼主体空白。《环境保护法》与《关于审理环境民事公益诉讼案件适用法律若干问题的解释》对于环境公益诉讼主体资格也进行了明确限定。但相关法规至今仍未将公民个体纳入环境公益诉讼的原告范围，且对其他环境公益诉讼主体资格的限制过多，这在一定程度上影响社会主体尤其是公民个体参与环境公益诉讼的积极性。因此，应当放宽环境公益诉讼原告资格，适度扩大环境公益诉讼原告范围。一方面，应当放宽对有关社会组织的资格限定，取消登记部门的级别限制，依法在各级人民政府民政部门登记的专门从事环境保护公益活动的社会团体、民办非企业单位以及基金会等均有资格提起环境公益诉讼；另一方面，应当通过设立试点的方式允许具备一定资格条件的公民个体作为环境公益诉讼的诉讼主体，并逐步探索其可行性，经由专家论证后对涉及环境公益诉讼原告资格限定的法律法规进行修订完善。

（3）建立跨地区环境司法管辖制度，打破环境公益诉讼地域限制

现行的环境公益诉讼制度逐渐不能满足日益增长的案件数量及审理的实际需求，其中最典型的便是环境公益诉讼审理地域限制问题。在现有的环境公益诉讼制度下，人民法院只能受理本辖区的环境公益诉讼案件，而环境案件相较于一般案件而言具有其特殊性，其环境影响通常会波及多个地区，面对牵涉几个地区甚至跨省的重大环境案件时，如何进行有效审理成为亟待解决的问题。倘若不能对环境公益诉讼审理的地域限制问题予以解决，将会严重影响环境案件的审理与调查，导致环境公益诉讼案件不能得到严谨公正的审判。因此，应当适时建立跨地区司法管辖制度，通过专家论证与实地调查，指定几个中级或高级人民法院统一受理一个省或几个省的环境公益诉讼案件，以确保环境公益诉讼案件的审理不受地域限制，解决环境司法权分散行使带来的问题，推

---

① 参见王丽萍：《突破环境公益诉讼启动的瓶颈：适格原告扩张与激励机制构建》，载《法学论坛》2017年第3期。

动环境司法专业化程度与环境案件审理效率的提升。

（4）合理配置举证责任，确立举证责任倒置原则

当前，中国的司法制度并未对环境公益诉讼的举证责任倒置原则予以明确阐述，这导致审判机关在受理相关案件时会采用多重标准，严重影响司法体系的公平与正义。因此，应当在环境公益诉讼制度中确立举证责任倒置原则，即要求案件中的环境污染主体自行提供证明其行为与案件中环境破坏之后果不存在因果关系的证据，着力构建多层级的举证责任倒置原则，通过对"初步证明"责任的范围与条件进行明晰实现对环境公益诉讼案件中不同诉讼主体举证责任的清楚界分。同时，相关制度也应当对环境公益诉讼案件审理法官的自由裁量权予以合理限制，确保法官遵循举证责任倒置原则，在制度框架内履行法律所授予的审理职权，以此规避环境公益诉讼案件审理的多重标准问题，使正义原则在案件审理中得以充分彰显。

第十一章

结　论

11.1　研　究　结　论

本书以制度均衡理论为基础,构建了环保公众参与机制供需均衡的分析框架;基于该理论分析框架,综合运用公共政策内容分析方法、文献研究方法(具体包括学术探究法和媒介内容分析)、问卷调查方法(制度需求优先序调查法),描述了中国环保公众参与机制供给的历史演变与现状,实证测量与分析了中国环保公众参与机制需求的历史变迁与现状;运用构建的环保公众参与机制供需均衡分析的"三维四级"方法论框架,并采纳比较研究方法,从环保公众参与主体、客体、渠道三个维度深入阐析了中国环保公众参与机制的供需数量均衡、结构均衡和内容均衡的样态;基于制度均衡理论分析框架,运用系统分析方法,深入探讨了中国环保公众参与机制供需非均衡的成因;最后基于中国环保公众参与机制供需非均衡的成因以及中国环保公众参与机制需求的现状,提出了中国环保公众参与机制改革与创新的一般性政策建议和针对各具体机制的个性化路径选择与优化对策。本书形成了以下基本结论:

11.1.1　中国环保公众参与机制供给的历史演变呈现供给数量增多、供给主体多样化、供给结构不均衡、历史发展阶段鲜明的特征

中国环保公众参与机制相关制度的供给数量虽偶有波动,但整体呈不断增长的态势,尤其是 20 世纪 90 年代以来,其增长趋势迅猛。中国环保公众参与机制的供给主体较多,包括立法机关、行政机关、司法机关和党中央部门机构等。中国环保公众参与机制的供给类别结构和供给效力结构均呈现不均衡的特点,在供给类别结构中,环境信访制度的供给数量最多,其次是人大机制和环境信息公开制度,再次为政协机制;在供给效力结构中,其他规范性文件的供给数量最多,其次是法律,再次是部门规章和党内法规。中国环保公众参与具体机制的历史演变呈现不同且特色鲜明的阶段特征,其中人大机制、政协机制、环境信访制度、环境行政复议制度、环境民事诉讼制度和环境刑事诉讼制度均经历了初创、破坏与中断、恢复与重建、发展与完善的历史发展阶段;环境信息公开制度、环境行政听证制度、环境行政诉讼制度和环境公益诉讼制度均历经初创、稳步发展两个阶段;而公众参与环境影响评价制度则经历了萌芽、初创、稳步发展、进一步完善四个历史发展阶段。

11.1.2　中国环保公众参与机制的供给现状呈现公众参与主体多元化、公众参与客体多样化、公众参与渠道丰富化的特征

环保公众参与机制包括环保公众参与主体、环保公众参与客体、环保公众参与渠道,中国现行环保公众参与机制供给呈现公众参与主体多元化、公众参与客体多样化、公众参与渠道丰富化的特征。根据相关制度供给,中国环保公众参与主体包括公民个体和组织两类,其中公民个体具体包括普通社会公众、专家学者、人民代表和政协委员,组织包括单位、法人、社会组织和国家检察机关。中国环保公众参与客体包括个体和组织两类,其中个体特指各级人大代表、政协委员,组织包括人大和政协机关、行政机关、司法机关和其他单位,人大和政协机关具体包括全国人民代表大会及其常务委员会、地方各级人民代表大会及其常务委员会、中国人民政治协商会议全国委员会和地方委员会;行政机关具体包括各级人民政府、县级以上人民政府工作部门、生态环境主管部门、政府法制机构、环境信访工作机构、公安机关、专项规划编制机关;司法机关包括各级人民法院和人民检察院;其他单位具体包括建设单位、环境影响报告书编制单位等。中国环保公众参与的人大机制、政协机制、行政机制、司法机制具体包括人民代表大会制度、中国共产党领导的多党合作和政治协商制度、环境信息公开制度、公众参与环境影响评价制度、环境行政听证制度、环境信访制度、环境行政复议制度、环境行政诉讼制度、环境民事诉讼制度、环境刑事诉讼制度、环境公益诉讼制度,各具体机制为社会公众参与环境保护提供了丰富的体制内的制度化渠道。

11.1.3　中国环保公众参与机制需求的历史演变呈现需求落点多样化、需求强度差异化、阶段特征鲜明的特点

中国环保公众参与的人大和政协机制、行政机制、司法机制在环保公众参与主体、客体、渠道方面均呈现需求落点多样化的态势,表明公众对环保公众参与机制具有多方面的制度需求;但各需求落点的需求强度具有较大的差异,表明公众对不同制度安排的需求程度不同。此外,社会公众在不同历史时期对环保公众参与具体机制的需求落点也不同,不同时期各需求落点的需求强度排序也呈现差异化特征,具有鲜明的阶段特色。

11.1.4　中国环保公众参与机制的需求现状呈现需求落点集聚化、需求强度集中化的特征

目前,中国环保公众参与机制的需求现状呈现需求落点集聚化、需求强度集中化的特征。针对人大机制,公众需求强度最高的制度需求落点是:适度降低领导干部在全国人大代表中所占比例,提高基层人大代表特别是一线工人、农民、知识分子代表的比例。针对政协机制,公众需求强度最高的制度需求落点是扩大政协委员的主体构成,补充新的社会阶层代表作为政协委员。环境信息公开制度中,公众需求强度最高的制度安排是不断拓宽环境信息公开渠道。公众参与环境影响评价制度中,公众需求强度最高的制度安排是扩大环境影响评价参与主体的范围。环境行政听证制度中,公众需求强度

最高的制度安排是扩大环境具体行政行为的听证范围,将环境抽象行政行为也纳入行政听证的适用范围。在环境信访制度方面,社会公众需求强度最高的制度需求落点是明确信访机构及其工作人员在信访工作中的具体责任和义务、整合信访工作机构。在环境行政复议制度方面,社会公众需求强度最高的制度需求落点是建立全国统一独立的行政复议机关来集中受理、审理行政复议案件,保持行政复议机构的独立性。在环境行政诉讼制度方面,社会公众需求强度最高的制度需求落点为放宽环境行政诉讼的原告资格。在环境民事诉讼制度方面,社会公众需求强度最高的制度需求落点是立法规定扩大环境民事诉讼当事人主体范围。在环境刑事诉讼制度方面,社会公众需求强度最高的制度需求落点是明确并保障环境刑事诉讼被害人在刑事诉讼中的各项权利。在环境公益诉讼制度方面,公众需求强度最高的制度需求落点为建立环境公益诉讼的激励机制。

11.1.5 中国环保公众参与机制供需的数量均衡、结构均衡和内容均衡处于不同的均衡度等级

中国环保公众参与相关的各项具体制度供需的数量均衡、结构均衡和内容均衡处于不同等级的均衡状态。环境行政听证制度和环境刑事诉讼制度处于供需数量的轻度失衡状态,环境民事诉讼制度处于供需数量的严重失衡状态,而其他各项环保公众参与具体机制则处于供需数量的基本均衡状态。人大机制、政协机制、环境行政听证制度、环境民事诉讼制度、环境公益诉讼制度处于制度供需结构的优质均衡状态,而环境信息公开制度、公众参与环境影响评价制度、环境信访制度、环境行政复议制度、环境行政诉讼制度、环境刑事诉讼制度中的环保公众参与主体、客体、渠道的制度供需结构处于不同的均衡状态。中国环保公众参与各具体机制所涉环保公众参与主体、客体、渠道相关制度的供需内容也处于从严重失衡到优质均衡的不同均衡度等级。

11.1.6 中国环保公众参与机制供需非均衡的成因较为复杂

中国环保公众参与机制供需非均衡的成因主要包括以下九个方面:宪法秩序、规范性行为准则(文化背景所决定的行为规范)、制度选择集合的改变、技术进步、现存制度安排的路径依赖、制度设计与实施成本、其他制度安排的变迁、制度均衡过程中的内在矛盾、焦点事件(偶然事件)。宪法秩序通过规定社会调查与社会试验的自由度、规定制度安排的选择空间并影响制度变迁的进程和方式、界定国家的基本权力结构以及国家(政府)与社会的关系来影响制度创新,并导致制度供需非均衡的产生。规范性行为准则通过影响民众的思想观念作用于民众的价值选择,通过影响国家的治理理念作用于政府的行政行为两个层面影响制度均衡。社会科学的进步与政治体系的开放性能够改变制度选择集合,并进而引发制度非均衡。技术进步水平通过引发新的制度需求以及影响制度供给的效率和水平对制度均衡产生影响。现存制度安排的路径依赖通过影响制度供给数量、供给内容和供给结构对制度均衡产生影响。制度设计与实施成本会影响制度供给,从而使制度需求与制度供给产生不均衡。同一制度结构中其他制度安排

的变迁能够引发对某项制度安排的需求，因而导致某项制度需求与制度供给的非均衡。社会公众对自身利益的追求以及对制度的预期收益所引发的制度均衡过程中的内在矛盾会导致制度供需结构和制度供需内容的非均衡。焦点事件可以通过注意力这一中介变量影响制度需求，并进而导致制度供需非均衡的态势。

11.1.7 中国环保公众参与机制创新的政策建议既要针对环保公众参与机制供需非均衡的成因，更要基于社会公众的现实制度需求

基于中国环保公众参与机制供需非均衡的成因以及中国环保公众参与机制需求的现状，秉承"以制度需求为导向"的原则，以制度均衡为目标，可以提出针对中国环保公众参与机制改革与创新的一般性政策建议和各具体机制的个性化路径选择与优化对策。

一般性政策建议包括：健全宪法秩序，培育良好的制度环境；培育现代公民精神，与中国传统文化相融合；创新国家治理理念，重视环保公众参与；持续增加基础科学研究投入，增强社会科学在制度创新中的应用水平；深化对外开放，合理借鉴国外制度创新的成功经验；加大先进技术的推广普及，提升技术应用水平；打破现存制度安排的路径依赖，优化制度变革的路径；降低制度设计与实施成本，实现制度效能的最大化；关注相关制度安排变迁，及时满足公众制度需求；及时了解公众利益诉求，着力缓解制度供需内在矛盾；密切监测焦点事件走向，有效预估公众制度需求。

各具体机制的个性化路径选择与优化对策如下：人大机制创新的个性化路径选择包括优化人大代表的构成；政协机制创新的个性化路径选择包括优化人民政协的界别设置、健全政协委员参政议政制度、建立政协委员履职考评制度、创新和细化人民政协政治协商的内容和形式；环境信息公开制度创新的对策建议包括不断拓宽环境信息公开渠道、建立健全环境信息公开平台、明确并扩大环境信息的公开范围与公开程度、建立健全环境信息公开责任追究制度；公众参与环境影响评价制度创新的对策建议包括扩大环境影响评价公众参与主体的范围、健全公众意见反馈机制及公众意见采纳情况的社会公示机制、推动环境影响评价的公众全过程参与、健全环境影响评价公众参与的救济措施；环境行政听证制度优化的对策建议包括扩大环境行政听证的适用范围、完善保持环境行政听证会主持人独立性与中立性的制度、建立健全环境行政听证代表产生机制、明确规定环境行政听证会主持人的任职资格与条件；环境信访制度优化的对策建议包括健全环境信访机构及其工作人员的职责义务、整合信访工作机构、赋予信访机构更多实体性权利、进一步拓宽环境信访渠道；环境行政复议制度优化的对策建议包括建立统一独立的环境行政复议机构、加强环境行政复议队伍建设、构建环境行政复议监督体系、明确并扩大环境行政复议的受理范围；环境行政诉讼制度创新的路径选择包括放宽环境行政诉讼原告资格、探索建立跨行政区域环境司法管辖制度、提高环境资源审判人员的专业化水平、设立独立的行政法院；环境民事诉讼制度创新的路径选择包括扩大环境民事诉讼当事人主体范围、赋予被害人环境民事程序选择权、扩大环境民事诉讼赔偿范围；环境刑事诉讼制度创新的路径选择包括明确并保障环境刑事诉讼被害人在刑

事诉讼中的各项权利、加强环境资源审判队伍专业化建设、健全非法证据排除制度、健全专门的环保司法机构;环境公益诉讼制度创新的路径选择包括建立环境公益诉讼激励机制、放宽环境公益诉讼原告资格、建立跨地区环境司法管辖制度、确立举证责任倒置原则。

11.2　研　究　不　足

由于本书所涉课题的负责人与课题组成员学术水平有限,本书存在以下不足之处:

(1) 调查问卷内容表述仍不够通俗

本书研究设计的中国环保公众参与机制需求的初步调查问卷主体内容的学术性和专业性较强,因此在编制正式调查问卷前,在尽量保证问卷语言简练、不大幅增加问卷篇幅的前提下,通过预调查对初步调查问卷的语言表述尽最大可能进行了通俗化处理。然而,通俗化处理后的正式问卷在正式调查过程中,仍有被调查者(主要是高中学历以下的群体)反映部分内容难度较高,不易理解,这在一定程度上影响了这部分群体问卷填写的有效性。

(2) 对环保公众参与机制需求现状的把握可能不够全面

本书选择了近20年内制度需求强度较高且处于制度供需内容严重失衡状态的制度需求落点作为调查问卷主体题项编制的基础。由于中国环保公众参与机制包括人大机制、政协机制、公众参与环境影响评价制度、环境信息公开制度、环境行政听证制度、环境信访制度、环境行政复议制度、环境行政诉讼制度、环境民事诉讼制度、环境刑事诉讼制度、环境公益诉讼制度共十一项具体制度,每项具体制度又包括环保公众参与主体、客体、渠道三个方面,且在设计调查问卷时,既要保证问卷题项涵盖十一项具体制度并兼顾每项具体制度的三个方面,又要避免问卷篇幅过长从而影响被调查者作答的积极性,因此本书只将每项具体制度中环保公众参与主体、客体、渠道三个方面中需求强度排序前几位且处于制度供需内容严重失衡状态的制度需求落点纳入正式调查问卷。这种选择方式有可能忽略了那些需求强度较高、被调查者也可能认为非常重要的制度需求落点,从而可能导致本书对环保公众参与机制需求现状的把握不够全面。

11.3　尚需深入研究的问题

(1) 进一步探索与检验制度需求的测量技术与方法

制度均衡理论没有提供制度需求的测量技术与方法,本书创新性地运用学术探究法和媒介内容分析法从制度需求内容和制度需求强度两个方面测量社会公众对环保公众参与机制需求的历史变迁,同时采纳制度需求优先序调查法测量社会公众对环保公众参与机制的需求现状。为更精准有效地测量制度(政策)需求,未来应当进一步探索制度(政策)需求的其他测量技术与方法,并将其与本书运用的几种方法进行比较分析,从而确立各种测量方法的适用情境和适用条件，以丰富制度（政策）需求测量的方法论体系。

（2）进一步探索与检验制度均衡的测量技术与方法

制度经济学提供了制度均衡分析的框架，但并未提供制度均衡的定量测量技术与方法，本书创新性地构建了环保公众参与机制供需均衡分析的"三维四级"方法论框架，弥补了国内外学界对制度均衡定量测量技术与方法的研究空白。未来可将该方法论框架运用于其他领域的制度（政策）供需均衡分析，从而进一步检验其有效性。此外，还应进一步探索制度（政策）供需均衡的其他定量测量方法，丰富制度（政策）供需均衡测量的方法论体系。

中国环保公众参与机制需求现状的
调查问卷主体题项

类别	序号	需求落点
人大机制	1	在确保人大代表必要的代表性的前提下,需要削减代表数量和控制代表规模
	2	提高人大常委会专职委员比例,逐步实现人大常委会成员专职化
	3	把竞争机制引入人民代表选举中去,建立社会主义竞选制度
	4	修改选举法,扩大各级人大代表直接选举的范围
	5	适度降低党政领导干部和国有企事业管理人员在全国人大代表中所占比例,提高基层人大代表特别是一线工人、农民、知识分子代表比例
	6	逐步实行人大代表专职化
政协机制	7	扩大人民政协政治协商主体的界别设置,补充新的社会阶层作为界别的代表
	8	要建立政协委员履职绩效考评制度
	9	完善政协委员提案、视察、调研等一系列参政议政的制度措施
	10	丰富、创新和细化人民政协政治协商的内容和形式
	11	要把政治协商制度纳入党委和政府的决策程序
公众参与环境影响评价制度	12	扩大环境影响评价参评主体的范围,既要包括评价范围内直接受影响的人群和社会团体,也要包括受项目间接影响的人、对项目感兴趣的人和非政府环境保护组织
	13	健全规划部门和建设单位、环境影响评价编制单位以及审批单位对公众意见的反馈机制及对公众意见采纳情况的社会公示机制
	14	在《环境影响评价法》中应当针对公众参与权的被限制或者剥夺,赋予公众相应的救济权利,如行政复议权、行政诉讼和民事诉讼权等
	15	在环境影响评价各个阶段全面引入公众参与机制,推动环境影响评价公众参与由"末端参与"转变为"全过程参与"
	16	逐步拓宽公众参与环境影响评价的范围,从现在的建设项目和专项规划逐步拓展到综合规划、政策、立法,直至战略规划
	17	根据项目的类型和层次、环境影响的程度和范围进行分类,并据此规定不同的公众参与形式和调查内容
	18	尽快制定并颁布"环境影响评价中信息公开和公众参与技术导则"

（续表）

类别	序号	需求落点
环境信息公开制度	19	不断拓宽环境信息公开渠道，充分利用新闻发布会、政府公报、广播、电视、报纸、信息公开栏、互联网等媒体途径公开环境信息
	20	建立健全环境信息公开平台，包括政府环境信息公开平台和工矿、企业环境信息公开平台
	21	要进一步明确和扩大政府环境信息、企业环境信息和产品环境信息的公开范围与公开程度
	22	尽快建立环境信息公开负面清单制度，明确依法不应公开的环境信息的范围
	23	建立健全环境信息公开责任追究制度
	24	建立健全具有可操作性的环境信息公开考核制度和社会评议制度
	25	建立健全环境信息公开工作的领导机制和环境信息收集、整理与公开的管理机制
	26	扩大环境信息披露的企业范围，将上市公司、公用事业特许经营企业、对环境造成严重影响的企业以及环境敏感型企业等列入强制信息披露的范围
环境行政听证制度	27	完善保持行政听证主持人独立性与中立性制度
	28	明确规定行政听证主持人的任职资格与条件
	29	扩大环境具体行政行为的听证范围，将环境抽象行政行为也纳入行政听证的适用范围
	30	立法明确规定行政听证笔录的法律效力，明确与完善"案卷排他"原则
	31	尽快出台统一的"行政程序法"，并专章规定行政听证规则
	32	建立健全违反行政听证程序的监督救济制度
	33	建立健全行政听证前、听证过程和听证结果的信息公开机制
	34	建立科学、合理、公正、公开的环境行政听证代表产生机制
	35	明确并扩大环境行政听证申请人和参加人的范围
环境信访制度	36	整合信访工作机构，建立"人民代表大会监督专员"制度；或在各级人大及其常委会设立"信访局"或"信访委员会"，统一受理群众来信来访
	37	明确信访机构及其工作人员在信访工作中的具体责任和义务，对于违反任何相关规定的工作人员都要依法追究其法律责任
	38	改革信访工作考核机制和评价办法，建立信访结案的奖励机制，对于信访终结以后再去上访的群众不应该问责地方党委和政府
	39	要明确信访机构的地位和职权，赋予信访机构更多的实体性权利，如协调权、调查权、质询权、督办权、干部考核奖惩建议权，增强其督办能力
	40	在保持原有信访渠道畅通的同时，要运用科学技术进一步拓宽信访渠道，丰富信访方式，为人民群众提供更加便捷的信访渠道
	41	建立规范的信访纠纷处理程序，统一出台较为完备的信访工作流程规范性制度
	42	建立律师参与接访制度，同时完善领导干部和党代表、人大代表、政协委员参与接访制度
	43	明确信访处理的事项范围，且明文规定信访不予受理的范围

（续表）

类别	序号	需求落点
环境行政复议制度	44	建立独立于政府组成部门而又归属于政府的行政复议机构,使其成为政府的一个独立组成部门
	45	切实加强环境行政复议队伍建设与管理,建立行政复议人员的任职资格和后续培训制度
	46	设立行政复议的监督机构,构建行政复议监督体系
	47	实行准司法化的行政复议审理程序,建立以听证审理为主、书面审理为辅的审理方式
	48	明确并扩大行政复议的受理范围,将抽象行政行为、行政不作为、民事争议进一步纳入行政复议范围
环境行政诉讼制度	49	放宽环境行政诉讼的原告资格,即凡与行政行为有利害关系的公民、法人或者其他组织,对该行政行为不服的,都可以提起环境行政诉讼
	50	设立独立的行政法院以处理环境行政诉讼
	51	探索建立与行政区划适当分离的环境资源案件管辖制度,推进环境司法跨域联防联控机制构建
	52	加强专业培训和业务交流,强化环保法官考核制度,提高环境资源审判人员和相关人员的专业化水平
	53	扩大环境行政诉讼的受案范围,将抽象行政行为纳入环境行政诉讼的受案范围
	54	健全环境行政诉讼起诉、立案登记、审判等程序规范
环境民事诉讼制度	55	要赋予环境刑事被害人充分的选择权,让他们能够在进行刑事诉讼过程中或者刑事诉讼结束之后,另行提出民事诉讼
	56	应立法规定扩大环境民事诉讼当事人主体范围,允许所有被害人,包括被害人及其法定代理人、死亡被害人的近亲属等一切因受犯罪行为牵连而受到直接损失的原告人都有权提起环境民事诉讼
	57	进一步规范并适当扩大环境民事赔偿范围,将精神损害赔偿纳入民事诉讼赔偿范围
	58	确定刑事与民事诉讼发生交叉时民事诉讼的独立地位,规定凡因犯罪行为所引起的民事赔偿请求,均可以在刑事诉讼中附带提出,也可以在刑事案件审结后,在民事诉讼时效期间内,向民庭另行提起民事诉讼,还可以在刑事案件未立案时向民庭单独提出
	59	在环境民事诉讼中实行调审分离,将调解从审判程序中分离,使之成为与审判活动相等同的独立程序
环境刑事诉讼制度	60	明确并保障环境刑事诉讼被害人在刑事诉讼中的各项权利,包括知情权、参与权、上诉权、获得法律援助的权利等
	61	加强环境资源审判队伍专业化建设,提高环境司法人员素质与职务保障
	62	深化环保司法改革,设置环保法庭,并适时建立生态环境法院
	63	建立和完善非法证据排除制度,完善技术侦查证据的移送、审查、法庭调查和使用规则以及庭外核实程序
	64	完善环境刑事诉讼监督制度,将人民监督员监督程序简要地规定于刑事诉讼规则之中
	65	建立环境刑事案件繁简分流机制,实现简案快办、疑案精审

（续表）

类别	序号	需求落点
环境公益诉讼制度	66	放宽环境公益诉讼的原告资格，逐步将国家机关、企事业单位、环保公益团体和个人纳入原告范围
	67	通过设立环境公益基金会、减免诉讼费用、奖励环境公益诉讼原告等方式建立环境公益诉讼的激励机制
	68	建立环境公益诉讼的跨行政区划司法管辖制度
	69	完善环境公益诉讼案件程序规定，设置环境公益诉讼前置程序
	70	明确并适当扩大环境公益诉讼的可诉事项范围
	71	合理配置环境公益诉讼的举证责任，确立举证责任倒置原则
	72	培育环境公益诉讼主体，包括公益律师、环保组织等，加强公益诉讼主体的专业化建设
	73	环境公益诉讼不应受诉讼时效的限制

中国环保公众参与机制改革
需求的调查问卷

您好！为畅通环保公众参与渠道，促进公众参与环境保护，我们正在进行中国环保公众参与相关制度改革的需求调查。感谢您花费时间和精力来填写这份问卷，答案没有对错之分，希望您对每一个问题都能认真、如实表达自己的意见。本问卷是匿名填写，调查结果只用于学术研究，不会用于任何形式的个人评价。非常感谢您的支持与协助！

下面是有关人民代表大会制度改革的一些政策建议，请您对每条政策建议的需求程度进行判断，1代表"完全不需要"，2代表"不需要"，3代表"可有可无"，4代表"需要"，5代表"非常需要"。您在相应的数字上打"√"即可。

政策建议	需求程度
1. 在保证人大代表广泛代表性的前提下，减少代表的数量	1 2 3 4 5
2. 逐步实现人大常委会委员的专职化，使其不再兼任其他职务	1 2 3 4 5
3. 把竞争机制引入人大代表选举中去，使代表候选人在公开、公平的竞争中充分展示自己，便于选民的选择	1 2 3 4 5
4. 修改选举法，扩大各级人大代表直接选举的范围	1 2 3 4 5
5. 适度降低领导干部在全国人大代表中所占比例，提高基层人大代表特别是一线工人、农民、知识分子代表比例	1 2 3 4 5
6. 逐步实行人大代表的专职化，使其不再兼任其他职务	1 2 3 4 5

下面是有关政协制度改革的一些政策建议，请您对每条政策建议的需求程度进行判断，1代表"完全不需要"，2代表"不需要"，3代表"可有可无"，4代表"需要"，5代表"非常需要"。您在相应的数字上打"√"即可。

政策建议	需求程度
7. 扩大政协委员的主体构成，补充新的社会阶层代表（包括法律界和社会组织界等）作为政协委员	1 2 3 4 5
8. 建立政协委员参政议政情况的考核和评价制度	1 2 3 4 5
9. 完善政协委员提案、视察、调研等一系列参政议政的制度措施	1 2 3 4 5
10. 丰富、创新和细化人民政协政治协商的内容和形式	1 2 3 4 5
11. 要把政治协商制度纳入党委和政府的决策程序	1 2 3 4 5

下面是有关公众参与环境影响评价制度改革的一些政策建议，请您对每条政策建议的需求程度进行判断，1代表"完全不需要"，2代表"不需要"，3代表"可有可无"，4代表"需要"，5代表"非常需要"。您在相应的数字上打"√"即可。（公众参与环境影响评价是指社会公众依法通过各种渠道与方式向项目方、环境影响评价机构和环境行政机关反映有关建设项目或规划项目环境影响的意见）

政策建议	需求程度
12. 扩大环境影响评价参与主体的范围，既要包括评价范围内直接受影响的人群和社会团体，也要包括受项目间接影响的人、对项目感兴趣的人和非政府环境保护组织	1　2　3　4　5
13. 健全规划部门和建设单位、环境影响评价编制单位以及审批单位对公众意见的反馈机制及对公众意见采纳情况的社会公示机制	1　2　3　4　5
14. 针对公众参与权被限制或者被剥夺的情况，法律应当赋予公众采取措施进行补救的权利，如行政复议权、行政诉讼权和民事诉讼权等	1　2　3　4　5
15. 在环境影响评价的各个阶段（包括前期准备和调研阶段、分析论证和预测评价阶段、环境影响评价文件编制阶段）全面引入公众参与机制	1　2　3　4　5
16. 逐步拓宽公众参与环境影响评价的范围，从现在的建设项目和专项规划逐步拓展到综合规划、政策、立法，直至战略规划	1　2　3　4　5
17. 根据项目的类型和层次、环境影响的程度和范围进行分类，并据此规定不同的公众参与形式和调查内容	1　2　3　4　5
18. 尽快制定并颁布"环境影响评价中信息公开和公众参与技术导则"	1　2　3　4　5

下面是有关环境信息公开制度改革的一些政策建议，请您对每条政策建议的需求程度进行判断，1代表"完全不需要"，2代表"不需要"，3代表"可有可无"，4代表"需要"，5代表"非常需要"。您在相应的数字上打"√"即可。（环境信息公开是指政府、企业以及其他社会行为主体向社会公众公开各自的环境行为信息以及环境质量信息）

政策建议	需求程度
19. 不断拓宽环境信息公开渠道，充分利用新闻发布会、政府公报、广播、电视、报纸、信息公开栏、互联网等媒体途径公开环境信息	1　2　3　4　5
20. 建立健全环境信息公开平台，包括政府环境信息公开平台和工矿、企业环境信息公开平台	1　2　3　4　5
21. 要进一步明确和扩大政府环境信息、企业环境信息和产品环境信息的公开范围与公开程度	1　2　3　4　5
22. 以清单形式明确列出依法不应当公开的环境信息事项	1　2　3　4　5
23. 建立健全环境信息公开责任追究制度	1　2　3　4　5
24. 建立健全具有可操作性的环境信息公开考核制度和社会评议制度	1　2　3　4　5
25. 建立健全环境信息公开工作的领导机制和环境信息收集、整理与公开的管理机制	1　2　3　4　5
26. 扩大环境信息披露的企业范围，将上市公司、公用事业特许经营企业、对环境造成严重影响的企业以及环境敏感型企业等列入强制信息披露的范围	1　2　3　4　5

　　下面是有关环境行政听证制度改革的一些政策建议,请您对每条政策建议的需求程度进行判断,1 代表"完全不需要",2 代表"不需要",3 代表"可有可无",4 代表"需要",5 代表"非常需要"。您在相应的数字上打"√"即可。(环境行政听证是指政府环保部门在作出涉及公民、法人或者其他组织利益的重大决定之前,以听证会的方式充分听取公民、法人或者其他组织意见的活动)

政策建议	需求程度
27. 完善保持听证会主持人独立性与中立性的制度	1　2　3　4　5
28. 明确规定听证会主持人的任职资格与条件	1　2　3　4　5
29. 扩大环境具体行政行为(如行政处罚、行政许可、行政合同等行为)的听证范围,将环境抽象行政行为(如政府制定发布环境保护政策法规的行为)也纳入行政听证的适用范围	1　2　3　4　5
30. 立法明确规定行政听证笔录的法律效力,行政机关只能根据听证笔录中认定的事实作出最终决定	1　2　3　4　5
31. 尽快出台统一的"行政程序法",并专章规定行政听证规则	1　2　3　4　5
32. 建立健全违反行政听证程序的监督救济制度,即针对环保行政机关违反听证程序的行为,当事人可以提出行政复议或行政诉讼	1　2　3　4　5
33. 建立健全行政听证前、听证过程和听证结果的信息公开机制	1　2　3　4　5
34. 建立科学、合理、公正、公开的听证代表产生机制	1　2　3　4　5
35. 明确并扩大听证申请人和参加人的范围	1　2　3　4　5

　　下面是有关环境信访制度改革的一些政策建议,请您对每条政策建议的需求程度进行判断,1 代表"完全不需要",2 代表"不需要",3 代表"可有可无",4 代表"需要",5 代表"非常需要"。您在相应的数字上打"√"即可。(环境信访是指公民、法人或者其他组织采用书信、电子邮件、传真、电话、走访等形式,向各级环境保护行政主管部门反映环境保护情况,提出建议、意见或者投诉请求,依法由环境保护行政主管部门处理的活动)

政策建议	需求程度
36. 整合信访工作机构,建立"人民代表大会监督专员"制度;或在各级人大及其常委会设立"信访局"或"信访委员会",统一受理群众来信来访	1　2　3　4　5
37. 明确信访机构及其工作人员在信访工作中的具体责任和义务,对于违反任何相关规定的工作人员都要依法追究法律责任	1　2　3　4　5
38. 改革信访工作考核机制和评价办法,建立信访结案的奖励机制,对于信访终结以后再去上访的现象不应该问责地方党委和政府	1　2　3　4　5
39. 要明确信访机构的地位和职权,赋予信访机构更多的实体性权利,如协调权、调查权、质询权、督办权、干部考核奖惩建议权,增强其督办能力	1　2　3　4　5
40. 在保持原有信访渠道畅通的同时,要运用科学技术进一步拓宽信访渠道,丰富信访方式,为人民群众提供更加便捷的信访渠道	1　2　3　4　5
41. 建立规范的信访纠纷处理程序,统一出台较为完备的信访工作流程规范性制度	1　2　3　4　5
42. 建立律师参与接访制度,同时完善领导干部和党代表、人大代表、政协委员参与接访制度	1　2　3　4　5
43. 明确信访处理的事项范围,且明文规定信访不予受理的范围	1　2　3　4　5

下面是有关环境行政复议制度改革的一些政策建议,请您对每条政策建议的需求程度进行判断,1 代表"完全不需要",2 代表"不需要",3 代表"可有可无",4 代表"需要",5 代表"非常需要"。您在相应的数字上打"√"即可。(环境行政复议是指公民、法人和其他组织认为行政机关和行政机关工作人员的具体环境行政行为违法或者不当,依法向行政复议机关申请,请求撤销或者变更原具体环境行政行为的活动)

政策建议	需求程度
44. 建立全国统一的、独立的行政复议机关来集中受理、审理行政复议案件,保持行政复议机构的独立性	1 2 3 4 5
45. 切实加强环境行政复议队伍建设与管理,建立行政复议人员的任职资格和后续培训制度	1 2 3 4 5
46. 设立行政复议的监督机构,构建行政复议监督体系	1 2 3 4 5
47. 实行准司法化的行政复议审理程序,建立以听证审理为主、书面审理为辅的审理方式	1 2 3 4 5
48. 明确并扩大行政复议的受理范围,将抽象行政行为(如制定发布政策法规的行为)、行政不作为、民事争议进一步纳入行政复议范围	1 2 3 4 5

下面是有关环境行政诉讼制度改革的一些政策建议,请您对每条政策建议的需求程度进行判断,1 代表"完全不需要",2 代表"不需要",3 代表"可有可无",4 代表"需要",5 代表"非常需要"。您在相应的数字上打"√"即可。(环境行政诉讼是指公民、法人或者其他组织对具体环境行政行为不服时,依照法定程序向人民法院提起针对环境行政管理机关的诉讼)

政策建议	需求程度
49. 放宽环境行政诉讼的原告资格,即凡与行政行为有利害关系的公民、法人或者其他组织,对该行政行为不服的,都可以提起环境行政诉讼	1 2 3 4 5
50. 设立独立的行政法院以处理环境行政诉讼	1 2 3 4 5
51. 探索建立与行政区域适当分离的环境司法管辖制度,确保跨行政区域的环境保护案件得到公正审理	1 2 3 4 5
52. 加强专业培训和业务交流,强化环保法官考核制度,提高环境资源审判人员和相关人员的专业化水平	1 2 3 4 5
53. 扩大环境行政诉讼的案件受理范围,将抽象行政行为(如政府制定发布环保政策法规的行为)也加入环境行政诉讼的案件受理范围	1 2 3 4 5
54. 健全环境行政诉讼起诉、立案登记、审判等程序规范	1 2 3 4 5

下面是有关环境民事诉讼制度改革的一些政策建议,请您对每条政策建议的需求程度进行判断,1 代表"完全不需要",2 代表"不需要",3 代表"可有可无",4 代表"需要",5 代表"非常需要"。您在相应的数字上打"√"即可。(环境民事诉讼是指环境侵权的受害人为保护自身的人身和财产权益,依据民事诉讼的条件和程序向人民法院提起针对环境侵权行为人的诉讼)

政策建议	需求程度
55. 要赋予被害人充分的选择权,让他们能够在进行刑事诉讼过程中或者刑事诉讼结束之后,另行提出民事诉讼	1　2　3　4　5
56. 应立法规定扩大环境民事诉讼当事人主体范围,允许所有被害人,包括被害人及其法定代理人、死亡被害人的近亲属等一切因受犯罪行为牵连而受到直接损失的人都有权提起环境民事诉讼	1　2　3　4　5
57. 进一步规范并适当扩大环境民事赔偿范围,将精神损害赔偿纳入民事诉讼赔偿范围	1　2　3　4　5
58. 规定凡因犯罪行为所引起的民事赔偿请求,均可以在刑事诉讼中附带提出,也可以在刑事案件审结后,在民事诉讼时效期间内,向民事法庭另行提起民事诉讼,还可以在刑事案件未立案时向民事法庭单独提出	1　2　3　4　5
59. 在环境民事诉讼中实行调审分离,将调解从审判程序中分离,使之成为与审判活动等同的独立程序	1　2　3　4　5

下面是有关环境刑事诉讼制度改革的一些政策建议,请您对每条政策建议的需求程度进行判断,1 代表"完全不需要",2 代表"不需要",3 代表"可有可无",4 代表"需要",5 代表"非常需要"。您在相应的数字上打"√"即可。(环境刑事诉讼是指个人、单位或人民检察院为保护人类和环境的共同利益,惩治环境犯罪,依刑事诉讼程序向司法机关提出追究环境犯罪者刑事责任的诉讼)

政策建议	需求程度
60. 明确并保障环境刑事诉讼被害人在刑事诉讼中的各项权利,包括知情权、参与权、上诉权、获得法律援助的权利等	1　2　3　4　5
61. 加强环境资源审判队伍专业化建设,提高环境司法人员素质与职务保障	1　2　3　4　5
62. 深化环保司法改革,设置环保法庭,并适时建立生态环保法院	1　2　3　4　5
63. 建立和完善非法证据排除制度,完善技术侦查证据的移送、审查、法庭调查和使用规则以及庭外核实等程序	1　2　3　4　5
64. 完善环境刑事诉讼监督制度,在刑事诉讼规则中明确规定人民监督员的监督程序	1　2　3　4　5
65. 建立环境刑事案件繁简分流机制,实现简单案件快速办理、复杂疑难案件精细审理	1　2　3　4　5

下面是有关环境公益诉讼制度改革的一些政策建议,请您对每条政策建议的需求程度进行判断,1 代表"完全不需要",2 代表"不需要",3 代表"可有可无",4 代表"需要",5 代表"非常需要"。您在相应的数字上打"√"即可。(环境公益诉讼是指法律规定的机关和有关组织对国家机关因其环境违法行为和企业、事业单位及个人因污染环境或破坏自然资源而使环境公共利益(可能)受到损害的行为向人民法院提起的诉讼)

政策建议	需求程度
66. 放宽环境公益诉讼的原告资格，逐步将国家机关、企事业单位、环保公益团体和个人纳入原告范围	1 2 3 4 5
67. 通过设立环境公益基金会、减免诉讼费用、奖励环境公益诉讼原告等方式建立环境公益诉讼的激励机制	1 2 3 4 5
68. 建立环境公益诉讼的跨地区司法管辖制度，即确定几个中级或高级人民法院统一受理一省或几个省的环境公益诉讼案件	1 2 3 4 5
69. 完善环境公益诉讼案件程序规定，设置环境公益诉讼前置程序（即诉讼前告知或检举）	1 2 3 4 5
70. 明确并适当扩大可以提起环境公益诉讼的事项范围	1 2 3 4 5
71. 合理配置环境公益诉讼的举证责任，确立举证责任倒置原则（即由环境污染者提供证据证明其污染行为与损害后果之间不存在因果关系）	1 2 3 4 5
72. 培育环境公益诉讼主体，包括公益律师、环保组织等，加强公益诉讼主体的专业化建设	1 2 3 4 5
73. 立法规定环境公益诉讼不受诉讼时效的限制	1 2 3 4 5

以下是基本资料（我们对这部分资料会严格保密），请在符合您的情况的选项方框中打"√"。

74. 您的性别：□ 男　　□ 女

75. 您的年龄：□ 18—25 岁　□ 26—35 岁　□ 36—45 岁　□ 46—55 岁
　　　　　　□ 56—65 岁　□ 65 岁以上

76. 您的学历：□ 小学或以下　□ 初中　□ 高中（含中专）　□ 大专
　　　　　　□ 大学本科　　□ 研究生

77. 您的职业：□ 国家机关、事业单位人员　□ 企业管理人员　□ 专业技术人员
　　　　　　□ 工人　□ 商业、服务业人员　□ 非政府组织、社会团体人员
　　　　　　□ 农民　□ 离退休人员　□ 军人　□ 失业、待岗人员　□ 学生
　　　　　　□ 自由工作者　　　　　□ 其他（请填写）_____

78. 您的月收入（元）：□ 1000 以下　　□ 1001—2000　　□ 2001—3000
　　　　　　　　　□ 3001—5000　　□ 5001—8000　　□ 8001—10000
　　　　　　　　　□ 10001—15000　□ 15001—20000　□ 20000 以上

79. 您的政治面貌：□ 中共党员　□ 共青团员　□ 民主党派党员　□ 群众

80. 您所在省市：省：_____　市：_____

感谢您的支持与协助，祝您生活幸福！

中国环保公众参与机制改革
需求的最终调查问卷

　　您好！我们正在进行中国环保公众参与机制改革的需求调查。感谢您花时间和精力填写问卷，答案没有对错之分，希望您认真、如实表达自己的意见。本问卷是匿名填写，研究结果只用于学术研究。感谢您的支持与协助！

　　1. 下面是有关人民代表大会制度改革的一些政策建议，请您从中选择最重要的一项或多项政策建议。请在您所选的选项前面方框中打"√"。[多选题]

　　□ a. 在保证人大代表广泛代表性的前提下，减少代表的数量。

　　□ b. 逐步实现人大常委会委员的专职化，使其不再兼任其他职务。

　　□ c. 把竞争机制引入人大代表选举中去，使代表候选人在公开、公平的竞争中充分展示自己，以便于选民的选择。

　　□ d. 修改选举法，扩大各级人大代表直接选举的范围。

　　□ e. 适度降低领导干部在全国人大代表中所占比例，提高基层人大代表特别是一线工人、农民、知识分子代表比例。

　　□ f. 逐步实行人大代表的专职化，使其不再兼任其他职务。

　　2. 下面是有关政协制度改革的一些政策建议，请您从中选择最重要的一项或多项政策建议。请在您所选的选项前面方框中打"√"。[多选题]

　　□ a. 扩大政协委员的主体构成，补充新的社会阶层代表（包括法律界和社会组织界等）作为政协委员。

　　□ b. 建立政协委员参政议政情况的考核和评价制度。

　　□ c. 完善政协委员提案、视察、调研等一系列参政议政的制度措施。

　　□ d. 丰富、创新和细化人民政协政治协商的内容和形式。

　　□ e. 要把政治协商制度纳入党委和政府的决策程序。

　　3. 下面是有关公众参与环境影响评价制度改革的一些政策建议，请您从中选择最重要的一项或多项政策建议。（公众参与环境影响评价是指社会公众依法通过各种渠道与方式向项目方、环境影响评价机构和环境行政机关反映有关建设项目或规划项目环境影响的意见）请在您所选的选项前面方框中打"√"。[多选题]

　　□ a. 扩大环境影响评价参与主体的范围，既要包括评价范围内直接受影响的人群和社会团体，也要包括受项目间接影响的人、对项目感兴趣的人和非政府环境保护组织。

□ b. 健全规划部门和建设单位、环境影响评价编制单位以及审批单位对公众意见的反馈机制及对公众意见采纳情况的社会公示机制。

□ c. 针对公众参与权被限制或者被剥夺的情况,法律应当赋予公众采取措施进行补救的权利,如行政复议权、行政诉讼权和民事诉讼权等。

□ d. 在环境影响评价的各个阶段(包括前期准备和调研阶段、分析论证和预测评价阶段、环境影响评价文件编制阶段)全面引入公众参与机制。

□ e. 逐步拓宽公众参与环境影响评价的范围,从现在的建设项目和专项规划逐步拓展到综合规划、政策、立法,直至战略规划。

□ f. 根据项目的类型和层次、环境影响的程度和范围进行分类,并据此规定不同的公众参与形式和调查内容。

□ g. 尽快制定并颁布"环境影响评价中信息公开和公众参与技术导则"。

4. 下面是有关环境信息公开制度改革的一些政策建议,请您从中选择最重要的一项或多项政策建议。(环境信息公开是指政府、企业以及其他社会行为主体向社会公众公开各自的环境行为信息以及环境质量信息)请在您所选的选项前面方框中打"√"。[多选题]

□ a. 不断拓宽环境信息公开渠道,充分利用新闻发布会、政府公报、广播、电视、报纸、信息公开栏、互联网等媒体途径公开环境信息。

□ b. 建立健全环境信息公开平台,包括政府环境信息公开平台、企业环境信息公开平台、公众参与信息沟通平台。

□ c. 要进一步明确和扩大政府环境信息、企业环境信息和产品环境信息的公开范围与公开程度。

□ d. 以清单形式明确列出依法不应当公开的环境信息事项。

□ e. 建立健全环境信息公开责任追究制度。

□ f. 建立健全具有可操作性的环境信息公开考核制度和社会评议制度。

□ g. 建立健全环境信息公开工作的领导机制和环境信息收集、整理与公开的管理机制。

□ h. 扩大环境信息披露的企业范围,将上市公司、公用事业特许经营企业、对环境造成严重影响的企业以及环境敏感型企业等列入强制信息披露的范围。

5. 下面是有关环境行政听证制度改革的一些政策建议,请您从中选择最重要的一项或多项政策建议。(环境行政听证是指政府环保部门在作出涉及公民、法人或者其他组织利益的重大决定之前,以听证会的方式充分听取公民、法人或者其他组织意见的活动)请在您所选的选项前面方框中打"√"。[多选题]

□ a. 完善保持听证会主持人独立性与中立性的制度。

□ b. 明确规定听证会主持人的任职资格与条件。

□ c. 扩大环境具体行政行为(如行政处罚、行政许可、行政合同等行为)的听证范围,将环境抽象行政行为(如政府制定发布环境保护政策法规的行为)也纳入行政听证的适用范围。

　　□ d. 立法明确规定行政听证笔录的法律效力,行政机关只能根据听证笔录中认定的事实作出最终决定。

　　□ e. 尽快出台统一的"行政程序法",并设专章规定行政听证规则。

　　□ f. 建立健全违反行政听证程序的监督救济制度,即针对环保行政机关违反听证程序的行为,当事人可以提出行政复议或行政诉讼。

　　□ g. 建立健全行政听证前、听证过程和听证结果的信息公开机制。

　　□ h. 建立科学、合理、公正、公开的听证代表产生机制。

　　□ i. 明确并扩大听证申请人和参加人的范围。

　　6. 下面是有关环境信访制度改革的一些政策建议,请您从中选择最重要的一项或多项政策建议。(环境信访是指公民、法人或者其他组织采用书信、电子邮件、传真、电话、走访等形式,向各级环境保护行政主管部门反映环境保护情况,提出建议、意见或者投诉请求,依法由环境保护行政主管部门处理的活动)请在您所选的选项前面方框中打"√"。[多选题]

　　□ a. 整合信访工作机构,建立"人民代表大会监督专员"制度;或在各级人大及其常委会设立"信访局"或"信访委员会",统一受理群众来信来访。

　　□ b. 明确信访机构及其工作人员在信访工作中的具体责任和义务,对于违反任何相关规定的工作人员都要依法追究法律责任。

　　□ c. 改革信访工作考核机制和评价办法,建立信访结案的奖励机制,对于信访终结以后再去上访的现象不应该问责地方党委和政府。

　　□ d. 要明确信访机构的地位和职权,赋予信访机构更多的实体性权利,如协调权、调查权、质询权、督办权、干部考核奖惩建议权,增强其督办能力。

　　□ e. 在保持原有信访渠道畅通的同时,要运用科学技术进一步拓宽信访渠道,丰富信访方式,为人民群众提供更加便捷的信访渠道。

　　□ f. 建立规范的信访纠纷处理程序,统一出台较为完备的信访工作流程规范性制度。

　　□ g. 建立律师参与接访制度,同时完善领导干部和党代表、人大代表、政协委员参与接访制度。

　　□ h. 明确信访处理的事项范围,且明文规定信访不予受理的范围。

　　7. 下面是有关环境行政复议制度改革的一些政策建议,请您从中选择最重要的一项或多项政策建议。(环境行政复议是指公民、法人和其他组织认为行政机关和行政机关工作人员的具体环境行政行为违法或者不当,依法向行政复议机关申请,请求撤销或者变更原具体环境行政行为的活动)请在您所选的选项前面方框中打"√"。[多选题]

　　□ a. 建立全国统一的、独立的行政复议机关来集中受理、审理行政复议案件,保持行政复议机构的独立性。

　　□ b. 切实加强环境行政复议队伍建设与管理,建立行政复议人员的任职资格和后续培训制度。

　　□ c. 设立行政复议的监督机构,构建行政复议监督体系。

□ d. 借鉴司法程序对行政复议审理程序进行完善，建立以听证审理为主、书面审理为辅的审理方式。

□ e. 明确并扩大行政复议的受理范围，将抽象行政行为（如制定发布政策法规的行为）、行政不作为、民事争议进一步纳入行政复议范围。

8. 下面是有关环境行政诉讼制度改革的一些政策建议，请您从中选择最重要的一项或多项政策建议。（环境行政诉讼是指公民、法人或者其他组织对具体环境行政行为不服时，依照法定程序向人民法院提起对环境行政管理机关的诉讼）请在您所选的选项前面方框中打"√"。〔多选题〕

□ a. 放宽环境行政诉讼的原告资格，即凡与行政行为有利害关系的公民、法人或者其他组织，对该行政行为不服的，都可以提起环境行政诉讼。

□ b. 设立独立的行政法院以处理环境行政诉讼案件。

□ c. 探索建立与行政区域适当分离的环境司法管辖制度，确保跨行政区域的环境保护案件得到公正审理。

□ d. 加强专业培训和业务交流，强化环保法官考核制度，提高环境资源审判人员和相关人员的专业化水平。

□ e. 扩大环境行政诉讼的案件受理范围，将抽象行政行为（如政府制定发布环保政策法规的行为）也加入环境行政诉讼的案件受理范围。

□ f. 健全环境行政诉讼起诉、立案登记、审判等程序规范。

9. 下面是有关环境民事诉讼制度改革的一些政策建议，请您从中选择最重要的一项或多项政策建议。（环境民事诉讼是指环境侵权的受害人为保护自身的人身和财产权益，依据民事诉讼的条件和程序向人民法院提起对环境侵权行为人的诉讼）请在您所选的选项前面方框中打"√"。〔多选题〕

□ a. 要赋予被害人充分的选择权，让他们能够在进行刑事诉讼过程中或者刑事诉讼结束之后，另行提出民事诉讼。

□ b. 应立法规定扩大环境民事诉讼当事人主体范围，允许所有被害人，包括被害人及其法定代理人、死亡被害人的近亲属等一切因受犯罪行为牵连而受到直接损失的人都有权提起环境民事诉讼。

□ c. 进一步规范并适当扩大环境民事赔偿范围，将精神损害赔偿纳入民事诉讼赔偿范围。

□ d. 规定凡因犯罪行为所引起的民事赔偿请求，均可以在刑事诉讼中附带提出，也可以在刑事案件审结后，在民事诉讼时效期间内，向民事法庭另行提起民事诉讼，还可以在刑事案件未立案时向民事法庭单独提出。

□ e. 在环境民事诉讼中实行调审分离，将调解从审判程序中分离，使之成为与审判活动等同的独立程序。

10. 下面是有关环境刑事诉讼制度改革的一些政策建议，请您从中选择最重要的一项或多项政策建议。（环境刑事诉讼是指个人、单位或人民检察院为保护人类和环境的共同利益，惩治环境犯罪，依刑事诉讼程序向司法机关提出追究环境犯罪者刑事责任的

诉讼)请在您所选的选项前面方框中打"√"。[多选题]

□ a. 明确并保障环境刑事诉讼被害人在刑事诉讼中的各项权利,包括知情权、参与权、上诉权、获得法律援助的权利等。

□ b. 加强环境资源审判队伍专业化建设,提高环境司法人员素质与职务保障。

□ c. 深化环保司法改革,设置环保法庭,并适时建立生态环保法院。

□ d. 建立和完善非法证据排除制度,完善技术侦查证据的移送、审查、法庭调查和使用规则以及庭外核实等程序。

□ e. 完善环境刑事诉讼监督制度,在刑事诉讼规则中明确规定人民监督员的监督程序。

□ f. 建立环境刑事案件繁简分流机制,实现简单案件快速办理、复杂疑难案件精细审理。

11. 下面是有关环境公益诉讼制度改革的一些政策建议,请您从中选择最重要的一项或多项政策建议。(环境公益诉讼是指法律规定的机关和有关组织对国家机关因其环境违法行为和企业、事业单位及个人因污染环境或破坏自然资源而使环境公共利益(可能)受到损害的行为向人民法院提起的诉讼)请在您所选的选项前面方框中打"√"。[多选题]

□ a. 放宽环境公益诉讼的原告资格,逐步将国家机关、企事业单位、环保公益团体和个人纳入原告范围。

□ b. 建立环境公益诉讼的激励机制,如设立环境公益基金会、减免诉讼费用、奖励环境公益诉讼原告等。

□ c. 建立环境公益诉讼的跨地区司法管辖制度,即确定几个中级或高级人民法院统一受理一个省或几个省的环境公益诉讼案件。

□ d. 完善环境公益诉讼案件程序规定,设置环境公益诉讼前置程序(即诉讼前告知或检举)。

□ e. 明确并适当扩大可以提起环境公益诉讼的事项范围。

□ f. 合理配置环境公益诉讼的举证责任,确立举证责任倒置原则(即由环境污染者提供证据证明其污染行为与损害后果之间不存在因果关系)。

□ g. 培育环境公益诉讼主体,包括公益律师、环保组织等,加强公益诉讼主体的专业化建设。

□ h. 立法规定环境公益诉讼不受诉讼时效的限制。

以下是基本资料(我们对这部分资料会严格保密),请在符合您的情况的选项方框中打"√"。

12. 您的性别:[单选题]　□ 男　　□ 女

13. 您的年龄:[单选题]　□ 18—25 岁　□ 26—35 岁　□ 36—45 岁　□ 46—55 岁　□ 56—65 岁　□ 65 岁以上

14. 您的学历:[单选题]　□ 小学或以下　□ 初中　□ 高中(含中专)　□ 大专　□ 大学本科　□ 研究生

15. 您的职业：[单选题]　□ 国家机关、事业单位人员　□ 企业管理人员　□ 专业技术人员　□ 工人　□ 商业、服务业人员　□ 非政府组织、社会团体人员　□ 农民　□ 军人　□ 离退休人员　□ 失业、待岗人员　□ 学生　□ 自由工作者

16. 您的月收入(元)：[单选题]　□ 1000 以下　□ 1001—2000　□ 2001—3000　□ 3001—5000　□ 5001—8000　□ 8001—10000　□ 10001—15000　□ 15001—20000　□ 20000 以上

17. 您的政治面貌：[单选题]　□ 中共党员　□ 共青团员　□ 民主党派成员　□ 群众

18. 您所在的省(自治区、直辖市、特别行政区)：_____　[填空题]

后　记

公众参与同市场机制、政府管理并列为环境治理的"三驾马车"，公众参与环境保护能够有效弥补环境治理中的市场失灵和政府失灵，对于中国环境保护事业的可持续性发展和生态文明建设的可持续性推进具有根本性意义。环保公众参与机制作为公众参与环境保护的制度保障，能够为公众参与保驾护航。改革与创新环保公众参与机制作为中国环境治理体系和治理能力现代化的有机构成，有利于推进制度化环保参与行为规范、有序发展。

本书研究运用新制度经济学中的制度均衡理论，将制度需求"自下而上"的研究进路与制度供给"自上而下"的研究进路相结合，从制度均衡视角分析中国环保公众参与的人大和政协机制、行政机制、司法机制供求的历史演变与现状以及制度均衡的样态，基于制度非均衡的成因以及制度需求的现状，提出创新中国环保公众参与机制的一般性政策建议和个性化路径选择与优化对策。

本书所涉研究是团队协作的成果，是集体智慧的结晶。刘娇、杜泽、崔颖、胡丽菊、王丽丽参与了本书部分章节内容的撰写；杜泽、崔颖、胡丽菊、邢政、杨轶涵、袁玉蔓、唐纪航、张贤明、杜林杉、周煜翔、赏懿萱、任伟琪、赵鸿雁参与了本研究的文献下载、分类整理和文献编码；杜泽、崔颖、王丽丽为调查问卷的修改与书稿校对做了大量工作。

本书研究是笔者攻读博士学位以来一以贯之研究方向（公众参与环境保护）的延续与拓展，在研究实施过程中，刘娇、杜泽、崔颖、胡丽菊、王丽丽、邢政、杨轶涵、袁玉蔓、唐纪航、张贤明、杜林杉、周煜翔、赏懿萱、任伟琪、赵鸿雁等人给予了极大的支持与帮助，在此一并表示深深的谢意。本书的顺利完成得益于国家社会科学基金的资助与大力支持，受益于学界同仁研究成果的支撑与启发，受恩于多位老师多年的传道授业解惑，同时也离不开家人的支持与理解，在此表示诚挚的感谢。感谢参与与支持本书研究问卷调查的各位同学与亲朋好友；感谢国家社会科学基金结题鉴定专家的高水平鉴定意见；感谢北京大学出版社姚文海老师在本书出版过程中所付出的大量辛苦工作；感谢东北大学提供的"双一流"科研环境，一流的科研服务与一流的科研设施使得笔者能够在教学工作之余心无旁骛地开展科研工作。由于研究时间与研究能力有限，本书中的分析与论证难免有疏漏之处，研究深度仍有欠缺，敬请读者与专家不吝指正。

张晓杰

2021 年 8 月 30 日于北京